○ $\int \boldsymbol{A} \times \dfrac{d\boldsymbol{B}}{dt}dt = \boldsymbol{A} \times \boldsymbol{B} - \int \dfrac{d\boldsymbol{A}}{dt} \times \boldsymbol{B}dt$

○ 1 階線形微分方程式　$\dfrac{d\boldsymbol{r}}{dt} + p(t)\boldsymbol{r} = \boldsymbol{q}(t)$

の一般解（$\boldsymbol{C}$：定数ベクトル）

$$\boldsymbol{r} = e^{-\int p\,dt}\left(\int \boldsymbol{q}e^{\int p\,dt}dt + \boldsymbol{C}\right)$$

空間曲線・曲面

● 弧長

$$s = \lim_{n\to\infty}\sum_{i=1}^{n}\Delta s_i = \int_a^b \sqrt{\dot{x}^2 + \dot{y}^2 + \dot{z}^2}\,dt$$
$$= \int_a^b \left|\frac{d\boldsymbol{r}}{dt}\right| dt$$

● 接線単位ベクトル

$$\boldsymbol{t} = \frac{d\boldsymbol{r}}{ds} \quad (s：弧長)$$

● 主法線単位ベクトル

$$\boldsymbol{n} = \frac{d\boldsymbol{t}}{ds}\Big/\left|\frac{d\boldsymbol{t}}{ds}\right|$$

● 従法線単位ベクトル

$$\boldsymbol{b} = \boldsymbol{t} \times \boldsymbol{n}$$

● 曲率（$\cdot$ は t に関する微分）

$$\kappa = \left|\frac{d\boldsymbol{t}}{ds}\right| = \left|\frac{d^2\boldsymbol{r}}{ds^2}\right|$$
$$= \frac{(\dot{\boldsymbol{r}}\cdot\dot{\boldsymbol{r}})(\ddot{\boldsymbol{r}}\cdot\ddot{\boldsymbol{r}}) - (\dot{\boldsymbol{r}}\cdot\ddot{\boldsymbol{r}})^2}{(\dot{\boldsymbol{r}}\cdot\dot{\boldsymbol{r}})^3}$$

● ねじれ率（$'$ は s に関する微分）

$$\tau = \frac{1}{\kappa^2}|\boldsymbol{t}\boldsymbol{t}'\boldsymbol{t}''| = \frac{1}{\kappa^2}|\boldsymbol{r}'\boldsymbol{r}''\boldsymbol{r}'''|$$
$$= \frac{1}{\kappa^2(\dot{\boldsymbol{r}}\cdot\dot{\boldsymbol{r}})^3}|\dot{\boldsymbol{r}}\ddot{\boldsymbol{r}}\dddot{\boldsymbol{r}}|$$

● フルネ・セレの公式

$$\frac{d\boldsymbol{t}}{ds} = \kappa\boldsymbol{n}$$
$$\frac{d\boldsymbol{n}}{ds} = -\kappa\boldsymbol{t} + \tau\boldsymbol{b}$$
$$\frac{d\boldsymbol{b}}{ds} = -\tau\boldsymbol{n}$$

● 法単位ベクトル

$$\boldsymbol{n} = \frac{\partial\boldsymbol{r}}{\partial u} \times \frac{\partial\boldsymbol{r}}{\partial v}\Big/\left|\frac{\partial\boldsymbol{r}}{\partial u} \times \frac{\partial\boldsymbol{r}}{\partial v}\right|$$

● 曲面の面積

$$\iint_S dS = \iint_D \left|\frac{\partial\boldsymbol{r}}{\partial u} \times \frac{\partial\boldsymbol{r}}{\partial v}\right| dudv$$

スカラー場とベクトル場

● ナブラ演算子

$$\nabla = \boldsymbol{i}\frac{\partial}{\partial x} + \boldsymbol{j}\frac{\partial}{\partial y} + \boldsymbol{k}\frac{\partial}{\partial z}$$

● 勾配

$$\mathrm{grad}\,u = \nabla u = \frac{\partial u}{\partial x}\boldsymbol{i} + \frac{\partial u}{\partial y}\boldsymbol{j} + \frac{\partial u}{\partial z}\boldsymbol{k}$$

● 方向微分

$$\frac{du}{dl} = \nabla u \cdot \frac{d\boldsymbol{r}}{dl}$$

● 発散

$$\mathrm{div}\,\boldsymbol{A} = \nabla\cdot\boldsymbol{A}$$
$$= \frac{\partial A_x}{\partial x} + \frac{\partial A_y}{\partial y} + \frac{\partial A_z}{\partial z}$$

● 回転

$$\mathrm{rot}\,\boldsymbol{A} = \nabla\times\boldsymbol{A}$$
$$= \begin{vmatrix} \boldsymbol{i} & \boldsymbol{j} & \boldsymbol{k} \\ \partial/\partial x & \partial/\partial y & \partial/\partial z \\ A_x & A_y & A_z \end{vmatrix}$$

● 諸公式

○ $\nabla(f+g) = \nabla f + \nabla g$

○ $\nabla(fg) = f\nabla g + g\nabla f$

○ $\nabla\left(\dfrac{f}{g}\right) = \dfrac{g\nabla f - f\nabla g}{g^2}$

○ $\nabla f(g) = \dfrac{df}{dg}\nabla g$

○ $\nabla^2 f = \nabla\cdot(\nabla f)$

○ $\nabla\cdot(\boldsymbol{A}+\boldsymbol{B}) = \nabla\cdot\boldsymbol{A} + \nabla\cdot\boldsymbol{B}$

○ $\nabla\cdot(f\boldsymbol{A}) = f\nabla\cdot\boldsymbol{A} + (\nabla f)\cdot\boldsymbol{A}$

○ $\nabla\times(\boldsymbol{A}+\boldsymbol{B}) = \nabla\times\boldsymbol{A} + \nabla\times\boldsymbol{B}$

○ $\nabla\times(f\boldsymbol{A}) = f\nabla\times\boldsymbol{A} + (\nabla f)\times\boldsymbol{A}$

○ $\nabla\cdot(\boldsymbol{A}\times\boldsymbol{B}) = \boldsymbol{B}\cdot(\nabla\times\boldsymbol{A}) - \boldsymbol{A}\cdot(\nabla\times\boldsymbol{B})$

○ $\nabla\times(\nabla\times\boldsymbol{A}) = \nabla(\nabla\cdot\boldsymbol{A}) - \nabla^2\boldsymbol{A}$

○ $\nabla\times(\boldsymbol{A}\times\boldsymbol{B}) - ($ … $\boldsymbol{B}$

○

ライブラリ数学ナビゲーション＝5

ナビゲーション
ベクトル解析

河村哲也　著

サイエンス社

サイエンス社のホームページのご案内
http://www.saiensu.co.jp
ご意見・ご要望は　rikei@saiensu.co.jp　まで．

ま え が き

本書はベクトルで表される関数の微分積分についてやさしく解説した本であり，いわゆるベクトル解析とよばれる分野の入門的な教科書あるいは自習書です．

自然界には温度や体積，密度など大きさだけで決まる量（スカラー）だけでなく，力や速度，電場など大きさおよび方向を指定してはじめて決まる量があります．このような量をベクトルとよび，本書でとりあげる対象になっています．高校の数学でも習ったように，ベクトルは成分で記述できます．そして各成分はスカラーなのでベクトルはある意味でスカラーの組として取り扱えます．したがって，ベクトルの微分積分はふつうの関数（スカラー関数）の微分積分と大きな違いがあるわけではありません．しかし，ベクトルで表される量はベクトルとして一括して取り扱う方が見通しがよくなることが多く，また独特の関係式も得られます．なお，数学的には4次元以上のベクトルも考えられますが，本書の目的はベクトルの理工学への応用にあるため，本書でベクトルといった場合にはもっぱら2次元または3次元ベクトルを指すものとします．

前述の通り物理学や工学ではベクトルで記述される量が多く登場するため，ベクトル解析は理工系の数学で重要なトピックスになっています.従って，ベクトル解析に関する多くの書籍が出版されていますが，本書を執筆する際にともかく

読みやすく平易な本

になるように心がけました．これが本書の第一の特徴です．

さらに本書はベクトル解析の標準的な内容を含むとともに，第8章～10章を見ていただいてもわかるように物理学への応用も比較的詳しく記述しています．このことが本書のもう1つの特徴になっています．

本書によって読者の皆さんがベクトル解析の基礎を習得され，さらに高度な内容にすすまれるきっかけになることを願ってやみません．最後に，お茶の水女子大学大学院人間文化研究科数理情報科学専攻の折戸英理美さんには本書の数式のチェックを含む面倒な校正を手伝っていただいたこと，また本書出版に際しサイエンス社の田島伸彦部長と渡辺はるか氏に大変お世話になったことを記して感謝の意とします．

2007月12月　　　　　　　　　　　　　　　　　　　　　　　　河村哲也

目　　次

第1章

ベクトルの基礎

本章ではベクトルの代数について説明します．本章の多くの部分はすでに高校で習っていることなので復習になりますが，ベクトル積など新しい内容も含まれています．

本章の内容

- スカラーとベクトル
- ベクトルの和と差とスカラー倍
- スカラー積とベクトル積
- ベクトルと幾何学

1.1 スカラーとベクトル

自然界にはいろいろな量が存在します．そのなかで質量，温度，密度など大きさだけで決まる量を**スカラー**といいます．一方，大きさだけでは決まらない量もあります．たとえば，力や位置などは大きさあるいは長さだけでは決まりません．なぜなら，物体にある大きさの力が働いていてもその力の向きによって物体は異なった動きをするからです．また，平面上の位置も，ある点からの長さ（距離）を指定するだけでは一意には決まりません．方向も指定する必要があります．このように大きさおよび方向を指定してはじめて決まる量を**ベクトル**[†]とよんでいます．

本書では慣例にしたがい，スカラーを表すには a のようにふつうのアルファベットの文字を用い，ベクトルは太字のアルファベット $\boldsymbol{a}$ または文字の上に矢印をつけて $\vec{a}$ と表すことにします．そして，ベクトルの大きさだけを問題にするときは $|\boldsymbol{a}|$ のように絶対値記号をつけます．なお，大きさ 1 のベクトルを**単位ベクトル**といいます．

ベクトルは大きさと方向をもつ量であるため，図形的に表すには図 1.1 に示すように矢印を用いるのが便利です．すなわち，矢印の方向をベクトルの方向にとり，矢印の長さをベクトルの大きさに（比例するように）とります．矢印の根元を**起点**（始点），先端を**終点**といいます．

ベクトルは物理学に用いる場合，ふつうは 3 次元空間で考えます．これを 3 次元ベクトルといいます．しかし，場合によってはベクトルを 1 つの平面内に限っても十分なことがあります．このようなベクトルを 2 次元ベクトルといいます．なお，数学的には 4 次元以上のベクトルを考えることも可能ですが，本書ではもっぱら 2 次元ベクトルと 3 次元ベクトルについて議論します．

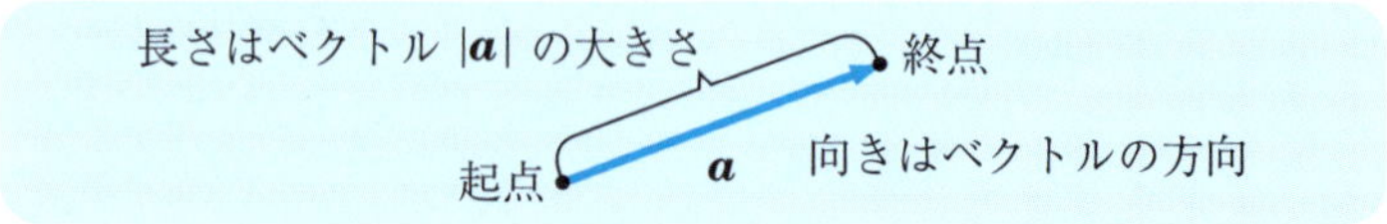

図 1.1

[†]スカラーはスケール (scale = 何かの大きさや程度) に由来する用語であり，ベクトルは輸送という意味をもつ ‘vect’ というラテン語に由来する用語です．

1.2 ベクトルの和と差とスカラー倍

ベクトルにいくつかの演算規則を導入します．これらの規則はベクトルとしてたとえば力をとったとき物理法則と矛盾しないようになっています．この点については第 8 章で述べます．

ベクトルの相等と零ベクトル ベクトルは大きさと向きをもつ量であるため，図 1.2 に示すようにそれぞれの大きさと向きが等しいとき，2 つのベクトルは等しいと定義します（**ベクトルの相等**）．したがって，あるベクトルを平行移動したベクトルはすべて等しくなります．また大きさが 0 のベクトルを**零**(れい)**ベクトル**（**ゼロベクトル**）とよび，記号 $\mathbf{0}$ で表します（方向は定義しません）．

ベクトルの和 2 つのベクトルの和も図 1.3 のように 2 つのベクトルから作った平行四辺形の対角線を表すベクトルと定義します（**平行四辺形の法則**）．このとき図 1.3 から，和について交換法則が成り立つことがわかります．

$$\boldsymbol{a}+\boldsymbol{b}=\boldsymbol{b}+\boldsymbol{a} \tag{1.1}$$

ベクトルの和 $\boldsymbol{a}+\boldsymbol{b}$ は，図 1.4 に示すように，ベクトル $\boldsymbol{a}$ の終点にベクトル $\boldsymbol{b}$ の起点を重ね，ベクトル $\boldsymbol{a}$ の起点とベクトル $\boldsymbol{b}$ の終点を結んだベクトルと考えることもできます（**三角形の法則**）．このとき，図 1.5 に示すように 3 つのベクトルの和に対して結合法則

$$(\boldsymbol{a}+\boldsymbol{b})+\boldsymbol{c}=\boldsymbol{a}+(\boldsymbol{b}+\boldsymbol{c}) \tag{1.2}$$

が成り立つことがわかります．

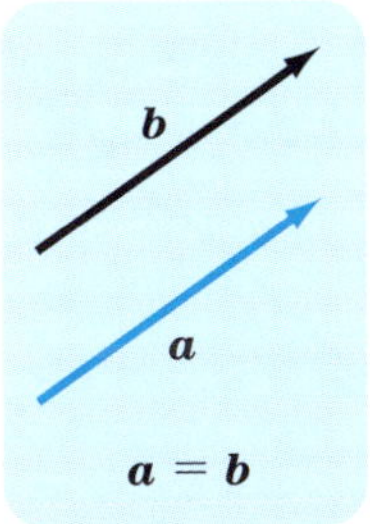

図 1.2

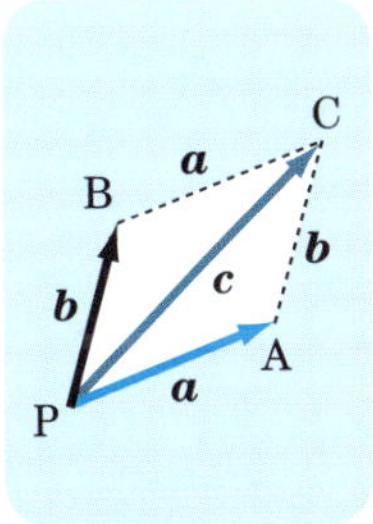

図 1.3

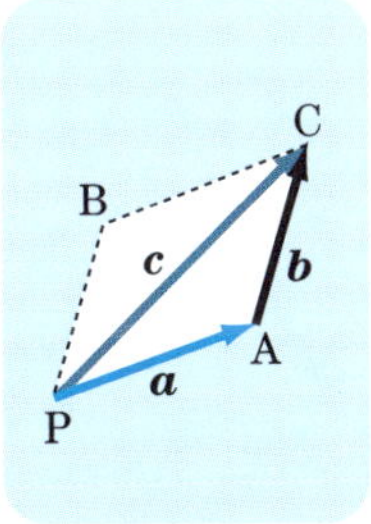

図 1.4

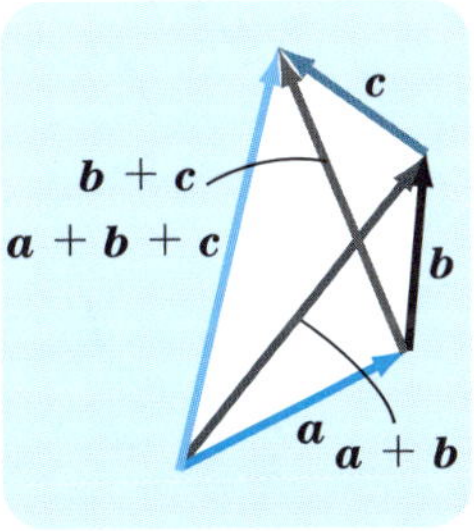

図 1.5

多くのベクトルの和を図形的に求めるときには平行四辺形の法則よりも三角形の法則を用いる方が便利です．すなわち，多くのベクトルを加えるときは，あるベクトルの終点を次のベクトルの起点とするように次々に矢印をつなげていきます．このとき，はじめのベクトルの起点と最後のベクトルの終点を矢印で結んだベクトルが全体の和になります．結合法則から，最終結果はベクトルをつなげる順序によらないことがわかります（図 1.6）．

ベクトルの差　あるベクトル $\boldsymbol{a}$ に対してベクトル $-\boldsymbol{a}$ を，

$$\boldsymbol{a} + (-\boldsymbol{a}) = \boldsymbol{0} \tag{1.3}$$

となるベクトルで定義します．図 1.7 を見てもわかるように大きさが 0 でない 2 つのベクトルを加えて $\boldsymbol{0}$ になるのは，大きさが同じで逆向きの場合だけです（それ以外は平行四辺形が描けるため和が $\boldsymbol{0}$ になりません）．

2 つのベクトルの差は和を用いて

$$\boldsymbol{a} - \boldsymbol{b} = \boldsymbol{a} + (-\boldsymbol{b}) \tag{1.4}$$

と定義します．図形的にはまず $\boldsymbol{b}$ と同じ大きさで逆向きのベクトル $-\boldsymbol{b}$ を描き，$\boldsymbol{a}$ との和を作ります（図 1.8）．

スカラー倍　k を正の実数としたとき，ベクトル $k\boldsymbol{a}$ は $\boldsymbol{a}$ と同じ向きで，大きさが k 倍のベクトルと定義します（図 1.9）．k が負の場合には，ベクトル $\boldsymbol{a}$ と逆向きで大きさが $|k|$ 倍のベクトルと定義します．たとえば $-2\boldsymbol{a}$ は $\boldsymbol{a}$ と逆向きで大きさは $|-2| = 2$ 倍のベクトルになります．このように実数とベクトルの積をベクトルの**スカラー倍**といいます．

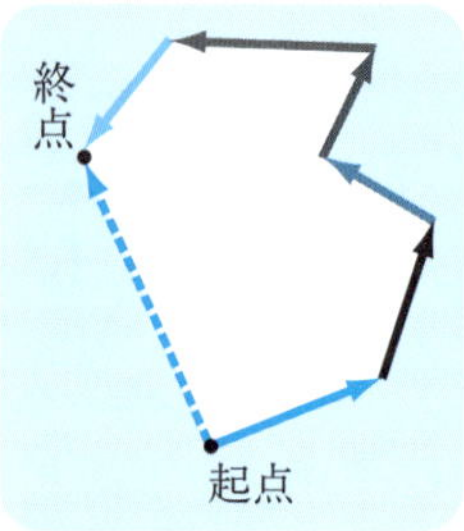

図 1.6

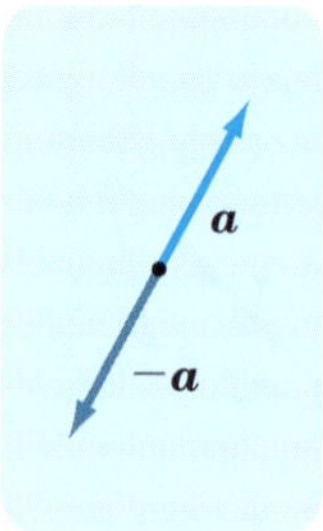

図 1.7

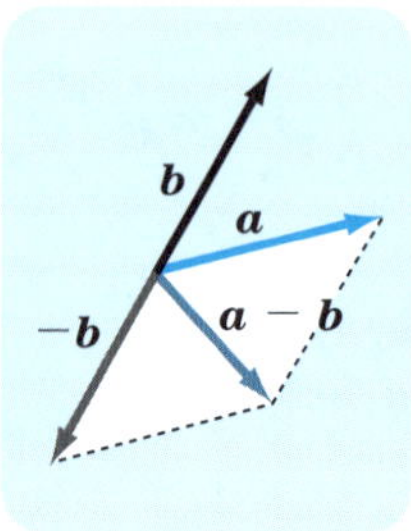

図 1.8

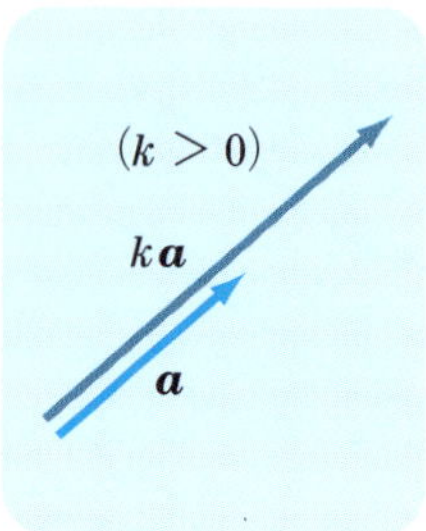

図 1.9

例題 1. 1　次のベクトルを図示しなさい.

(1)　$3\boldsymbol{a}$　　(2)　$\boldsymbol{a}-\dfrac{1}{2}\boldsymbol{b}$

【解】 (1)　$\boldsymbol{a}$ と同じ方向で，長さが 3 倍のベクトルを図示します（図 1.10）.

(2)　$\boldsymbol{b}$ と向きが逆で長さが 1/2 のベクトルと $\boldsymbol{a}$ を平行四辺形の法則（三角形の法則）を用いて加えます（図 1.11）. □

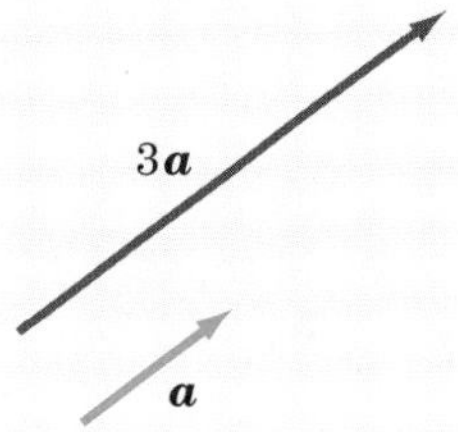

図 1.10

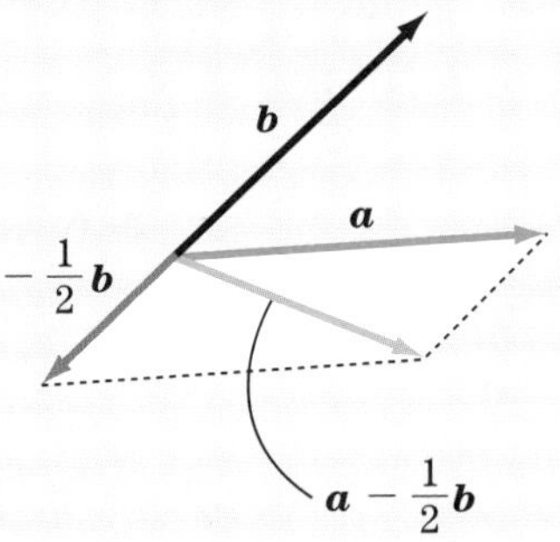

図 1.11

問 1. 1　$\boldsymbol{a}$ と $\boldsymbol{b}$ を例題 1. 1 と同じベクトルとしたとき，次のベクトルを図示しなさい.

(1)　$2\boldsymbol{a}+2\boldsymbol{b}$

(2)　$2(\boldsymbol{a}+\boldsymbol{b})$

ベクトルのスカラー倍に対して次の関係が成り立ちます（分配法則）.

$$k(\boldsymbol{a}+\boldsymbol{b})=k\boldsymbol{a}+k\boldsymbol{b} \tag{1.5}$$

$$(k_1+k_2)\boldsymbol{a}=k_1\boldsymbol{a}+k_2\boldsymbol{a} \tag{1.6}$$

問 1. 2　式 (1.5) が成り立つことを図で示しなさい.

1.3 スカラー積とベクトル積

ベクトルは大きさと方向をもつ量であるため，ベクトルどうしの積といった場合には，ふつうのスカラーどうしの積のような計算はできません．本節では2つのベクトルから1つのスカラーをつくる演算と，2つのベクトルから新たなベクトルをつくる演算を定義します．

スカラー積　2つのベクトルからスカラーをつくる演算に**スカラー積**があります．スカラー積は**内積**ともいいます．スカラー積の記号として $\boldsymbol{a}\cdot\boldsymbol{b}$ というように中黒の点で表すことにすれば，スカラー積は θ を $\boldsymbol{a}$ と $\boldsymbol{b}$ のなす角度として

$$\boldsymbol{a}\cdot\boldsymbol{b} = |\boldsymbol{a}||\boldsymbol{b}|\cos\theta \tag{1.7}$$

で定義されます（図1.12）．この定義から2つのベクトルが直交していれば，$\cos\pi/2 = 0$ であるため，スカラー積は0になります．さらに，同じベクトルのなす角は0なので

$$\boldsymbol{a}\cdot\boldsymbol{a} = |\boldsymbol{a}||\boldsymbol{a}|\cos 0 = |\boldsymbol{a}|^2$$

となります．したがって，

$$|\boldsymbol{a}| = \sqrt{\boldsymbol{a}\cdot\boldsymbol{a}} \tag{1.8}$$

が成り立ちます．

スカラー積に対しては交換法則と分配法則が成り立ちます：

$$\boldsymbol{a}\cdot\boldsymbol{b} = \boldsymbol{b}\cdot\boldsymbol{a} \tag{1.9}$$

$$(\boldsymbol{a}+\boldsymbol{b})\cdot\boldsymbol{c} = \boldsymbol{a}\cdot\boldsymbol{c}+\boldsymbol{b}\cdot\boldsymbol{c}, \quad \boldsymbol{a}\cdot(\boldsymbol{b}+\boldsymbol{c}) = \boldsymbol{a}\cdot\boldsymbol{b}+\boldsymbol{a}\cdot\boldsymbol{c} \tag{1.10}$$

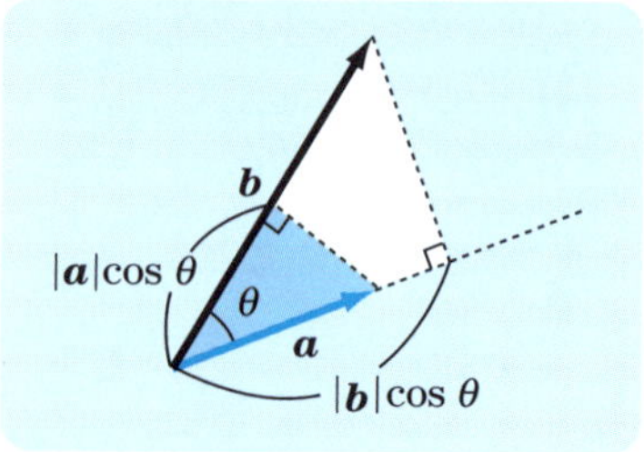

図 1.12

例題 1.2　$(\boldsymbol{a}+\boldsymbol{b})\cdot\boldsymbol{c}=\boldsymbol{a}\cdot\boldsymbol{c}+\boldsymbol{b}\cdot\boldsymbol{c}$ を証明しなさい．

【解】　図 1.13 を参照して，ベクトル $\boldsymbol{c}$ がその上にあるような直線 l 上に，線分 PQ, RS を**正射影**†してできる線分を P′Q′, R′S′ とします．このとき，図から

$$(\boldsymbol{a}+\boldsymbol{b})\cdot\boldsymbol{c}=\mathrm{P'S'}|\boldsymbol{c}|,\quad \boldsymbol{a}\cdot\boldsymbol{c}=\mathrm{P'Q'}|\boldsymbol{c}|,\quad \boldsymbol{b}\cdot\boldsymbol{c}=\mathrm{P'R'}|\boldsymbol{c}|$$

です．一方，四角形 PRSQ は平行四辺形で $\mathrm{P'R'}=\mathrm{Q'S'}$ なので $\mathrm{P'S'}=\mathrm{P'Q'}+\mathrm{Q'S'}=\mathrm{P'Q'}+\mathrm{P'R'}$ が成り立ちます．したがって，

$$\mathrm{P'S'}|\boldsymbol{c}|=\mathrm{P'Q'}|\boldsymbol{c}|+\mathrm{P'R'}|\boldsymbol{c}|$$

となるため，式 (1.10) が成り立ちます．　□

ベクトル積　次に 2 つのベクトルから新たなベクトルをつくる演算である**ベクトル積**を定義します．ただし，ベクトルとして 3 次元ベクトルをとります．2 つのベクトル $\boldsymbol{a}$ と $\boldsymbol{b}$ がつくる平面を考えたとき，$\boldsymbol{a}$ と $\boldsymbol{b}$ のベクトル積 $\boldsymbol{S}$ は，

> ベクトル $\boldsymbol{a}$ と $\boldsymbol{b}$ がつくる平面に垂直な方向（ただし $\boldsymbol{a}$ から $\boldsymbol{b}$ に右ねじをまわしたとき ††ねじの進む方向）に向きをもち，大きさは $\boldsymbol{a}$ と $\boldsymbol{b}$ がつくる平行四辺形の面積に等しいようなベクトル

で定義されます（図 1.14）．ベクトル積は**外積**ともよばれます．ここで，2 つのベクトルのなす角を θ とすれば，平行四辺形の面積 S は図 1.15 から

$$S=|\boldsymbol{a}||\boldsymbol{b}|\sin\theta \tag{1.11}$$

となります．2 つのベクトルが平行のときは $\theta=0$ であるため，ベクトル積は零ベクトル $\boldsymbol{0}$ になります．

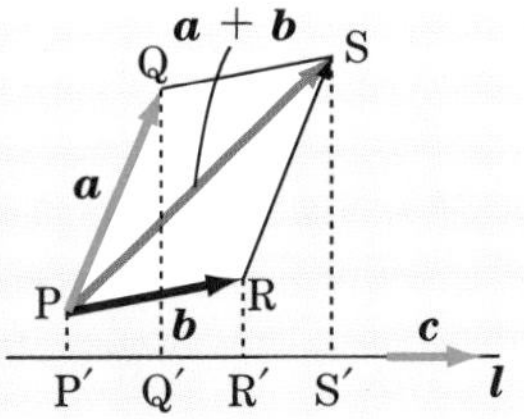

図 1.13

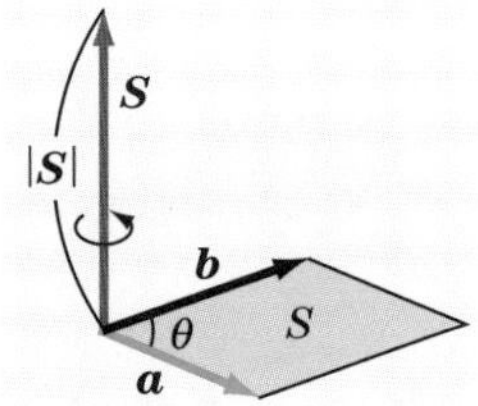

図 1.14

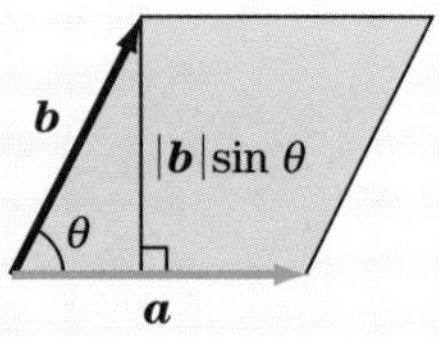

図 1.15

† ある線分 (ベクトル) の直線 l への正射影とは線分 (ベクトル) の両端から直線 l に垂線をおろしたときにできる l 上の 2 点を結ぶ線分 (ベクトル) のことです．

†† まわし方をひととおりにするため，まわす角度は 0° から 180° までとします

ベクトル $\boldsymbol{a}$ と $\boldsymbol{b}$ のベクトル積を記号 $\boldsymbol{a}\times\boldsymbol{b}$ で表します．$\boldsymbol{a}$ から $\boldsymbol{b}$ に右ねじをまわす場合と $\boldsymbol{b}$ から $\boldsymbol{a}$ に右ねじをまわす場合では向きが逆になります．しかし，どちらの場合も平行四辺形の面積は同じであるため，関係式

$$\boldsymbol{a}\times\boldsymbol{b} = -\boldsymbol{b}\times\boldsymbol{a} \tag{1.12}$$

が成り立ちます．このことはベクトル積に関しては交換法則は成り立たない（あるいは修正される）ことを意味しています．さらに，後述するように結合法則も成り立ちません．ただし，以下のように分配法則は成り立ちます．

$$(\boldsymbol{a}\times\boldsymbol{b})\times\boldsymbol{c} \neq \boldsymbol{a}\times(\boldsymbol{b}\times\boldsymbol{c}) \tag{1.13}$$

$$\boldsymbol{a}\times(\boldsymbol{b}+\boldsymbol{c}) = \boldsymbol{a}\times\boldsymbol{b}+\boldsymbol{a}\times\boldsymbol{c}, \quad (\boldsymbol{a}+\boldsymbol{b})\times\boldsymbol{c} = \boldsymbol{a}\times\boldsymbol{c}+\boldsymbol{b}\times\boldsymbol{c} \tag{1.14}$$

例題 1.3 ベクトル $\boldsymbol{c}$ に垂直な面にベクトル $\boldsymbol{a}$ を正射影したときに得られるベクトルを $\boldsymbol{a}_\perp$ とすれば，$\boldsymbol{a}\times\boldsymbol{c} = \boldsymbol{a}_\perp\times\boldsymbol{c}$ が成り立つことを示しなさい．

【解】 図 1.16 を参照すると，$\boldsymbol{a}$ と $\boldsymbol{a}_\perp$ は同じ平面上にあるので $\boldsymbol{a}\times\boldsymbol{c}$ と $\boldsymbol{a}_\perp\times\boldsymbol{c}$ は同じ方向であることがわかります．さらに図から $\boldsymbol{a}$ と $\boldsymbol{c}$ がつくる平行四辺形の面積と $\boldsymbol{a}_\perp$ と $\boldsymbol{c}$ がつくる長方形の面積は同じになります．すなわち，$|\boldsymbol{a}\times\boldsymbol{c}| = |\boldsymbol{a}_\perp\times\boldsymbol{c}|$ となります．したがって，$\boldsymbol{a}\times\boldsymbol{c} = \boldsymbol{a}_\perp\times\boldsymbol{c}$ が成り立ちます． □

例題 1.4 $(\boldsymbol{a}+\boldsymbol{b})\times\boldsymbol{c} = \boldsymbol{a}\times\boldsymbol{c}+\boldsymbol{b}\times\boldsymbol{c}$ を証明しなさい．

【解】 $\boldsymbol{c}$ に垂直な面に対する $\boldsymbol{a}$ と $\boldsymbol{b}$ の正射影を $\boldsymbol{a}_\perp$ と $\boldsymbol{b}_\perp$ とします．例題 1.3 の結果から，もし $(\boldsymbol{a}_\perp+\boldsymbol{b}_\perp)\times\boldsymbol{c} = \boldsymbol{a}_\perp\times\boldsymbol{c}+\boldsymbol{b}_\perp\times\boldsymbol{c}$ が証明できれば

$$(\boldsymbol{a}_\perp+\boldsymbol{b}_\perp)\times\boldsymbol{c} = (\boldsymbol{a}+\boldsymbol{b})\times\boldsymbol{c}, \quad \boldsymbol{a}_\perp\times\boldsymbol{c} = \boldsymbol{a}\times\boldsymbol{c}, \quad \boldsymbol{b}_\perp\times\boldsymbol{c} = \boldsymbol{b}\times\boldsymbol{c}$$

であるため，題意が証明されたことになります．

さて，$\boldsymbol{a}_\perp$ は $\boldsymbol{c}$ に垂直であるので，$|\boldsymbol{a}_\perp\times\boldsymbol{c}| = |\boldsymbol{a}_\perp||\boldsymbol{c}|$ であり，また $\boldsymbol{a}_\perp\times\boldsymbol{c}$ は $\boldsymbol{a}_\perp$ と $\boldsymbol{c}$ に垂直です．そこで，図 1.17 に示すように $\boldsymbol{c}$ に垂直な面内で $\boldsymbol{a}_\perp$ を 90° 回転して $|\boldsymbol{c}|$ 倍したものが $\boldsymbol{a}_\perp\times\boldsymbol{c}$ になります．同様に同じ面内で $\boldsymbol{b}_\perp$ は $\boldsymbol{c}$ に垂直なので $\boldsymbol{b}_\perp$ を 90° 回転して $|\boldsymbol{c}|$ 倍したものが $\boldsymbol{b}_\perp\times\boldsymbol{c}$ になります．この 2 つを加えた $\boldsymbol{a}_\perp+\boldsymbol{b}_\perp$ も $\boldsymbol{c}$ に垂直なので，やはり図を参照すれば $\boldsymbol{a}_\perp+\boldsymbol{b}_\perp$ を 90° 回転して $|\boldsymbol{c}|$ 倍したもの，すなわち $(\boldsymbol{a}_\perp+\boldsymbol{b}_\perp)\times\boldsymbol{c}$ と等しいことがわかります．したがって，

$$(\boldsymbol{a}_\perp+\boldsymbol{b}_\perp)\times\boldsymbol{c} = \boldsymbol{a}_\perp\times\boldsymbol{c}+\boldsymbol{b}_\perp\times\boldsymbol{c}$$

が成り立ちます． □

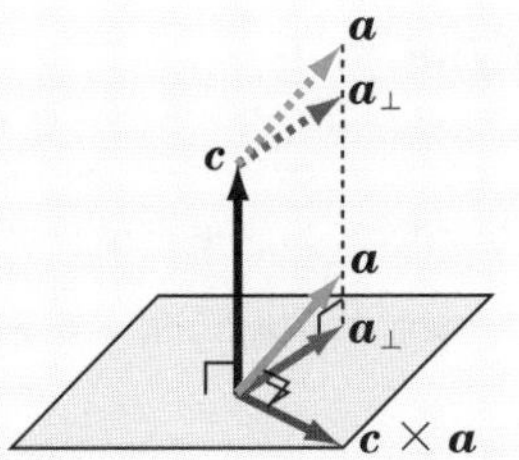

図 1.16

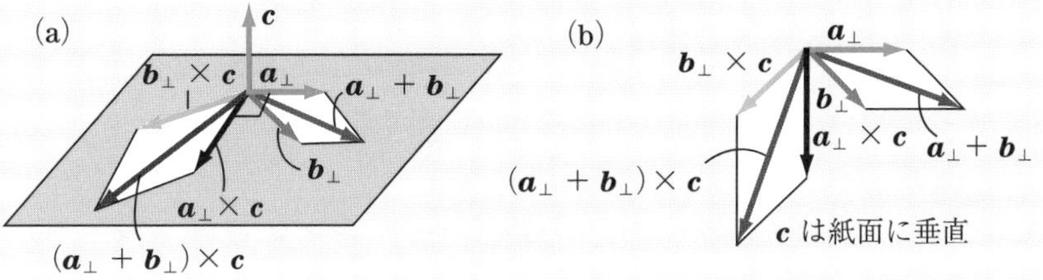

図 1.17

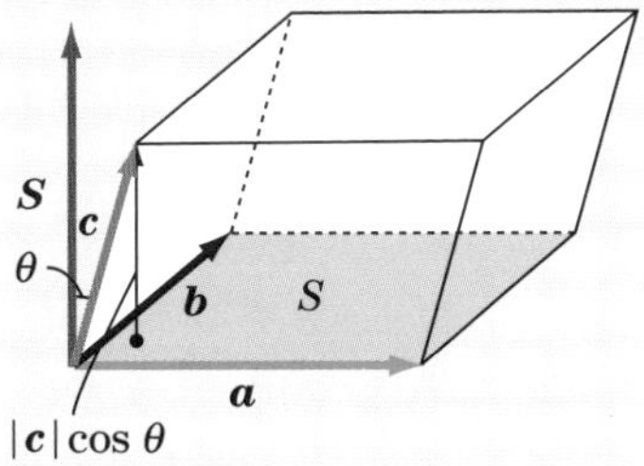

図 1.18

例題 1.5 $\boldsymbol{a},\boldsymbol{b},\boldsymbol{c}$ から $|(\boldsymbol{a}\times\boldsymbol{b})\cdot\boldsymbol{c}|$ という量をつくったとき，これは $\boldsymbol{a},\boldsymbol{b},\boldsymbol{c}$ で作られる平行六面体の体積になっていることを，内積と外積の定義を用いて示しなさい．

【解】 $|(\boldsymbol{a}\times\boldsymbol{b})\cdot\boldsymbol{c}| = \big||\boldsymbol{a}\times\boldsymbol{b}||\boldsymbol{c}|\cos\theta\big|$ ですが，図 1.18 に示すように，$\big||\boldsymbol{c}|\cos\theta\big|$ は $\boldsymbol{a},\boldsymbol{b},\boldsymbol{c}$ からつくられる平行六面体の高さです．一方，定義から $|\boldsymbol{a}\times\boldsymbol{b}|$ はベクトル $\boldsymbol{a},\boldsymbol{b}$ からつくられる平行四辺形の面積です．(底面積) $\times$ (高さ) は平行六面体の体積であるため，$|(\boldsymbol{a}\times\boldsymbol{b})\cdot\boldsymbol{c}|$ は平行六面体の体積になります． □

問 1.3 $\boldsymbol{b}$ と $\boldsymbol{c}$ が平行であるとき，結合法則が成り立たないことを確かめなさい．

1.4 ベクトルと幾何学

ベクトルを用いると幾何学の問題が簡単に解けることが多くあります．
まず例として，平面内の三角形の**重心**に関する定理

> 三角形の3つの中線（頂点と対辺の2等分点を結ぶ線）は1点で交わり，その点（重心）は中線を2 : 1に内分する．

をベクトルを用いて証明してみます．

内分点 そのために，まずはじめに次の例題を考えます．

例題 1.6 点Oを起点とし点A, Bを終点とするベクトルを$\boldsymbol{a}, \boldsymbol{b}$としたとき，点Oを起点とし線分ABを$m : n$ $(m > 0, n > 0)$に分割する点Cを終点とするベクトル$\boldsymbol{c}$は

$$\boldsymbol{c} = \frac{n\boldsymbol{a} + m\boldsymbol{b}}{m+n} \tag{1.15}$$

であることを示しなさい．

【解】 図 1.19 において点Cは線分ABを$m : n$に分割する点なので，$\overrightarrow{\mathrm{AC}} = m/(m+n)\overrightarrow{\mathrm{AB}}$となります．また，$\overrightarrow{\mathrm{AB}} = \overrightarrow{\mathrm{OB}} - \overrightarrow{\mathrm{OA}} = \boldsymbol{b} - \boldsymbol{a}$．したがって，

$$\overrightarrow{\mathrm{OC}} = \overrightarrow{\mathrm{OA}} + \frac{m}{m+n}\overrightarrow{\mathrm{AB}} = \boldsymbol{a} + \frac{m(\boldsymbol{b} - \boldsymbol{a})}{m+n} = \frac{n\boldsymbol{a} + m\boldsymbol{b}}{m+n}$$

この例題の点Cを線分ABの**内分点**といいます． □

問 1.4 例題 1.6 において$mn < 0$のとき点Cは**外分点**といいますが，それがどのような点を表すかをたとえば$m = 2, n = -1$の場合を例にとって考えなさい．

一次独立と一次従属 次にベクトルの**一次独立**性について説明します．ベクトル$\boldsymbol{a}, \boldsymbol{b}$を互いの方向が異なる$\boldsymbol{0}$でないベクトルであるとします．このとき，もし定数$p, q$に対して

$$p\boldsymbol{a} + q\boldsymbol{b} = \boldsymbol{0}$$

が成り立てば，これは$p = q = 0$を意味します．なぜなら，

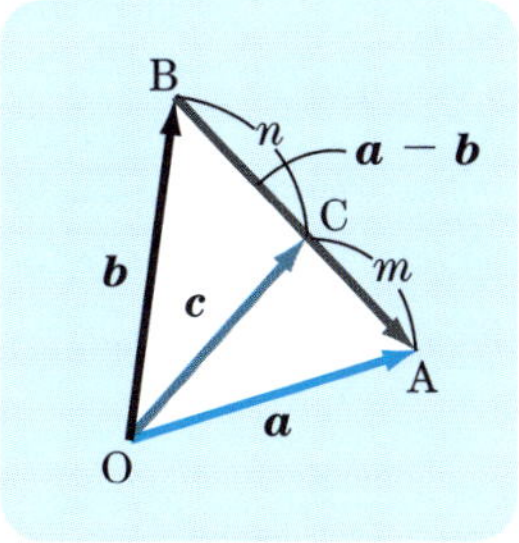

図 1.19

(1) $p \neq 0, q \neq 0$ ならば，$p\boldsymbol{a}$ と $q\boldsymbol{b}$ により平行四辺形がつくれるため $p\boldsymbol{a}+q\boldsymbol{b}$ は $\boldsymbol{0}$ にはならず

(2) $p = 0, q \neq 0$ ならば $q\boldsymbol{b}$ は $\boldsymbol{0}$ ベクトルではなく

(3) $p \neq 0, q = 0$ ならば $p\boldsymbol{a}$ は $\boldsymbol{0}$ ベクトルではない

からです．

このように，

$$p\boldsymbol{a} + q\boldsymbol{b} = \boldsymbol{0}$$

が成り立つのが，$p = q = 0$ に限られる場合は，$\boldsymbol{a}$ と $\boldsymbol{b}$ は一次独立であるといいます．したがって，平面内で方向の異なる 2 つのベクトルは一次独立になります．

一方，$p\boldsymbol{a} + q\boldsymbol{b} = \boldsymbol{0}$ を満足する 0 でない定数 p または q が存在する場合，$\boldsymbol{a}$ と $\boldsymbol{b}$ は**一次従属**であるといいます．このとき，$p \neq 0$ であれば

$$\boldsymbol{a} = -\left(\frac{q}{p}\right)\boldsymbol{b}$$

となるため $\boldsymbol{a}$ は $\boldsymbol{b}$ のスカラー倍になります．同様に $q \neq 0$ であれば $\boldsymbol{b}$ は $\boldsymbol{a}$ のスカラー倍になります．すなわち，2 つの 2 次元ベクトルが一次従属ならば，2 つのベクトルの向きが同じであるかまたは逆を向いていることになります．

問 1.5 2 つの 2 次元ベクトル $\boldsymbol{a}, \boldsymbol{b}$ が

$$\boldsymbol{a} \times \boldsymbol{b} = \boldsymbol{0}$$

を満たせば一次従属であり，3 つの 3 次元ベクトル $\boldsymbol{a}, \boldsymbol{b}, \boldsymbol{c}$ が

$$\boldsymbol{a} \cdot (\boldsymbol{b} \times \boldsymbol{c}) = 0$$

を満たせば一次従属であることを示しなさい．

三角形の重心　以上のことを用いて重心の問題を解くことにします．図 1.20 において三角形 OAB の辺 OA を表すベクトルを $\boldsymbol{a}$，辺 OB を表すベクトルを $\boldsymbol{b}$ とします．また OA の中点を P，OB の中点を Q とし，AQ と BP の交点を G とし，さらに $\mathrm{PG} : \mathrm{GB} = p : 1-p$, $\mathrm{QG} : \mathrm{GA} = q : 1-q$ とします．このとき，OG の延長線と AB の交点を R として，R が AB の中点であることを示せば重心の存在がいえます．

図 1.20 を参照すれば，

$$\overrightarrow{\mathrm{OG}} = \overrightarrow{\mathrm{OP}} + \overrightarrow{\mathrm{PG}} = \overrightarrow{\mathrm{OP}} + p\overrightarrow{\mathrm{PB}} = \frac{\boldsymbol{a}}{2} + p\left(\boldsymbol{b} - \frac{\boldsymbol{a}}{2}\right)$$

$$\overrightarrow{\mathrm{OG}} = \overrightarrow{\mathrm{OQ}} + \overrightarrow{\mathrm{QG}} = \overrightarrow{\mathrm{OQ}} + q\overrightarrow{\mathrm{QA}} = \frac{\boldsymbol{b}}{2} + q\left(\boldsymbol{a} - \frac{\boldsymbol{b}}{2}\right)$$

より

$$\frac{\boldsymbol{a}}{2} + p\left(\boldsymbol{b} - \frac{\boldsymbol{a}}{2}\right) = \frac{\boldsymbol{b}}{2} + q\left(\boldsymbol{a} - \frac{\boldsymbol{b}}{2}\right)$$

すなわち

$$\left(\frac{1}{2} - \frac{p}{2} - q\right)\boldsymbol{a} + \left(p - \frac{1}{2} + \frac{q}{2}\right)\boldsymbol{b} = \boldsymbol{0}$$

となります．$\boldsymbol{a}$ と $\boldsymbol{b}$ は一次独立なので

$$\frac{1}{2} - \frac{p}{2} - q = 0, \quad p - \frac{1}{2} + \frac{q}{2} = 0$$

となり，これを解いて

$$p = \frac{1}{3}, \quad q = \frac{1}{3}$$

が得られます．したがって，

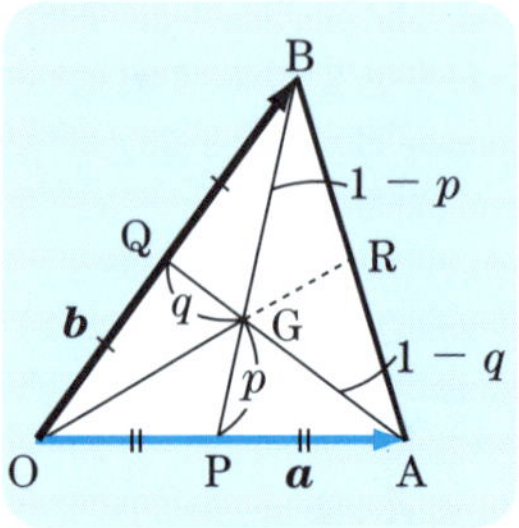

図 1.20

$$\mathrm{BG} : \mathrm{GP} = 1-p : p = 2:1, \quad \mathrm{AG} : \mathrm{GQ} = 1-q : q = 2:1$$

となり，また

$$\begin{aligned}\overrightarrow{\mathrm{OG}} &= \overrightarrow{\mathrm{OP}} + \overrightarrow{\mathrm{PG}} \\ &= \frac{\boldsymbol{a}}{2} + \frac{1}{3}\left(\boldsymbol{b} - \frac{\boldsymbol{a}}{2}\right) = \frac{\boldsymbol{a}+\boldsymbol{b}}{3} = \frac{2}{3}\frac{\boldsymbol{a}+\boldsymbol{b}}{2}\end{aligned}$$

となり G が $\boldsymbol{a}+\boldsymbol{b}$ 上にあることが分ります．また $(\boldsymbol{a}+\boldsymbol{b})/2$ は AB の中点を表すベクトルであるため，点 R は AB の中点になります．このことから，重心の存在が示されました．さらに，$\mathrm{OG} : \mathrm{OR} = 2/3 : 1 = 2 : 3$，すなわち $\mathrm{OG} : \mathrm{GR} = 2 : 1$ となります．したがって，各中線を 2 : 1 に内分することもわかります．

三角形の垂心　上では三角形の重心について述べたので，次に三角形の**垂心**の存在をベクトルを用いて示すことにします．すなわち，

> 三角形の各頂点から対辺に下ろした垂線は 1 点で交わる．

ことが知られています．この点のことを垂心といいます．垂心の存在を証明するためには，図 1.21 に示すように，三角形 OAB の 2 つの頂点 O と A から対辺 AB, OB に下ろした垂線の交点を P としたとき，BP と OA が直交することを示せばよいことになります．また，直交を証明するためには，ベクトルの内積が 0 であることが利用できます．

証明は次のようになります．図 1.21 で OP を表すベクトルを $\boldsymbol{c}$ とします．このとき，$\overrightarrow{\mathrm{AP}}$ は $\boldsymbol{c}-\boldsymbol{a}$，$\overrightarrow{\mathrm{BP}}$ は $\boldsymbol{c}-\boldsymbol{b}$ です．ここで，仮定から OP と AB が直交し，AP と OB が直交するため

$$\boldsymbol{c}\cdot(\boldsymbol{a}-\boldsymbol{b}) = \boldsymbol{c}\cdot\boldsymbol{a} - \boldsymbol{c}\cdot\boldsymbol{b} = 0$$

$$\boldsymbol{b}\cdot(\boldsymbol{c}-\boldsymbol{a}) = \boldsymbol{b}\cdot\boldsymbol{c} - \boldsymbol{b}\cdot\boldsymbol{a} = 0$$

となります．したがって，

$$\boldsymbol{a}\cdot\boldsymbol{b} = \boldsymbol{b}\cdot\boldsymbol{c} = \boldsymbol{c}\cdot\boldsymbol{a}$$

すなわち

$$0 = \boldsymbol{c}\cdot\boldsymbol{a} - \boldsymbol{b}\cdot\boldsymbol{a} = (\boldsymbol{c}-\boldsymbol{b})\cdot\boldsymbol{a}$$

となるため，BP と OA は直交することが簡単に示せました．

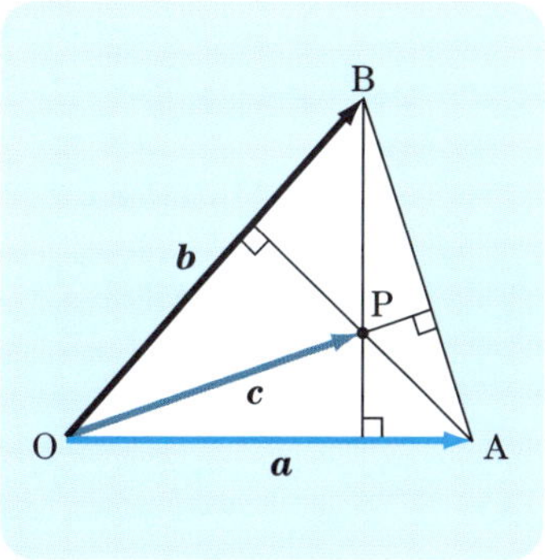

図 1.21

問 1.6 ひし形の対角線は直交することをベクトルを用いて示しなさい.

空間図形を幾何学的に考えるのは難しいことが普通ですが，ベクトルを使うと空間図形に対して成り立つ性質を簡単に示せることが多くあります．以下にいくつかの例題をとおして説明します.

例題 1.7 正四面体 ABCD において，辺 AB の中点を M としたとき，$\cos\angle\mathrm{CMD}$ の値を求めなさい.

【解】 角度を求める問題なので正四面体の 1 辺の長さを 1 にしても一般性を失いません．このとき図 1.22 において，ベクトル $\overrightarrow{\mathrm{CA}} = \boldsymbol{a}$, $\overrightarrow{\mathrm{CB}} = \boldsymbol{b}$, $\overrightarrow{\mathrm{CD}} = \boldsymbol{d}$ とおくと，$|\boldsymbol{a}| = |\boldsymbol{b}| = |\boldsymbol{d}| = 1$ となります．さらに各面は正三角形なので

$$\boldsymbol{a}\cdot\boldsymbol{b} = \boldsymbol{a}\cdot\boldsymbol{d} = \boldsymbol{b}\cdot\boldsymbol{d} = \cos\frac{\pi}{3} = \frac{1}{2}$$

です．一方，

$$\overrightarrow{\mathrm{CM}} = \frac{\boldsymbol{a}+\boldsymbol{b}}{2}$$

$$\overrightarrow{\mathrm{DM}} = \overrightarrow{\mathrm{CM}} - \boldsymbol{d} = \frac{\boldsymbol{a}+\boldsymbol{b}}{2} - \boldsymbol{d}$$

です．したがって

$$\begin{aligned}\overrightarrow{\mathrm{CM}}\cdot\overrightarrow{\mathrm{DM}} &= \left(\frac{\boldsymbol{a}+\boldsymbol{b}}{2}\right)\cdot\left(\frac{\boldsymbol{a}+\boldsymbol{b}}{2} - \boldsymbol{d}\right)\\ &= \frac{1}{4}(|\boldsymbol{a}|^2 + 2\boldsymbol{a}\cdot\boldsymbol{b} + |\boldsymbol{b}|^2) - \frac{1}{2}(\boldsymbol{a}\cdot\boldsymbol{d} + \boldsymbol{b}\cdot\boldsymbol{d}) = \frac{1}{4}\end{aligned}$$

となります．すなわち，

$$|\overrightarrow{\mathrm{CM}}||\overrightarrow{\mathrm{DM}}|\cos\angle\mathrm{CMD} = \left(\frac{\sqrt{3}}{2}\right)^2\cos\angle\mathrm{CMD} = \frac{1}{4} \text{ より}$$

$$\cos\angle\mathrm{CMD} = \frac{1}{3}$$

□

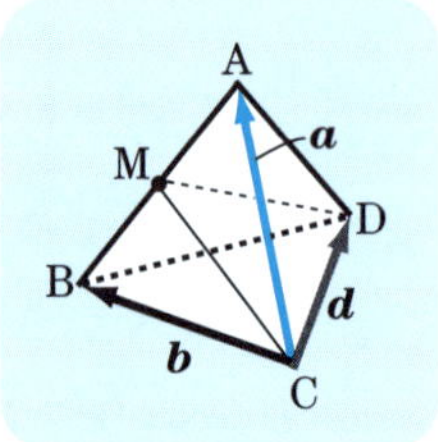

図 1.22

例題 1.8 四面体 ABCD において，辺 AB, CD の中点を M, N とし，線分 MN の中点を P，三角形 BCD の重心を G とするとき，3 点 A, P, G は一直線上にあることを示しなさい．

【解】 図 1.23 において $\overrightarrow{\mathrm{AB}} = \boldsymbol{b}, \overrightarrow{\mathrm{AC}} = \boldsymbol{c}, \overrightarrow{\mathrm{AD}} = \boldsymbol{d}$ とおきます．このとき，

$$\overrightarrow{\mathrm{BC}} = \boldsymbol{c} - \boldsymbol{b}, \quad \overrightarrow{\mathrm{BD}} = \boldsymbol{d} - \boldsymbol{b}$$

および重心の性質より

$$\begin{aligned}\overrightarrow{\mathrm{AG}} &= \overrightarrow{\mathrm{AB}} + \overrightarrow{\mathrm{BG}} = \overrightarrow{\mathrm{AB}} + \frac{1}{3}(\overrightarrow{\mathrm{BC}} + \overrightarrow{\mathrm{BD}}) \\ &= \boldsymbol{b} + \frac{1}{3}(\boldsymbol{c} + \boldsymbol{d} - 2\boldsymbol{b}) = \frac{1}{3}(\boldsymbol{b} + \boldsymbol{c} + \boldsymbol{d})\end{aligned}$$

$$\begin{aligned}\overrightarrow{\mathrm{AP}} &= \overrightarrow{\mathrm{AM}} + \frac{1}{2}\overrightarrow{\mathrm{MN}} = \overrightarrow{\mathrm{AM}} + \frac{1}{2}(\overrightarrow{\mathrm{MA}} + \overrightarrow{\mathrm{AD}} + \overrightarrow{\mathrm{DN}}) \\ &= \frac{1}{2}(2\overrightarrow{\mathrm{AM}} - \overrightarrow{\mathrm{AM}} + \overrightarrow{\mathrm{AD}} + \overrightarrow{\mathrm{AN}} - \overrightarrow{\mathrm{AD}}) \\ &= \frac{1}{2}\left(\boldsymbol{b} - \frac{\boldsymbol{b}}{2} + \boldsymbol{d} + \frac{1}{2}(\boldsymbol{c} + \boldsymbol{d}) - \boldsymbol{d}\right) = \frac{1}{4}(\boldsymbol{b} + \boldsymbol{c} + \boldsymbol{d})\end{aligned}$$

したがって，

$$\overrightarrow{\mathrm{AP}} = \frac{3}{4}\overrightarrow{\mathrm{AG}}$$ となるため A, P, G は一直線上にあります．

□

問 1.7 図 1.24 に示す立方体において AB と AG のなす角度 θ としたとき $\cos\theta$ を求めなさい．

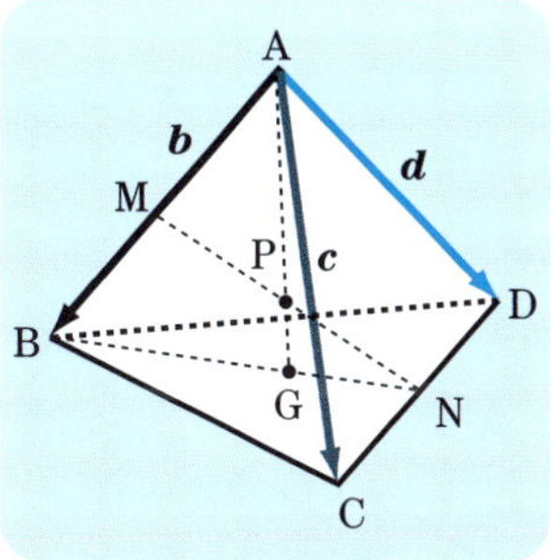

図 1.23

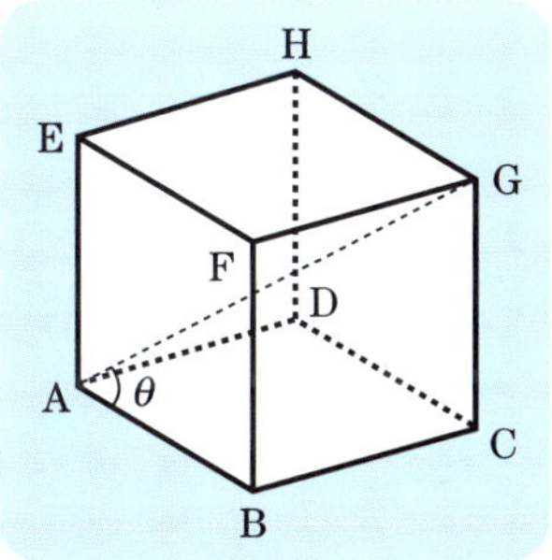

図 1.24

第1章の演習問題

1　次の関係を証明しなさい．

(1)　$(\boldsymbol{a}-\boldsymbol{b})\cdot(\boldsymbol{a}+\boldsymbol{b})=|\boldsymbol{a}|^2-|\boldsymbol{b}|^2$

(2)　$(\boldsymbol{a}+\boldsymbol{b})\times(\boldsymbol{a}-\boldsymbol{b})=2\boldsymbol{b}\times\boldsymbol{a}$

2　ベクトル $\boldsymbol{a}$, $\boldsymbol{b}$ を 2 辺とする平行四辺形の面積は

$$\sqrt{|\boldsymbol{a}|^2|\boldsymbol{b}|^2-(\boldsymbol{a}\cdot\boldsymbol{b})^2}$$

となることを示しなさい．

3　中心が O の円において弦 AB と CD が点 P で交わり互いに直交しているとき，

$$\overrightarrow{\mathrm{PA}}+\overrightarrow{\mathrm{PB}}+\overrightarrow{\mathrm{PC}}+\overrightarrow{\mathrm{PD}}$$

を，$\overrightarrow{\mathrm{PO}}$ を用いて表しなさい．

4　平行四辺形 ABCD において対角線 BD を 4 : 1 に内分する点を E とします．AE を通る直線と辺 CD の交点を F としたとき，CF : FD = 3 : 1 であることを示しなさい．

5　平面の外に点 S があり，点 S から平面に垂線を下ろしたときの交点を P とします．点 P を通らない直線を l として，点 P から直線 l に垂線を引き，垂線との交点を O とします．このとき線分 l と OS は直交することを示しなさい．

6　三角形 ABC の辺 BC を $m:n$ に内分する点を M，辺 CA を $r:s$ に内分する点を N とします．線分 AM と線分 BN の交点を P として線分 CP の延長線が辺 AB と交わる点を L としたとき，比 AL : LB を求めなさい．

第2章

ベクトルの成分表示

高校でも習いましたがベクトルは成分で表示することができます．2 次元ベクトルは 2 つの成分，3 次元ベクトルは 3 つの成分をもちます．成分自体はスカラー量なのでベクトルはスカラーの集まりとみなすこともできます．本章ではベクトルだけではなく，ベクトルのスカラー積やベクトル積なども成分を使って表すとどのようになるかを示します．また，直角座標だけでなく極座標や球座標の成分表示も考えます．

本章の内容

2.1　ベクトルと成分

はじめに平面内のベクトル $\boldsymbol{p}$（2次元ベクトル）を考えます．そして，平面内に直角座標を導入します．ベクトルは平行移動しても変わらないので，その起点が直角座標の原点になるように平行移動しておきます（図 2.1）．このとき，ベクトルの終点は平面内の1点Pを表しますが，この点はある座標値をもつため，この座標値でベクトルが指定できます．いま，この座標値が (x_1, y_1) になったとします．このとき，x_1 をベクトルの x 成分，y_1 をベクトルの y 成分といいます．そしてベクトルを (x_1, y_1) のように成分で指定することをベクトルの**成分表示**といいます．なお，ベクトルを成分表示するときにはベクトルの起点は必ず原点にとります．

さて x 軸の正の方向を向いた**単位ベクトル**（大きさ1のベクトル）を $\boldsymbol{i}$，y 軸の正方向を向いた単位ベクトルを $\boldsymbol{j}$ とします．このように各座標の正方向を向いた単位ベクトルを**基本ベクトル**[†]といいます．基本ベクトルを用いれば，図 2.2 の x 軸上のベクトルは $x_1\boldsymbol{i}$ となり，y 軸上のベクトルは $y_1\boldsymbol{j}$ となります．したがって，ベクトル $\boldsymbol{p}$ は成分を用いて

$$\boldsymbol{p} = x_1\boldsymbol{i} + y_1\boldsymbol{j} \tag{2.1}$$

と書けます．またそのまま座標値を用いて $\boldsymbol{p} = (x_1, y_1)$ と記すこともあります．

空間内のベクトル $\boldsymbol{p}$（3次元ベクトル）も同様に成分表示できます．すなわち，図 2.3 に示すように空間内に直角座標を導入し，ベクトルの起点が原点と一致するように平行移動します．このとき，ベクトルの終点の座標が (x_1, y_1, z_1) になったとすれば，x_1 がベクトルの x 成分，y_1 がベクトルの y 成分，z_1 がベクトルの z 成分となります．さらに，$\boldsymbol{i}, \boldsymbol{j}$ を前と同様にとり，さらに $\boldsymbol{k}$ を z 軸の正方向の単位ベクトル（基本ベクトル）とすれば，このベクトルは

$$\boldsymbol{p} = x_1\boldsymbol{i} + y_1\boldsymbol{j} + z_1\boldsymbol{k} \tag{2.2}$$

となります（図 2.4）．また2次元の場合と同じく座標値を用いて $\boldsymbol{p} = (x_1, y_1, z_1)$ と記すこともあります．

[†] 直角座標だけではなく，後述の直交曲線座標に対しても基本ベクトルが定義されます．

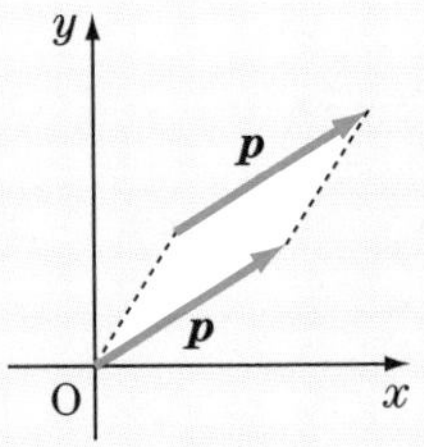

図 2.1

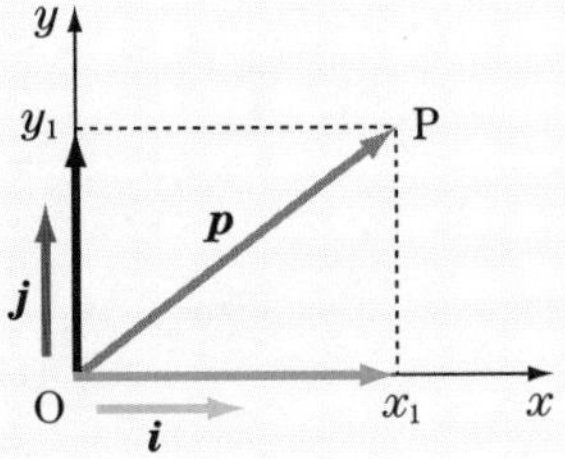

図 2.2

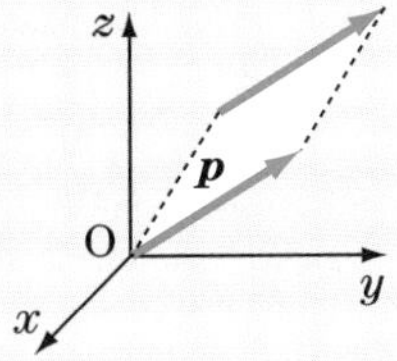

図 2.3

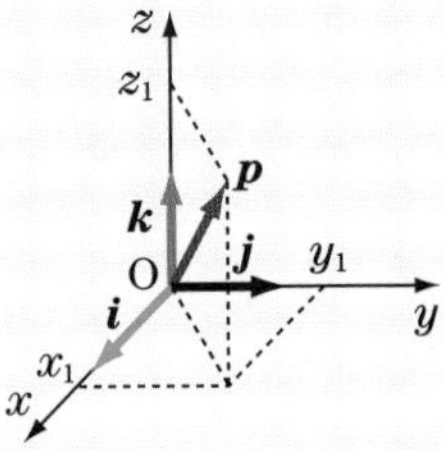

図 2.4

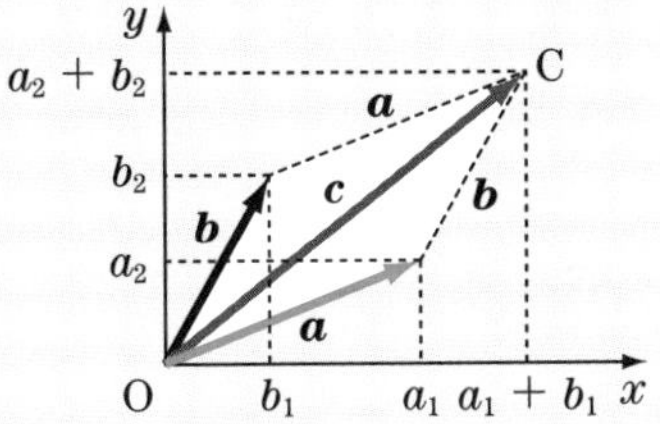

図 2.5

直角座標を用いてベクトルの和を考えます．2 次元のベクトル $\boldsymbol{a}, \boldsymbol{b}$ の成分表示をそれぞれ (a_1, a_2), (b_1, b_2) とすれば，図 2.5 から平行四辺形の頂点 C の座標は $(a_1 + a_2, b_1 + b_2)$ となります．したがって，2 つのベクトルの和の成分は対応する成分ごとの和をとればよく，$\boldsymbol{a} = a_1\boldsymbol{i} + a_2\boldsymbol{j}$, $\boldsymbol{b} = b_1\boldsymbol{i} + b_2\boldsymbol{j}$ から，

$$\begin{aligned}\boldsymbol{c} = \boldsymbol{a} + \boldsymbol{b} &= (a_1\boldsymbol{i} + a_2\boldsymbol{j}) + (b_1\boldsymbol{i} + b_2\boldsymbol{j}) \\ &= (a_1 + b_1)\boldsymbol{i} + (a_2 + b_2)\boldsymbol{j} \qquad (2.3)\end{aligned}$$

という計算ができることを意味しています．

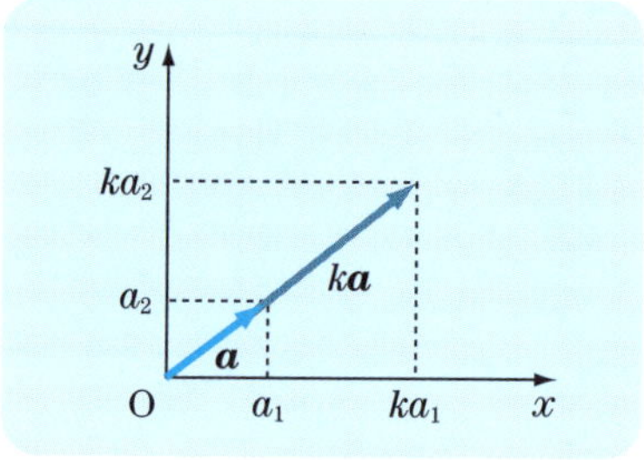

図 2.6

3次元でも同様に $\boldsymbol{a} = a_1\boldsymbol{i} + a_2\boldsymbol{j} + a_3\boldsymbol{k}$, $\boldsymbol{b} = b_1\boldsymbol{i} + b_2\boldsymbol{j} + b_3\boldsymbol{k}$ のとき

$$\boldsymbol{c} = (a_1 + b_1)\boldsymbol{i} + (a_2 + b_2)\boldsymbol{j} + (a_3 + b_3)\boldsymbol{k} \tag{2.4}$$

となります．同様に，ベクトルの差も対応する成分ごとの差になります．

スカラー倍については次のようになります．2次元のベクトル $\boldsymbol{a}$ の成分表示を (a_1, a_2) としたとき，$k\boldsymbol{a}$ の成分は 図 2.6 から (ka_1, ka_2) となります．すなわち，ベクトルの k 倍は各成分をそれぞれ k 倍すればよく，$\boldsymbol{a} = a_1\boldsymbol{i} + a_2\boldsymbol{j}$ のとき

$$k\boldsymbol{a} = k(a_1\boldsymbol{i} + a_2\boldsymbol{j}) = ka_1\boldsymbol{i} + ka_2\boldsymbol{j} \tag{2.5}$$

という計算ができることを意味しています．3次元の場合も同様に $\boldsymbol{a} = a_1\boldsymbol{i} + a_2\boldsymbol{j} + a_3\boldsymbol{k}$ のとき

$$k\boldsymbol{a} = k(a_1\boldsymbol{i} + a_2\boldsymbol{j} + a_3\boldsymbol{k}) = ka_1\boldsymbol{i} + ka_2\boldsymbol{j} + ka_3\boldsymbol{k}$$

となります．

例題 2.1　$\boldsymbol{a} = 2\boldsymbol{i} - 3\boldsymbol{j} + \boldsymbol{k}$, $\boldsymbol{b} = -3\boldsymbol{i} + 2\boldsymbol{j} - 4\boldsymbol{k}$ のとき次の計算をしなさい．

(1)　$2\boldsymbol{a} + \boldsymbol{b}$　　　(2)　$3\boldsymbol{a} - 4\boldsymbol{b}$

【解】 (1)　$2\boldsymbol{a} + \boldsymbol{b} = 2(2\boldsymbol{i} - 3\boldsymbol{j} + \boldsymbol{k}) + (-3\boldsymbol{i} + 2\boldsymbol{j} - 4\boldsymbol{k})$

$= (4 - 3)\boldsymbol{i} + (-6 + 2)\boldsymbol{j} + (2 - 4)\boldsymbol{k} = i - 4\boldsymbol{j} - 2\boldsymbol{k}$

(2)　$3\boldsymbol{a} - 4\boldsymbol{b} = 3(2\boldsymbol{i} - 3\boldsymbol{j} + \boldsymbol{k}) - 4(-3\boldsymbol{i} + 2\boldsymbol{j} - 4\boldsymbol{k})$

$= (6 + 12)\boldsymbol{i} + (-9 - 8)\boldsymbol{j} + (3 + 16)\boldsymbol{k}$

$= 18\boldsymbol{i} - 17\boldsymbol{j} + 19\boldsymbol{k}$　□

問 2.1　ベクトル $\boldsymbol{a}$ と $\boldsymbol{b}$ を例題 2.1 とおなじものとしたとき，次の計算をしなさい．

(1)　$4\boldsymbol{a} + 5\boldsymbol{b}$　　　(2)　$-2\boldsymbol{a} + 3\boldsymbol{b}$

2.2　スカラー積とベクトル積の成分表示

基本ベクトルのスカラー積については以下の関係式が成り立ちます：

$$\begin{aligned} \boldsymbol{i}\cdot\boldsymbol{i}=\boldsymbol{j}\cdot\boldsymbol{j}=\boldsymbol{k}\cdot\boldsymbol{k}=1 \\ \boldsymbol{i}\cdot\boldsymbol{j}=\boldsymbol{j}\cdot\boldsymbol{k}=\boldsymbol{k}\cdot\boldsymbol{i}=0 \end{aligned} \tag{2.6}$$

なぜなら，基本ベクトルの大きさは 1 ($|\boldsymbol{i}|=|\boldsymbol{j}|=|\boldsymbol{k}|=1$) であり，また異なる基本ベクトル（たとえば $\boldsymbol{i}$ と $\boldsymbol{j}$）はお互いに直交するため内積が 0 になるからです．

一方，基本ベクトルのベクトル積については以下の関係式が成り立ちます：

$$\begin{aligned} &\boldsymbol{i}\times\boldsymbol{i}=\boldsymbol{j}\times\boldsymbol{j}=\boldsymbol{k}\times\boldsymbol{k}=\boldsymbol{0} \\ &\boldsymbol{i}\times\boldsymbol{j}=\boldsymbol{k},\quad \boldsymbol{j}\times\boldsymbol{k}=\boldsymbol{i},\quad \boldsymbol{k}\times\boldsymbol{i}=\boldsymbol{j} \\ &\boldsymbol{j}\times\boldsymbol{i}=-\boldsymbol{k},\quad \boldsymbol{k}\times\boldsymbol{j}=-\boldsymbol{i},\quad \boldsymbol{i}\times\boldsymbol{k}=-\boldsymbol{j} \end{aligned} \tag{2.7}$$

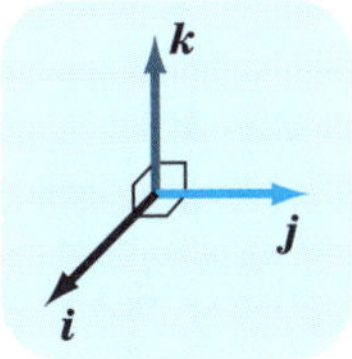

図 2.7

なぜなら，同じベクトル（平行）のベクトル積は $\boldsymbol{0}$ であり，またその他の関係は定義あるいは 図 2.7 からわかります．

一般のベクトルのスカラー積とベクトル積は，上の基本ベクトル間の関係式 (2.6) と分配法則を用いれば成分表示することができます．すなわち，2 つの 2 次元ベクトル $\boldsymbol{a}=a_1\boldsymbol{i}+a_2\boldsymbol{j}$ と $\boldsymbol{b}=b_1\boldsymbol{i}+b_2\boldsymbol{j}$ のスカラー積は

$$\begin{aligned} \boldsymbol{a}\cdot\boldsymbol{b} &= (a_1\boldsymbol{i}+a_2\boldsymbol{j})\cdot(b_1\boldsymbol{i}+b_2\boldsymbol{j}) \\ &= (a_1\boldsymbol{i}+a_2\boldsymbol{j})\cdot b_1\boldsymbol{i}+(a_1\boldsymbol{i}+a_2\boldsymbol{j})\cdot b_2\boldsymbol{j} \\ &= a_1\boldsymbol{i}\cdot b_1\boldsymbol{i}+a_2\boldsymbol{j}\cdot b_1\boldsymbol{i}+a_1\boldsymbol{i}\cdot b_2\boldsymbol{j}+a_2\boldsymbol{j}\cdot b_2\boldsymbol{j} \\ &= a_1b_1\boldsymbol{i}\cdot\boldsymbol{i}+a_2b_1\boldsymbol{j}\cdot\boldsymbol{i}+a_1b_2\boldsymbol{i}\cdot\boldsymbol{j}+a_2b_2\boldsymbol{j}\cdot\boldsymbol{j} \\ &= a_1b_1+a_2b_2 \end{aligned} \tag{2.8}$$

となります．このようにスカラー積を計算する場合にはスカラー積をふつうの積とみなし，ベクトルもふつうの文字とみなして式を展開し，基本ベクトルの関係 (2.6) を用いて式を簡単にすればよいことになります．

3次元ベクトル

$$\boldsymbol{a} = a_1\boldsymbol{i} + a_2\boldsymbol{j} + a_3\boldsymbol{k}$$
$$\boldsymbol{b} = b_1\boldsymbol{i} + b_2\boldsymbol{j} + b_3\boldsymbol{k}$$

の場合も同様に

$$\begin{aligned}\boldsymbol{a}\cdot\boldsymbol{b} &= (a_1\boldsymbol{i} + a_2\boldsymbol{j} + a_3\boldsymbol{k})\cdot(b_1\boldsymbol{i} + b_2\boldsymbol{j} + b_3\boldsymbol{k})\\ &= (a_1\boldsymbol{i} + a_2\boldsymbol{j} + a_3\boldsymbol{k})\cdot b_1\boldsymbol{i} + (a_1\boldsymbol{i} + a_2\boldsymbol{j} + a_3\boldsymbol{k})\cdot b_2\boldsymbol{j}\\ &\quad + (a_1\boldsymbol{i} + a_2\boldsymbol{j} + a_3\boldsymbol{k})\cdot b_3\boldsymbol{k}\\ &= a_1b_1\boldsymbol{i}\cdot\boldsymbol{i} + a_2b_2\boldsymbol{j}\cdot\boldsymbol{j} + a_3b_3\boldsymbol{k}\cdot\boldsymbol{k}\end{aligned}$$

すなわち,

$$\boldsymbol{a}\cdot\boldsymbol{b} = a_1b_1 + a_2b_2 + a_3b_3 \tag{2.9}$$

となります.

ベクトル積の計算でも文字の計算と同様に，分配法則および式 (2.7) を用いて計算します．すなわち,

$$\begin{aligned}\boldsymbol{a}\times\boldsymbol{b} &= (a_1\boldsymbol{i} + a_2\boldsymbol{j} + a_3\boldsymbol{k})\times(b_1\boldsymbol{i} + b_2\boldsymbol{j} + b_3\boldsymbol{k})\\ &= (a_1\boldsymbol{i} + a_2\boldsymbol{j} + a_3\boldsymbol{k})\times b_1\boldsymbol{i} + (a_1\boldsymbol{i} + a_2\boldsymbol{j} + a_3\boldsymbol{k})\times b_2\boldsymbol{j}\\ &\quad + (a_1\boldsymbol{i} + a_2\boldsymbol{j} + a_3\boldsymbol{k})\times b_3\boldsymbol{k}\\ &= a_1b_1\boldsymbol{i}\times\boldsymbol{i} + a_2b_1\boldsymbol{j}\times\boldsymbol{i} + a_3b_1\boldsymbol{k}\times\boldsymbol{i} + a_1b_2\boldsymbol{i}\times\boldsymbol{j} + a_2b_2\boldsymbol{j}\times\boldsymbol{j}\\ &\quad + a_3b_2\boldsymbol{k}\times\boldsymbol{j} + a_1b_3\boldsymbol{i}\times\boldsymbol{k} + a_2b_3\boldsymbol{j}\times\boldsymbol{k} + a_3b_3\boldsymbol{k}\times\boldsymbol{k}\\ &= -a_2b_1\boldsymbol{k} + a_3b_1\boldsymbol{j} + a_1b_2\boldsymbol{k} - a_3b_2\boldsymbol{i} - a_1b_3\boldsymbol{j} + a_2b_3\boldsymbol{i}\\ &= (a_2b_3 - a_3b_2)\boldsymbol{i} + (a_3b_1 - a_1b_3)\boldsymbol{j} + (a_1b_2 - a_2b_1)\boldsymbol{k}\end{aligned}$$

です．このままでは覚えにくい形をしていますが，行列式を用いれば以下のような覚えやすい形になります（行列式を展開すれば確かめられます）．

$$\boldsymbol{a}\times\boldsymbol{b} = \begin{vmatrix}\boldsymbol{i} & \boldsymbol{j} & \boldsymbol{k}\\ a_1 & a_2 & a_3\\ b_1 & b_2 & b_3\end{vmatrix} \tag{2.10}$$

例題 2.2 $\boldsymbol{a} = 2\boldsymbol{i} - 3\boldsymbol{j} + \boldsymbol{k}$, $\boldsymbol{b} = -3\boldsymbol{i} + 2\boldsymbol{j} - 4\boldsymbol{k}$ のとき次の計算をしなさい．

(1) $(2\boldsymbol{a} + \boldsymbol{b}) \cdot (\boldsymbol{a} - \boldsymbol{b})$ (2) $\boldsymbol{a} \times \boldsymbol{b}$

【解】 (1) $$(2\boldsymbol{a} + \boldsymbol{b}) \cdot (\boldsymbol{a} - \boldsymbol{b}) = (\boldsymbol{i} - 4\boldsymbol{j} - 2\boldsymbol{k}) \cdot (5\boldsymbol{i} - 5\boldsymbol{j} + 5\boldsymbol{k}) = 5 + 20 - 10 = 15$$

(2) 式 (2.10) より

$$\begin{aligned}\boldsymbol{a} \times \boldsymbol{b} &= (12 - 2)\boldsymbol{i} + (-3 + 8)\boldsymbol{j} + (4 - 9)\boldsymbol{k} \\ &= 10\boldsymbol{i} + 5\boldsymbol{j} - 5\boldsymbol{k}\end{aligned}$$

□

例題 2.3 $\boldsymbol{a}$ と $\boldsymbol{b}$ を例題 2.2 と同じベクトルとしたとき，次の (1), (2) を求めなさい．

(1) ベクトル $\boldsymbol{a}$ と $\boldsymbol{b}$ のなす角度を θ としたときの $\cos\theta$.

(2) ベクトル $\boldsymbol{a}$ と $\boldsymbol{b}$ に垂直な単位ベクトル．

【解】 (1)

$$\begin{aligned}|\boldsymbol{a}| &= \sqrt{2^2 + (-3)^2 + 1^2} = \sqrt{14} \\ |\boldsymbol{b}| &= \sqrt{(-3)^2 + 2^2 + (-4)^2} = \sqrt{29} \\ \boldsymbol{a} \cdot \boldsymbol{b} &= -6 - 6 - 4 \\ &= -16 \\ \cos\theta &= \frac{\boldsymbol{a} \cdot \boldsymbol{b}}{|\boldsymbol{a}||\boldsymbol{b}|} \\ &= -\frac{16}{\sqrt{406}}\end{aligned}$$

(2) 求めるベクトルは $\pm\boldsymbol{a} \times \boldsymbol{b}/|\boldsymbol{a} \times \boldsymbol{b}|$ なので，例題 2.2 の (2) から

$$\pm\frac{10\boldsymbol{i} + 5\boldsymbol{j} - 5\boldsymbol{k}}{\sqrt{10^2 + 5^2 + (-5)^2}} = \pm\frac{1}{\sqrt{6}}(2\boldsymbol{i} + \boldsymbol{j} - \boldsymbol{k})$$

となります． □

問 2.2 $\boldsymbol{a} = \boldsymbol{i} - \boldsymbol{j} + \boldsymbol{k}$, $\boldsymbol{b} = -\boldsymbol{i} + \boldsymbol{j} + \boldsymbol{k}$ のとき次の (1)～(3) を求めなさい．

(1) ベクトル $\boldsymbol{a}$ と $\boldsymbol{b}$ の大きさ．

(2) ベクトル $\boldsymbol{a}$ と $\boldsymbol{b}$ のなす角度 θ としたときの $\cos\theta$.

(3) ベクトル $\boldsymbol{a}$ と $\boldsymbol{b}$ に垂直な単位ベクトル．

2.3　スカラー3重積とベクトル3重積

3次元空間にある3つのベクトル $\boldsymbol{a}, \boldsymbol{b}, \boldsymbol{c}$ について，$\boldsymbol{a}\cdot(\boldsymbol{b}\times\boldsymbol{c})$ を**スカラー3重積**といいます．スカラー積というのは，ベクトル $\boldsymbol{a}$ とベクトル $\boldsymbol{b}\times\boldsymbol{c}$ のスカラー積になっているためです．例題1.5と同様に考えれば，スカラー3重積は3つのベクトルがつくる平行六面体の体積(図2.8）になっています．成分表示では

$$\boldsymbol{a} = a_1\boldsymbol{i} + a_2\boldsymbol{j} + a_3\boldsymbol{k}$$

$$\boldsymbol{b}\times\boldsymbol{c} = (b_2c_3 - b_3c_2)\boldsymbol{i} + (b_3c_1 - b_1c_3)\boldsymbol{j} + (b_1c_2 - b_2c_1)\boldsymbol{k}$$

であるため，

$$\begin{aligned}\boldsymbol{a}\cdot(\boldsymbol{b}\times\boldsymbol{c}) &= a_1(b_2c_3 - b_3c_2) + a_2(b_3c_1 - b_1c_3) + a_3(b_1c_2 - b_2c_1)\\ &= a_1b_2c_3 + a_2b_3c_1 + a_3b_1c_2 - a_1b_3c_2 - a_2b_1c_3 - a_3b_2c_1 \qquad (2.11)\end{aligned}$$

となります．したがって，行列式を用いれば

$$\boldsymbol{a}\cdot(\boldsymbol{b}\times\boldsymbol{c}) = \begin{vmatrix} a_1 & b_1 & c_1 \\ a_2 & b_2 & c_2 \\ a_3 & b_3 & c_3 \end{vmatrix} \qquad (2.12)$$

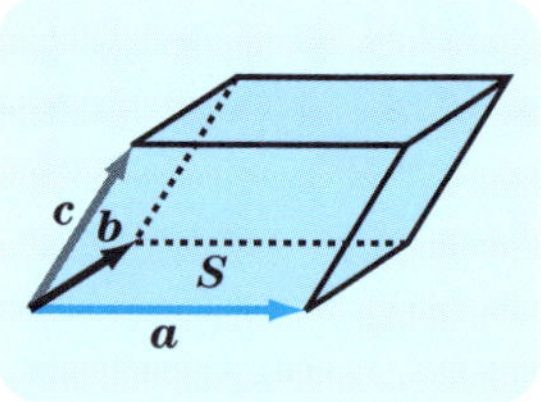

図 2.8

と書くことができます．なぜなら，この行列式を展開すれば式(2.11)と一致するからです．

スカラー3重積に対して，

$$\boldsymbol{a}\cdot(\boldsymbol{b}\times\boldsymbol{c}) = \boldsymbol{b}\cdot(\boldsymbol{c}\times\boldsymbol{a}) = \boldsymbol{c}\cdot(\boldsymbol{a}\times\boldsymbol{b}) \qquad (2.13)$$

が成り立ちます．この式は行列式で表現すれば

$$\begin{vmatrix} a_1 & b_1 & c_1 \\ a_2 & b_2 & c_2 \\ a_3 & b_3 & c_3 \end{vmatrix} = \begin{vmatrix} b_1 & c_1 & a_1 \\ b_2 & c_2 & a_2 \\ b_3 & c_3 & a_3 \end{vmatrix} = \begin{vmatrix} c_1 & a_1 & b_1 \\ c_2 & a_2 & b_2 \\ c_3 & a_3 & b_3 \end{vmatrix}$$

となりますが，列を1回入れ替えると（絶対値は同じで）符号が変化するという行列式の性質を用いれば，第2式も第3式も列の2回の入れ替えで実現できることから明らかです．あるいは，図2.8を参照すれば幾何学的にどれも同じ平行六面体の体積を表していると考えることもできます．

問2.3 $\boldsymbol{a} = \boldsymbol{i} - \boldsymbol{j} + \boldsymbol{k}$, $\boldsymbol{b} = -\boldsymbol{i} + 2\boldsymbol{j} - \boldsymbol{k}$, $\boldsymbol{c} = 3\boldsymbol{i} + \boldsymbol{j} - 2\boldsymbol{k}$ によって作られる平行六面体の体積を求めなさい．

3つのベクトル $\boldsymbol{a}$, $\boldsymbol{b}$, $\boldsymbol{c}$ について，$\boldsymbol{a} \times (\boldsymbol{b} \times \boldsymbol{c})$ を**ベクトル3重積**といいます．ベクトル3重積に対しては成分表示することにより以下の等式が成り立つことがわかります．

$$\boldsymbol{a} \times (\boldsymbol{b} \times \boldsymbol{c}) = (\boldsymbol{a} \cdot \boldsymbol{c})\boldsymbol{b} - (\boldsymbol{a} \cdot \boldsymbol{b})\boldsymbol{c} \tag{2.14}$$

例題2.4 上の等式を証明しなさい．

【解】 x 成分についてのみ示しますが，y および z 成分についても同様にできます．なお，添字1, 2, 3はそれぞれ x, y, z 方向の成分です．$\boldsymbol{d} = \boldsymbol{b} \times \boldsymbol{c}$ とおくと

$$d_2 = b_3c_1 - b_1c_3, \quad d_3 = b_1c_2 - b_2c_1$$

となるため，

$$\Big(\boldsymbol{a} \times (\boldsymbol{b} \times \boldsymbol{c})\Big)_1 = (\boldsymbol{a} \times \boldsymbol{d})_1 = a_2d_3 - a_3d_2 = a_2(b_1c_2 - b_2c_1) - a_3(b_3c_1 - b_1c_3)$$

$$\begin{aligned}\Big((\boldsymbol{a} \cdot \boldsymbol{c})\boldsymbol{b} - (\boldsymbol{a} \cdot \boldsymbol{b})\boldsymbol{c}\Big)_1 &= (\boldsymbol{a} \cdot \boldsymbol{c})b_1 - (\boldsymbol{a} \cdot \boldsymbol{b})c_1 \\ &= (a_1c_1 + a_2c_2 + a_3c_3)b_1 - (a_1b_1 + a_2b_2 + a_3b_3)c_1 \\ &= a_2(b_1c_2 - b_2c_1) - a_3(b_3c_1 - b_1c_3)\end{aligned}$$

□

例題2.5 ベクトル積に対して，一般に結合法則が成り立たないことを示しなさい．また，どのようなベクトルに対して結合法則が成り立つかを考えなさい．

【解】 式(2.14)から

$$\boldsymbol{a} \times (\boldsymbol{b} \times \boldsymbol{c}) = (\boldsymbol{a} \cdot \boldsymbol{c})\boldsymbol{b} - (\boldsymbol{a} \cdot \boldsymbol{b})\boldsymbol{c} = -(\boldsymbol{a} \cdot \boldsymbol{b})\boldsymbol{c} + (\boldsymbol{c} \cdot \boldsymbol{a})\boldsymbol{b}$$

となりますが，式(1.9)および式(2.14)（ただし $\boldsymbol{a}$ のかわりに $\boldsymbol{c}$，$\boldsymbol{b}$ のかわりに $\boldsymbol{a}$，$\boldsymbol{c}$ のかわりに $\boldsymbol{b}$）を用いると

$$(\boldsymbol{a} \times \boldsymbol{b}) \times \boldsymbol{c} = -\boldsymbol{c} \times (\boldsymbol{a} \times \boldsymbol{b}) = -(\boldsymbol{c} \cdot \boldsymbol{b})\boldsymbol{a} + (\boldsymbol{c} \cdot \boldsymbol{a})\boldsymbol{b}$$

となります．このように，両式は一般には等しくなく，両式が等しいときには

$$(\boldsymbol{a} \cdot \boldsymbol{b})\boldsymbol{c} = (\boldsymbol{c} \cdot \boldsymbol{b})\boldsymbol{a}$$

です．したがって，$(\boldsymbol{a} \cdot \boldsymbol{b})$ と $(\boldsymbol{c} \cdot \boldsymbol{b})$ はスカラーなのでベクトル $\boldsymbol{a}$ と $\boldsymbol{c}$ が平行であれば（それぞれのベクトルがベクトル $\boldsymbol{b}$ とも同じ角度をもつため）等式が成り立ちます． □

問2.4 $\boldsymbol{a} = \boldsymbol{i} - \boldsymbol{j} + \boldsymbol{k}$, $\boldsymbol{b} = -\boldsymbol{i} + 2\boldsymbol{j} - \boldsymbol{k}$, $\boldsymbol{c} = 3\boldsymbol{i} + \boldsymbol{j} - 2\boldsymbol{k}$ に対してベクトル3重積を計算しなさい．

2.4　他の座標系での成分表示

平面上の点の位置は直角座標 (x, y) だけではなく**極座標** (r, θ) を用いても指定できます．ここで極座標とは 図 2.9 に示すように，位置を表すのに原点からの距離 r と基準線（通常は x 軸）からの角度 θ を用いる座標です．図の OP を**動径**とよんでいます．したがって，直角座標との間には

$$x = r\cos\theta$$
$$y = r\sin\theta \qquad (2.15)$$

あるいは

$$r = \sqrt{x^2 + y^2}, \quad \theta = \tan^{-1}\frac{y}{x} \qquad (2.16)$$

の関係があります．

ここでベクトル $\boldsymbol{A}$ を 図 2.10 に示すように OP 方向の成分（**動径成分**）A_r とそれに垂直方向成分（**角度成分**）A_θ に分解してみます．それぞれの方向の単位ベクトルを $\boldsymbol{e}_r$ と $\boldsymbol{e}_\theta$ と記すことにすれば

$$\boldsymbol{A} = A_r\boldsymbol{e}_r + A_\theta\boldsymbol{e}_\theta \qquad (2.17)$$

と書くことができます．また直角座標では

$$\boldsymbol{A} = A_x\boldsymbol{i} + A_y\boldsymbol{j} \qquad (2.18)$$

となります．

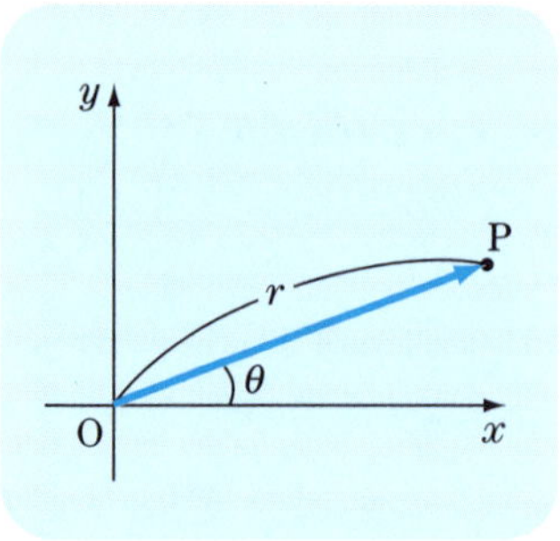

図 2.9

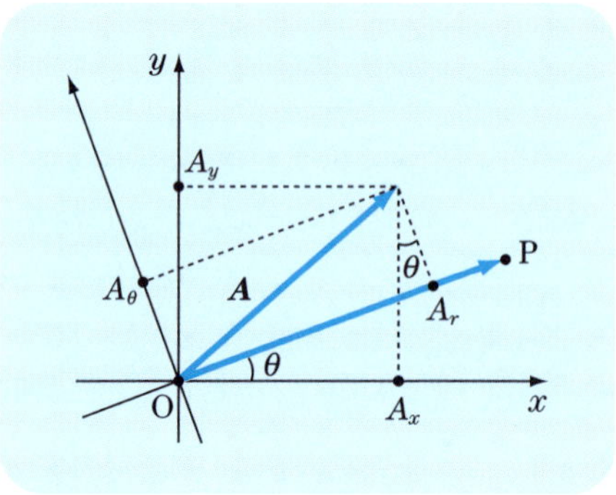

図 2.10

はじめに $\boldsymbol{e}_r, \boldsymbol{e}_\theta$ と $\boldsymbol{i}, \boldsymbol{j}$ の関係を求めてみます．まず 図 2.11 から $\boldsymbol{e}_r = \overrightarrow{\mathrm{OR}}$ は半径 1 の円周上の点であるため，図を参照して

$$\boldsymbol{e}_r = \cos\theta\boldsymbol{i} + \sin\theta\boldsymbol{j} \tag{2.19}$$

になります．$\boldsymbol{e}_\theta$ は $\boldsymbol{e}_r$ に垂直で θ が増加する方向を向いています．このようなベクトルは内積あるいは外積を利用すれば求めることができますが，ここでは外積を利用することにします．いま仮想的に z 軸を紙面に垂直に考え，その方向の基本ベクトルを $\boldsymbol{k}$ とします．また $\boldsymbol{e}_r$ は z 成分が 0 である 3 次元ベクトルと考えます．このとき，外積

$$\boldsymbol{k} \times \boldsymbol{e}_r = \begin{vmatrix} \boldsymbol{i} & \boldsymbol{j} & \boldsymbol{k} \\ 0 & 0 & 1 \\ \cos\theta & \sin\theta & 0 \end{vmatrix} = -\sin\theta\boldsymbol{i} + \cos\theta\boldsymbol{j}$$

は各ベクトルに垂直で θ が増加する方向を向いているため，求める 2 次元ベクトル $\boldsymbol{e}_\theta$ になります．すなわち

$$\boldsymbol{e}_\theta = -\sin\theta\boldsymbol{i} + \cos\theta\boldsymbol{j} \tag{2.20}$$

になります．式 (2.19), (2.20) から関係式

$$\begin{aligned} \boldsymbol{e}_r \cdot \boldsymbol{i} &= \cos\theta, & \boldsymbol{e}_r \cdot \boldsymbol{j} &= \sin\theta \\ \boldsymbol{e}_\theta \cdot \boldsymbol{i} &= -\sin\theta, & \boldsymbol{e}_\theta \cdot \boldsymbol{j} &= \cos\theta \end{aligned} \tag{2.21}$$

が得られます．

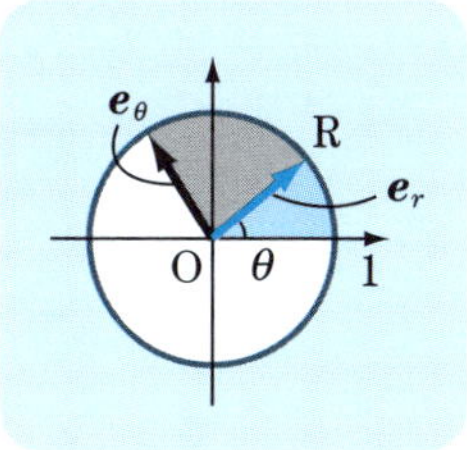

図 2.11

問2.5　式 (2.21) を内積を利用して示しなさい．

次に (A_x, A_y) と (A_r, A_θ) の関係を求めてみます．それには，

$$\boldsymbol{A} = A_x\boldsymbol{i} + A_y\boldsymbol{j} = A_r\boldsymbol{e}_r + A_\theta\boldsymbol{e}_\theta \tag{2.22}$$

と書いて $\boldsymbol{i}, \boldsymbol{j}$ あるいは $\boldsymbol{e}_r, \boldsymbol{e}_\theta$ との内積をとります．そのとき，式 (2.21) を利用します．その結果

$$\begin{aligned} A_x (= \boldsymbol{A} \cdot \boldsymbol{i}) &= A_r \cos\theta - A_\theta \sin\theta \\ A_y (= \boldsymbol{A} \cdot \boldsymbol{j}) &= A_r \sin\theta + A_\theta \cos\theta \end{aligned} \tag{2.23}$$

または

$$\begin{aligned} A_r (= \boldsymbol{A} \cdot \boldsymbol{e}_r) &= A_x \cos\theta + A_y \sin\theta \\ A_\theta (= \boldsymbol{A} \cdot \boldsymbol{e}_\theta) &= -A_x \sin\theta + A_y \cos\theta \end{aligned} \tag{2.24}$$

が得られます．

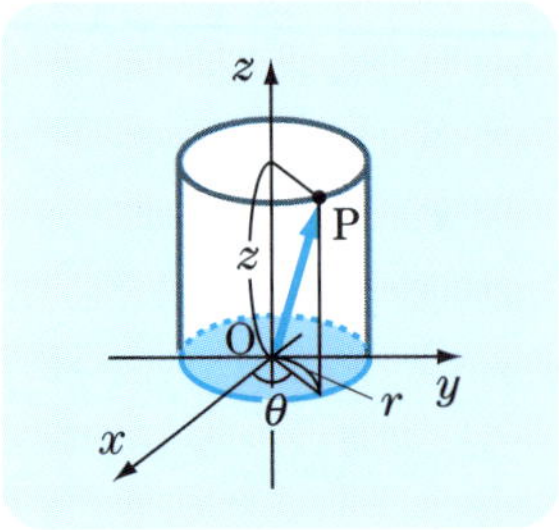

図 2.12

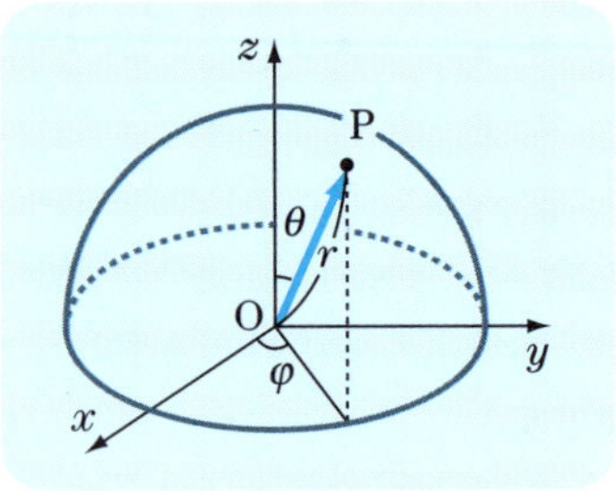

図 2.13

3 次元の場合に直角座標以外に位置ベクトルを表す代表的な座標系に**円柱座標**と**球座標**があります．

円柱座標とは xy 平面に平行な面においては極座標 (r, θ) を用い，z 方向はそのまま z 座標を使うもので，座標点は (r, θ, z) となり，直角座標との関係は

$$x = r\cos\theta, \quad y = r\sin\theta, \quad z = z \tag{2.25}$$

となります（図 2.12）．したがって，3 次元ベクトルは

$$\boldsymbol{A} = A_x\boldsymbol{i} + A_y\boldsymbol{j} + A_z\boldsymbol{k} = A_r\boldsymbol{e}_r + A_\theta\boldsymbol{e}_\theta + A_z\boldsymbol{k} \tag{2.26}$$

と表されます．成分間の関係や基本ベクトルの関係は 2 次元極座標と同じです．

球座標とは，図 2.13 のように点 P の位置を表すのに原点からの距離 r と xy 平面上で x 軸からの回転角 φ および z 軸から測った角度 θ（$\theta = 0$ が z 軸の正の部分）を用いる座標系です．したがって，(x, y, z) と (r, θ, φ) の間には

$$\begin{aligned} x &= r\sin\theta\cos\varphi \\ y &= r\sin\theta\sin\varphi \\ z &= r\cos\theta \end{aligned} \tag{2.27}$$

の関係があります（図 2.13 を参照）．

次に直角座標の基本ベクトル $\boldsymbol{i}, \boldsymbol{j}, \boldsymbol{k}$ と球座標の基本ベクトル $\boldsymbol{e}_r, \boldsymbol{e}_\varphi, \boldsymbol{e}_\theta$ の間の関係を求めてみます．まず，$\boldsymbol{e}_r$ は原点 O と半径 1 の球面上の点 P (x, y, z) を結んだベクトル $\overrightarrow{\mathrm{OP}}$ なので，式 (2.27) で $r = 1$ とおいて

$$\boldsymbol{e}_r = \sin\theta\cos\varphi\boldsymbol{i} + \sin\theta\sin\varphi\boldsymbol{j} + \cos\theta\boldsymbol{k} \tag{2.28}$$

となります．次に $\boldsymbol{e}_\varphi$ は xy 平面に平行な面内ある単位ベクトル（したがって，

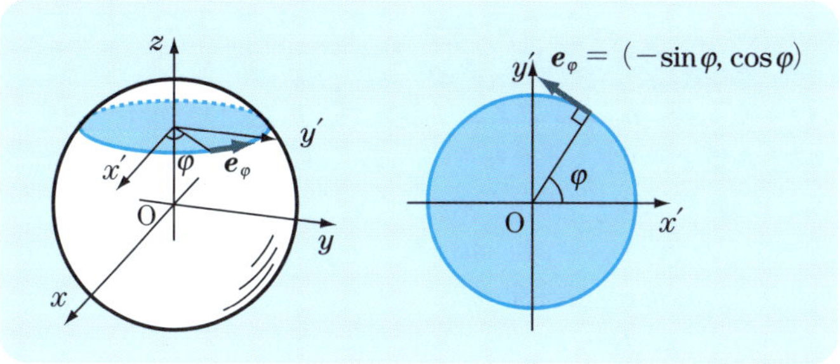

図 2.14

$\boldsymbol{k}$ 成分をもたないベクトル）であり，xy 平面に平行な面と球面との交線が円であることから，図 2.14 および式 (2.20) を参照して

$$\boldsymbol{e}_\varphi = -\sin\varphi\boldsymbol{i} + \cos\varphi\boldsymbol{j} \tag{2.29}$$

となります．最後に $\boldsymbol{e}_\theta$ は $\boldsymbol{e}_r$ および $\boldsymbol{e}_\varphi$ に垂直で θ の増加方向を向くベクトルであるので外積を用いて

$$\boldsymbol{e}_\theta = \boldsymbol{e}_\varphi \times \boldsymbol{e}_r = \begin{vmatrix} \boldsymbol{i} & \boldsymbol{j} & \boldsymbol{k} \\ -\sin\varphi & \cos\varphi & 0 \\ \sin\theta\cos\varphi & \sin\theta\sin\varphi & \cos\theta \end{vmatrix}$$
$$= \cos\theta\cos\varphi\boldsymbol{i} + \cos\theta\sin\varphi\boldsymbol{j} - \sin\theta\boldsymbol{k} \tag{2.30}$$

となります．これらの関係から

$$\begin{aligned} &\boldsymbol{e}_r \cdot \boldsymbol{i} = \sin\theta\cos\varphi, \quad \boldsymbol{e}_r \cdot \boldsymbol{j} = \sin\theta\sin\varphi, \quad \boldsymbol{e}_r \cdot \boldsymbol{k} = \cos\theta \\ &\boldsymbol{e}_\varphi \cdot \boldsymbol{i} = -\sin\varphi, \quad \boldsymbol{e}_\varphi \cdot \boldsymbol{j} = \cos\varphi, \quad \boldsymbol{e}_\varphi \cdot \boldsymbol{k} = 0 \\ &\boldsymbol{e}_\theta \cdot \boldsymbol{i} = \cos\theta\cos\varphi, \quad \boldsymbol{e}_\theta \cdot \boldsymbol{j} = \cos\theta\sin\varphi, \quad \boldsymbol{e}_\theta \cdot \boldsymbol{k} = -\sin\theta \end{aligned} \tag{2.31}$$

が得られます．成分間の関係は 2 次元極座標の場合と同様に

$$\boldsymbol{A} = A_x\boldsymbol{i} + A_y\boldsymbol{j} + A_z\boldsymbol{k} = A_r\boldsymbol{e}_r + A_\varphi\boldsymbol{e}_\varphi + A_\theta\boldsymbol{e}_\theta$$

と書いて，ベクトル $\boldsymbol{e}_r, \boldsymbol{e}_\varphi, \boldsymbol{e}_\theta$ との内積を計算し，式 (2.31) を利用すれば

$$\begin{aligned} A_x(= \boldsymbol{A}\cdot\boldsymbol{i}) &= A_r\sin\theta\cos\varphi - A_\varphi\sin\varphi + A_\theta\cos\theta\cos\varphi \\ A_y(= \boldsymbol{A}\cdot\boldsymbol{j}) &= A_r\sin\theta\sin\varphi + A_\varphi\cos\varphi + A_\theta\cos\theta\sin\varphi \\ A_z(= \boldsymbol{A}\cdot\boldsymbol{k}) &= A_r\cos\theta - A_\theta\sin\theta \end{aligned} \tag{2.32}$$

となります．

問 2.6 $(A_r, A_\varphi, A_\theta)$ を (A_x, A_y, A_z) を用いて表しなさい．

第2章の演習問題

1　原点Oと点$A(a_x, a_y, a_z)$および点$B(b_x, b_y, b_z)$で作られる三角形OABの面積をベクトル積を利用して求めなさい．また，原点のかわりに点$C(c_x, c_y, c_z)$をとったとき三角形ABCの面積を求めなさい．

2　3つのベクトル$\boldsymbol{A} = a\boldsymbol{i} - 2\boldsymbol{j} + 3\boldsymbol{k}$, $\boldsymbol{B} = -2\boldsymbol{i} + b\boldsymbol{j} + \boldsymbol{k}$, $\boldsymbol{C} = \boldsymbol{i} + 2\boldsymbol{j} - c\boldsymbol{k}$が直交するように，$a, b, c$の値を定めなさい．

3　$\boldsymbol{A} = 2\boldsymbol{i} + \boldsymbol{j} - 3\boldsymbol{k}$, $\boldsymbol{B} = \boldsymbol{i} - 2\boldsymbol{j} + \boldsymbol{k}$に垂直な単位ベクトルを求めなさい．

4　点Oを原点とし，点A, B, Cの座標をそれぞれ$(-2, -3, 4)$, $(a, 2, -1)$, $(3, a, 2)$としたとき，OA, OB, OCからできる平行六面体の体積が1になるようにaの値を定めなさい．

5　図2.15に示すように面Sの法線ベクトル$\boldsymbol{n} = (n_x, n_y, n_z)$と$S$を各座標平面に正射影したときの面積$\Delta S_x$, ΔS_y, ΔS_zの間には

$$\Delta S_x = n_x \Delta S, \quad \Delta S_y = n_y \Delta S, \quad \Delta S_z = n_z \Delta S$$

の関係が成り立つことを示しなさい．

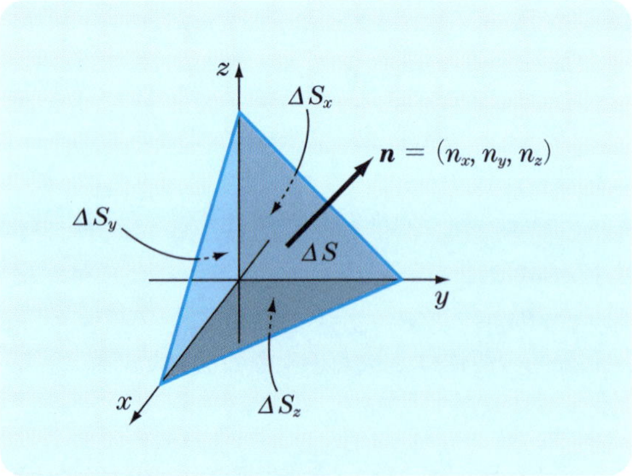

図 2.15

6　ベクトルに関する次の等式を証明しなさい．

(1)　$\boldsymbol{a} \times (\boldsymbol{b} \times \boldsymbol{c}) + \boldsymbol{b} \times (\boldsymbol{c} \times \boldsymbol{a}) + \boldsymbol{c} \times (\boldsymbol{a} \times \boldsymbol{b}) = \boldsymbol{0}$

(2)　$(\boldsymbol{a} \times \boldsymbol{b}) \cdot (\boldsymbol{c} \times \boldsymbol{d}) = (\boldsymbol{a} \cdot \boldsymbol{c})(\boldsymbol{b} \cdot \boldsymbol{d}) - (\boldsymbol{a} \cdot \boldsymbol{d})(\boldsymbol{b} \cdot \boldsymbol{c})$

第3章

ベクトルの微分積分

本章ではベクトルを関数とみなしたときの取り扱いを調べます．たとえば，空間内を運動する点の位置を表すベクトルは時間の関数とみなせるためにベクトルの関数です．本章ではこのようなベクトル関数の微分や積分がどうなるかを調べるとともにベクトルの関数に関する微分方程式についても取り扱います．

本章の内容

ベクトル関数
ベクトル関数の微分
ベクトル関数の積分
ベクトル関数の微分方程式
定数係数線形微分方程式

3.1 ベクトル関数

ある変数 t を変化させたとき，それに応じてベクトル $\boldsymbol{A}$ も変化する場合，そのベクトル $\boldsymbol{A}$ は変数 t に関する**ベクトル関数**であるといい，

$$\boldsymbol{A} = \boldsymbol{A}(t) \tag{3.1}$$

と記します．この場合，各成分も t の関数になっているため，成分表示では，2 次元の場合には

$$\boldsymbol{A} = A_x(t)\boldsymbol{i} + A_y(t)\boldsymbol{j} \tag{3.2}$$

3 次元の場合には

$$\boldsymbol{A} = A_x(t)\boldsymbol{i} + A_y(t)\boldsymbol{j} + A_z(t)\boldsymbol{k} \tag{3.3}$$

となります．ただし，$A_x, A_y(, A_z)$ は $\boldsymbol{A}$ の $x, y(, z)$ 成分です†．$\boldsymbol{A}$ を位置を表すベクトル (**位置ベクトル**) と考えれば，ベクトル関数 $\boldsymbol{A}(t)$ の終点は独立変数 t を変化させることにより，2 次元の場合は平面曲線，3 次元の場合には空間曲線を描きます．なお，各成分が独立変数の連続関数であるとき，ベクトル関数も連続であるといいます．

例題 3.1　次の 2 次元のベクトル関数の終点の軌跡を描きなさい．

$$\boldsymbol{A} = (t+1)\boldsymbol{i} + (t^2+1)\boldsymbol{j}$$

【解】　t にいろいろな値を代入して終点をつなぐと図 3.1 のようになります．
式で求めるために，成分に分けると

$$x = t+1, \quad y = t^2+1$$

となるため，t を消去すれば

$$y = (x-1)^2 + 1$$

という式が得られます．これは点 $(1,1)$ を頂点とする放物線です．　□

---

† 偏微分を表す場合に A_x のように下添え字をしばしば使いますが，本書では混乱を避けるため下添え字は成分（A_x はベクトル $\boldsymbol{A}$ の x 方向成分）を表すものとします．なお前章では添字 x, y, z のかわりに添字 1, 2, 3 を使っていました．

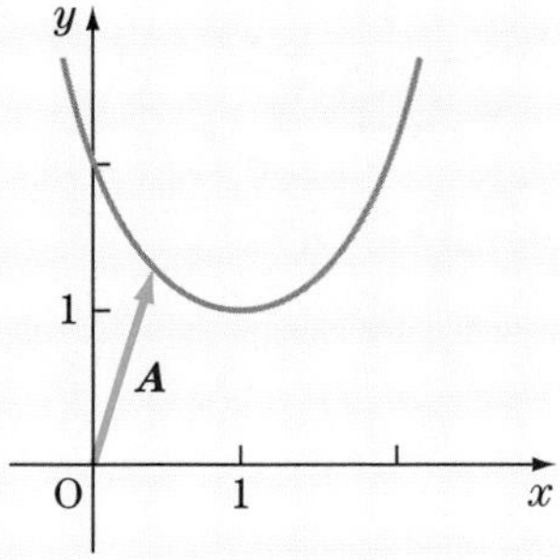

図 3.1

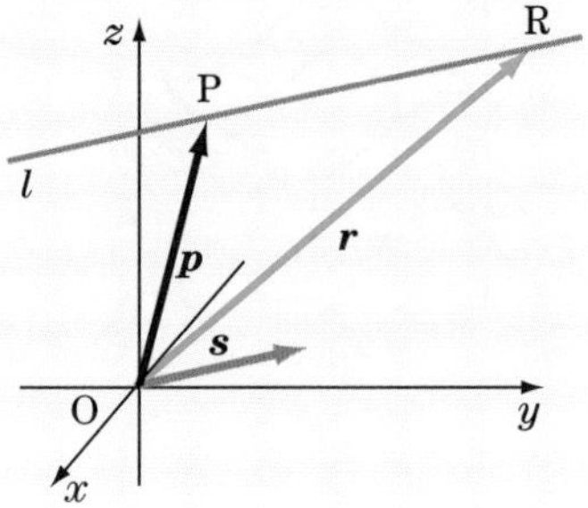

図 3.2

例題 3.2 空間内の 1 点 P をとおり，与えられたベクトル $\boldsymbol{s}$ に平行な直線の式を求めなさい．

【解】 図 3.2 に示すように，点 P を表すベクトルを $\boldsymbol{p} = (p_x, p_y, p_z)$，点 P をとおり $\boldsymbol{s}$ と平行な直線上の任意の点 R を表すベクトルを $\boldsymbol{r}$ とすれば，ベクトル $\overrightarrow{\mathrm{PR}} = \boldsymbol{r} - \boldsymbol{p}$ になります．一方，ベクトル $\overrightarrow{\mathrm{PR}}$ とベクトル $\boldsymbol{s} = (s_x, s_y, s_z)$ は平行であるため，t をスカラーとして $\overrightarrow{\mathrm{PR}} = t\boldsymbol{s}$ と書けます．したがって，

$$\boldsymbol{r} - \boldsymbol{p} = t\boldsymbol{s}$$

すなわち，

$$\boldsymbol{r}(t) = (p_x + ts_x)\boldsymbol{i} + (p_y + ts_y)\boldsymbol{j} + (p_z + ts_z)\boldsymbol{k}$$

となります．なお，この式は $\boldsymbol{r} = x\boldsymbol{i} + y\boldsymbol{j} + z\boldsymbol{k}$ としたとき

$$x = p_x + ts_x$$
$$y = p_y + ts_y$$
$$z = p_z + ts_z$$

を意味しています．それぞれの式を t について解いて等しくおけば，空間内の**直線の方程式**を表すもう 1 つの表現として

$$\frac{x - p_x}{s_x} = \frac{y - p_y}{s_y} = \frac{z - p_z}{s_z} \ (= t)$$

が得られます．ただし分母が 0 の場合は分子も 0 と解釈します． □

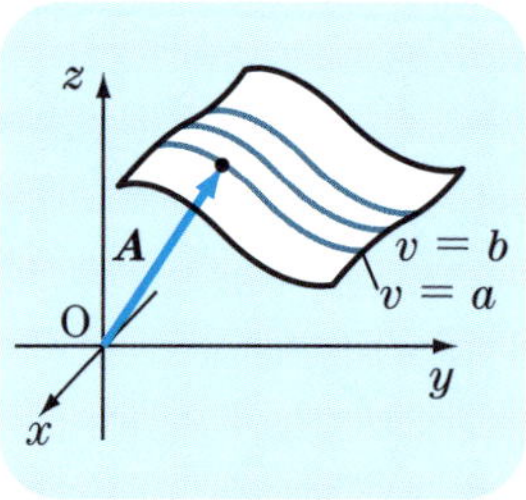

図 3.3

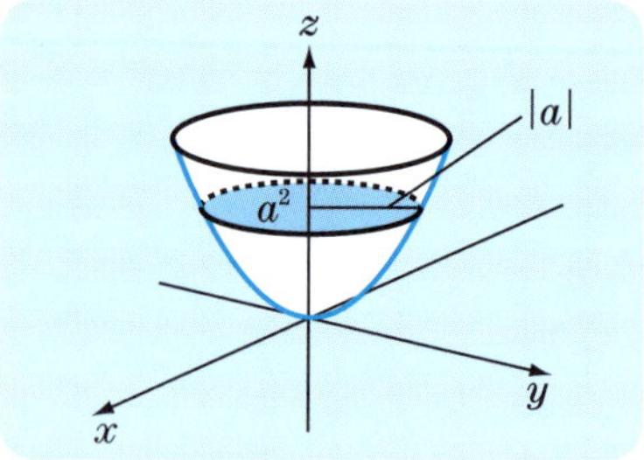

図 3.4

独立変数が 2 つあって（u, v とします），その変化に応じてベクトル $\boldsymbol{A}$ も変化する場合には $\boldsymbol{A}$ を

$$\boldsymbol{A} = \boldsymbol{A}(u, v) \tag{3.4}$$

と記し，（2 変数の）ベクトル関数といいます．この場合には 3 次元ベクトルを考えることが多く，成分表示すれば

$$\boldsymbol{A}(u, v) = A_x(u, v)\boldsymbol{i} + A_y(u, v)\boldsymbol{j} + A_z(u, v)\boldsymbol{k} \tag{3.5}$$

となります．ベクトル関数の起点を原点にとり，v を一定値（たとえば a）に固定すれば，$\boldsymbol{A}$ は u だけの関数となり，その結果，ベクトル関数の終点は 1 つの空間曲線を描きます（図 3.3）．そして，v を別の一定値（たとえば b）にとれば別の空間曲線になります．そこで，v を変化させると曲線群ができますが，徐々に連続的に変化させれば曲線も徐々に変化して，1 つの面を描くと考えられます．すなわち，ベクトル関数 $\boldsymbol{A}(u, v)$ の終点は空間内の**曲面**を表示することになります．

例題 3.3 次式が表す曲面を描きなさい．

$$\boldsymbol{r} = u\boldsymbol{i} + v\boldsymbol{j} + (u^2 + v^2)\boldsymbol{k}$$

【解】 $x = u$, $y = v$, $z = u^2 + v^2$ より $z = x^2 + y^2$ となります．$y = 0$ のとき，$z = x^2$ なので xz 平面では放物線になります．同様に $x = 0$ のとき，$z = y^2$ なので yz 平面でも放物線になります．さらに，$z = a^2$ は xy 平面に平行な平面で z 軸の正方向にありますが，これと曲面 $z = x^2 + y^2$ の交線は $x^2 + y^2 = a^2$ という半径 $|a|$ の円になります．以上を総合すれば，図 3.4 に示すような曲面（回転放物面）であることがわかります． □

3.2　ベクトル関数の微分

独立変数が 1 つの場合にもどって，t が $t+\Delta t$ に変化したとします．このときベクトル関数は $\boldsymbol{A}(t)$ から $\boldsymbol{A}(t+\Delta t)$ に変化します．そこで，$\boldsymbol{A}$ の変化分を t の変化分で割った

$$\frac{\boldsymbol{A}(t+\Delta t)-\boldsymbol{A}(t)}{(t+\Delta t)-t}$$

に対して $\Delta t \to 0$ における極限値が存在するとき，これをベクトル関数の点 t における微分係数とよび $d\boldsymbol{A}/dt$ と記します．すなわち，

$$\frac{d\boldsymbol{A}}{dt}=\lim_{\Delta t\to 0}\frac{\boldsymbol{A}(t+\Delta t)-\boldsymbol{A}(t)}{\Delta t} \tag{3.6}$$

です．これは図 **3.5** から点 P′ が点 P に近づいたとき $\overrightarrow{\mathrm{PP'}}$ の方向をもつベクトルであり $\boldsymbol{A}$ の終点が表す曲線上の点 P における接線と平行なベクトルになっています．また，微分係数を t の関数と考えたとき，導関数とよび，導関数を求めることを微分する（**ベクトル関数の微分**）といいます．

$\boldsymbol{A}(t)$ が成分表示されていて

$$\boldsymbol{A}(t)=A_x(t)\boldsymbol{i}+A_y(t)\boldsymbol{j}+A_z(t)\boldsymbol{k}$$

である場合には，導関数の定義式にこの関係式を代入することにより

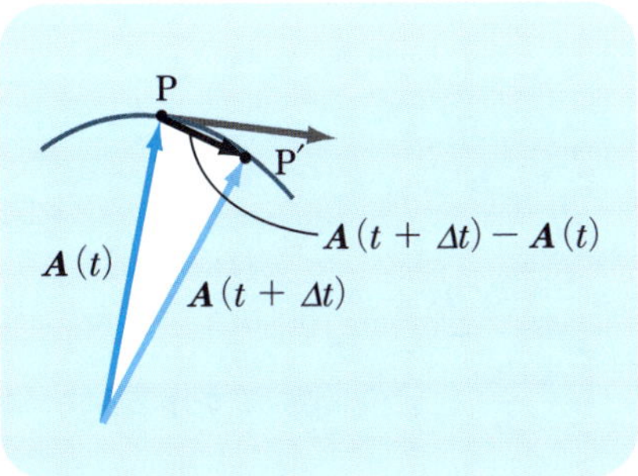

図 **3.5**

$$
\begin{aligned}
\frac{d\boldsymbol{A}}{dt} &= \lim_{\Delta t\to 0} \frac{A_x(t+\Delta t)\boldsymbol{i} + A_y(t+\Delta t)\boldsymbol{j} + A_z(t+\Delta t)\boldsymbol{k} - A_x(t)\boldsymbol{i} - A_x(t)\boldsymbol{j} - A_x(t)\boldsymbol{k}}{\Delta t} \\
&= \lim_{\Delta t\to 0}\left(\frac{A_x(t+\Delta t)-A_x(t)}{\Delta t}\right)\boldsymbol{i} + \lim_{\Delta t\to 0}\left(\frac{A_y(t+\Delta t)-A_y(t)}{\Delta t}\right)\boldsymbol{j} \\
&\quad + \lim_{\Delta t\to 0}\left(\frac{A_z(t+\Delta t)-A_z(t)}{\Delta t}\right)\boldsymbol{k}
\end{aligned}
$$

すなわち

$$
\frac{d\boldsymbol{A}}{dt} = \frac{dA_x}{dt}\boldsymbol{i} + \frac{dA_y}{dt}\boldsymbol{j} + \frac{dA_z}{dt}\boldsymbol{k} \tag{3.7}
$$

が成り立ちます．したがって，導関数を計算する場合には成分ごとに微分すればよいことになります．ただし，上式を導くときに基本ベクトル（$\boldsymbol{i}, \boldsymbol{j}, \boldsymbol{k}$）が定数ベクトル[†]であることを使っています．

k を定数，$\boldsymbol{K}$ を定数ベクトル，m をスカラー関数，$\boldsymbol{A}(t), \boldsymbol{B}(t)$ をベクトル関数としたとき，以下の諸公式が成り立ちます．

(1) $\dfrac{d\boldsymbol{K}}{dt} = 0$

(2) $\dfrac{d}{dt}(\boldsymbol{A}+\boldsymbol{B}) = \dfrac{d\boldsymbol{A}}{dt} + \dfrac{d\boldsymbol{B}}{dt}$

(3) $\dfrac{d}{dt}(k\boldsymbol{A}) = k\dfrac{d\boldsymbol{A}}{dt}$

(4) $\dfrac{d}{dt}(\boldsymbol{K}\cdot\boldsymbol{A}) = \boldsymbol{K}\cdot\dfrac{d\boldsymbol{A}}{dt}$

(5) $\dfrac{d}{dt}(\boldsymbol{K}\times\boldsymbol{A}) = \boldsymbol{K}\times\dfrac{d\boldsymbol{A}}{dt}$

(6) $\dfrac{d}{dt}(m\boldsymbol{A}) = \dfrac{dm}{dt}\boldsymbol{A} + m\dfrac{d\boldsymbol{A}}{dt}$

(7) $\dfrac{d}{dt}(\boldsymbol{A}\cdot\boldsymbol{B}) = \dfrac{d\boldsymbol{A}}{dt}\cdot\boldsymbol{B} + \boldsymbol{A}\cdot\dfrac{d\boldsymbol{B}}{dt}$

(8) $\dfrac{d}{dt}(\boldsymbol{A}\times\boldsymbol{B}) = \dfrac{d\boldsymbol{A}}{dt}\times\boldsymbol{B} + \boldsymbol{A}\times\dfrac{d\boldsymbol{B}}{dt}$

(9) $\dfrac{d}{dt}\boldsymbol{A}(s(t)) = \dfrac{d\boldsymbol{A}}{ds}\dfrac{ds}{dt}$ （合成関数の微分法）

[†] 定数ベクトルとは (独立変数の値に無関係に) 一定値をとるベクトルのことです．

例題 3.4　上式 (6), (7), (8) を証明しなさい.

【解】 (6) については

$$\boldsymbol{A} = A_x\boldsymbol{i} + A_y\boldsymbol{j} + A_z\boldsymbol{k}$$

とおくと,

$$\begin{aligned}
\frac{d}{dt}(m\boldsymbol{A}) &= \frac{d}{dt}(mA_x)\boldsymbol{i} + \frac{d}{dt}(mA_y)\boldsymbol{j} + \frac{d}{dt}(mA_z)\boldsymbol{k} \\
&= \left(\frac{dm}{dt}A_x + m\frac{dA_x}{dt}\right)\boldsymbol{i} + \left(\frac{dm}{dt}A_y + m\frac{dA_y}{dt}\right)\boldsymbol{j} + \left(\frac{dm}{dt}A_z + m\frac{dA_z}{dt}\right)\boldsymbol{k} \\
&= \frac{dm}{dt}\left(A_x\boldsymbol{i} + A_y\boldsymbol{j} + A_z\boldsymbol{k}\right) + m\left(\frac{dA_x}{dt}\boldsymbol{i} + \frac{dA_y}{dt}\boldsymbol{j} + \frac{dA_z}{dt}\boldsymbol{k}\right) \\
&= \frac{dm}{dt}\boldsymbol{A} + m\frac{d\boldsymbol{A}}{dt}
\end{aligned}$$

となります.

(7) については

$$\boldsymbol{A} = A_x\boldsymbol{i} + A_y\boldsymbol{j} + A_z\boldsymbol{k}, \quad \boldsymbol{B} = B_x\boldsymbol{i} + B_y\boldsymbol{j} + B_z\boldsymbol{k}$$

とおくと

$$\begin{aligned}
\frac{d}{dt}(\boldsymbol{A}\cdot\boldsymbol{B}) &= \frac{d}{dt}(A_xB_x + A_yB_y + A_zB_z) \\
&= \frac{dA_x}{dt}B_x + A_x\frac{dB_x}{dt} + \frac{dA_y}{dt}B_y + A_y\frac{dB_y}{dt} + \frac{dA_z}{dt}B_z + A_z\frac{dB_z}{dt} \\
&= \left(\frac{dA_x}{dt}B_x + \frac{dA_y}{dt}B_y + \frac{dA_z}{dt}B_z\right) + \left(A_x\frac{dB_x}{dt} + A_y\frac{dB_y}{dt} + A_z\frac{dB_z}{dt}\right) \\
&= \left(\frac{dA_x}{dt}\boldsymbol{i} + \frac{dA_y}{dt}\boldsymbol{j} + \frac{dA_z}{dt}\boldsymbol{k}\right)\cdot(B_x\boldsymbol{i} + B_y\boldsymbol{j} + B_z\boldsymbol{k}) \\
&\quad + (A_x\boldsymbol{i} + A_y\boldsymbol{j} + A_z\boldsymbol{k})\cdot\left(\frac{dB_x}{dt}\boldsymbol{i} + \frac{dB_y}{dt}\boldsymbol{j} + \frac{dB_z}{dt}\boldsymbol{k}\right) \\
&= \frac{d\boldsymbol{A}}{dt}\cdot\boldsymbol{B} + \boldsymbol{A}\cdot\frac{d\boldsymbol{B}}{dt}
\end{aligned}$$

(8) については x 成分だけを示すことにします. 他の成分も同じです.

$$\begin{aligned}
\left(\frac{d}{dt}(\boldsymbol{A}\times\boldsymbol{B})\right)_x &= \frac{d}{dt}(A_yB_z - A_zB_y) \\
&= \frac{dA_y}{dt}B_z + A_y\frac{dB_z}{dt} - \frac{dA_z}{dt}B_y - A_z\frac{dB_y}{dt}
\end{aligned}$$

一方,

$$\left(\frac{d\boldsymbol{A}}{dt}\times\boldsymbol{B}\right)_x + \left(\boldsymbol{A}\times\frac{d\boldsymbol{B}}{dt}\right)_x = \left(\frac{dA_y}{dt}B_z - \frac{dA_z}{dt}B_y\right) + \left(A_y\frac{dB_z}{dt} - A_y\frac{dB_y}{dt}\right)\square$$

2 階以上の導関数も同様に定義できます．たとえば 2 階導関数は導関数の導関数として

$$\frac{d^2\boldsymbol{r}}{dt^2} = \lim_{\Delta t \to 0} \frac{1}{\Delta t}\left(\frac{d}{dt}\boldsymbol{r}(t+\Delta t) - \frac{d}{dt}\boldsymbol{r}(t)\right) \tag{3.8}$$

によって定義されます．

ベクトル関数が 2 変数（以上）の場合には微分は偏微分になります．たとえば，ベクトル関数 $\boldsymbol{A}$ が u と v の関数であるとして，u に関する**ベクトル関数の偏微分**は v を固定して微分することなので

$$\frac{\partial \boldsymbol{A}}{\partial u} = \lim_{\Delta u \to 0} \frac{\boldsymbol{A}(u+\Delta u, v) - \boldsymbol{A}(u,v)}{\Delta u} \tag{3.9}$$

で定義できます．同様に，v に関する偏微分は

$$\frac{\partial \boldsymbol{A}}{\partial v} = \lim_{\Delta v \to 0} \frac{\boldsymbol{A}(u, v+\Delta v) - \boldsymbol{A}(u,v)}{\Delta v} \tag{3.10}$$

により定義します．スカラー関数の場合と同様に

$$\frac{\partial^2 \boldsymbol{A}}{\partial u \partial v}, \quad \frac{\partial^2 \boldsymbol{A}}{\partial v \partial u}$$

が連続であれば

$$\frac{\partial^2 \boldsymbol{A}}{\partial u \partial v} = \frac{\partial^2 \boldsymbol{A}}{\partial v \partial u}$$

が成り立ち，微分の順序が交換できます．

例題 3.5　(1)　$\boldsymbol{A} = a\cos t\boldsymbol{i} + a\sin t\boldsymbol{j} + bt\boldsymbol{k}$ の 1 階および 2 階導関数を求めなさい．

(2)　$\boldsymbol{A} = u\boldsymbol{i} + v\boldsymbol{j} + (u^2+v^2)\boldsymbol{k}$ の 1 階および 2 階偏導関数を求めなさい．

【解】　(1)　$\dfrac{d\boldsymbol{A}}{dt} = -a\sin t\boldsymbol{i} + a\cos t\boldsymbol{j} + b\boldsymbol{k}, \quad \dfrac{d^2\boldsymbol{A}}{dt^2} = -a\cos t\boldsymbol{i} - a\sin t\boldsymbol{j}$

(2)

$$\frac{\partial \boldsymbol{A}}{\partial u} = \boldsymbol{i} + 2u\boldsymbol{k}, \quad \frac{\partial \boldsymbol{A}}{\partial v} = \boldsymbol{j} + 2v\boldsymbol{k}$$

$$\frac{\partial^2 \boldsymbol{A}}{\partial u^2} = 2\boldsymbol{k}, \quad \frac{\partial^2 \boldsymbol{A}}{\partial u \partial v} = \boldsymbol{0}, \quad \frac{\partial^2 \boldsymbol{A}}{\partial v^2} = 2\boldsymbol{k}$$

□

問 3.1　$\boldsymbol{A} = \boldsymbol{i} + 2t\boldsymbol{j} - t\boldsymbol{k}, \boldsymbol{B} = \sin t\boldsymbol{i} - \cos t\boldsymbol{j} + t\boldsymbol{k}$ のとき次の計算をしなさい．

(1)　$\dfrac{d}{dt}(\boldsymbol{A}\cdot\boldsymbol{B})$　　(2)　$\dfrac{d}{dt}(\boldsymbol{A}\times\boldsymbol{B})$　　(3)　$\dfrac{d\boldsymbol{B}^2}{dt}$

3.3　ベクトル関数の積分

あるベクトル関数 $\boldsymbol{F}(t)$ の導関数がベクトル関数 $\boldsymbol{f}(t)$ になっているとき，$\boldsymbol{F}(t)$ をベクトル関数の**不定積分**とよび，

$$\boldsymbol{F}(t) = \int \boldsymbol{f}(t)dt \tag{3.11}$$

で表します．$\boldsymbol{C}$ を任意の定数ベクトルとしたとき，$\boldsymbol{F}(t)+\boldsymbol{C}$ も $\boldsymbol{f}(t)$ の不定積分になっています．すなわち，不定積分はいくらでもあります．$\boldsymbol{f}(t)$ の成分表示が

$$\boldsymbol{f}(t) = f_x(t)\boldsymbol{i} + f_y(t)\boldsymbol{j} + f_z(t)\boldsymbol{k}$$

であるとすれば

$$\int \boldsymbol{f}(t)dt = \boldsymbol{i}\int f_x(t)dt + \boldsymbol{j}\int f_y(t)dt + \boldsymbol{k}\int f_z(t)dt \tag{3.12}$$

となります†．すなわち，ベクトル関数を積分するには成分ごとに積分します．

$\boldsymbol{A}, \boldsymbol{B}$ をベクトル関数，k を定数，$\boldsymbol{K}$ を定数ベクトルとしたとき以下の関係式が成り立ちます．

(1)　$\displaystyle\int(\boldsymbol{A}+\boldsymbol{B})dt = \int \boldsymbol{A}dt + \int \boldsymbol{B}dt$　　(2)　$\displaystyle\int k\boldsymbol{A}dt = k\int \boldsymbol{A}dt$

(3)　$\displaystyle\int \boldsymbol{K}\cdot\boldsymbol{A}dt = \boldsymbol{K}\cdot\int \boldsymbol{A}dt$　　(4)　$\displaystyle\int \boldsymbol{K}\times\boldsymbol{A}dt = \boldsymbol{K}\times\int \boldsymbol{A}dt$

例題 3.6　上式 (4) を証明しなさい．

【解】　$\boldsymbol{K} = (k_x, k_y, k_z), \boldsymbol{A} = (A_x, A_y, A_z)$ とおいて，z 成分だけを示しますが，他の成分も同じです．

$(\boldsymbol{K}\times\boldsymbol{A})_z = k_xA_y - k_yA_x$ より

$$\left(\int \boldsymbol{K}\times\boldsymbol{A}dt\right)_z = k_x\int A_ydy - k_y\int A_xdt = \left(\boldsymbol{K}\times\int \boldsymbol{A}dt\right)_z$$

となります．ただし，上式の 2 番目の等式は $(\boldsymbol{K}\times\boldsymbol{A})_z$ の式で $\boldsymbol{A}$ を $\displaystyle\int \boldsymbol{A}dt$ とみなせば得られます．□

ベクトルの内積や外積に対して**置換積分法**や**部分積分法**に対応する以下の公式が成り立ちます（章末の演習問題 **3** 参照）．

† $\boldsymbol{k}$ の項をなくせば 2 次元のベクトル関数になります（以下同様）．

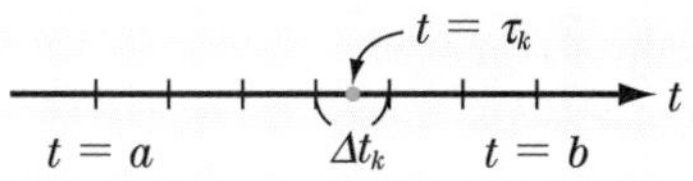

図 3.6

$$\int \boldsymbol{A}(s(t))ds = \int \boldsymbol{A}(s)\frac{ds}{dt}dt$$
$$\int \boldsymbol{A}\cdot\frac{d\boldsymbol{B}}{dt}dt = \boldsymbol{A}\cdot\boldsymbol{B} - \int \frac{d\boldsymbol{A}}{dt}\cdot\boldsymbol{B}dt$$
$$\int \boldsymbol{A}\times\frac{d\boldsymbol{B}}{dt}dt = \boldsymbol{A}\times\boldsymbol{B} - \int \frac{d\boldsymbol{A}}{dt}\times\boldsymbol{B}dt$$

ベクトル関数の定積分もふつうのスカラー関数の定積分と同様に次のようにして定義できます．ベクトル関数 $\boldsymbol{f}(t)$ が区間 $[a,b]$ で連続であるとします．この区間を微小区間 $\Delta t_1, \Delta t_2, \cdots, \Delta t_n$ に分割します．この分割は等間隔である必要はありませんが，$n\to\infty$ のとき，すべての区間幅は 0 になるとします．さらに各区間内の任意の 1 点を，$\tau_1, \tau_2, \cdots, \tau_n$ とします（図 3.6）．このとき，

$$\boldsymbol{S}_n = \boldsymbol{f}(\tau_1)\Delta t_1 + \boldsymbol{f}(\tau_2)\Delta t_2 + \cdots + \boldsymbol{f}(\tau_n)\Delta t_n = \sum_{k=1}^{n}\boldsymbol{f}(\tau_k)\Delta t_k$$

とすれば，この和は $n\to\infty$ のとき一定値に収束することが証明できます．その一定値をベクトル関数 $\boldsymbol{f}(t)$ の定積分とよび，

$$\int_a^b \boldsymbol{f}(t)dt = \lim_{n\to\infty}\sum_{k=1}^{n}\boldsymbol{f}(\tau_k)\Delta t_k \tag{3.13}$$

で表します．式 (3.13) の右辺は成分表示すれば，$\boldsymbol{f}=(f_x, f_y, f_z)$ として

$$\lim_{n\to\infty}\sum_{k=1}^{n}\boldsymbol{f}(\tau_k)\Delta t_k = \lim_{n\to\infty}\sum_{k=1}^{n}\Big(f_x(\tau_k)\Delta t_k\boldsymbol{i} + f_y(\tau_k)\Delta t_k\boldsymbol{j} + f_z(\tau_k)\Delta t_k\boldsymbol{k}\Big)$$
$$= \boldsymbol{i}\lim_{n\to\infty}\sum_{k=1}^{n}f_x(\tau_k)\Delta t_k + \boldsymbol{j}\lim_{n\to\infty}\sum_{k=1}^{n}f_y(\tau_k)\Delta t_k + \boldsymbol{k}\lim_{n\to\infty}\sum_{k=1}^{n}f_z(\tau_k)\Delta t_k$$
$$= \boldsymbol{i}\int_a^b f_x(t)dt + \boldsymbol{j}\int_a^b f_y(t)dt + \boldsymbol{k}\int_a^b f_z(t)dt$$

となります．したがって

$$\int_a^b \boldsymbol{f}(t)dt = \boldsymbol{i}\int_a^b f_x(t)dt + \boldsymbol{j}\int_a^b f_y(t)dt + \boldsymbol{k}\int_a^b f_z(t)dt \tag{3.14}$$

が成り立ちます．すなわち，ベクトル関数を定積分するには成分ごとに定積分すればよいことになります．

さらに $\boldsymbol{F}(t)$ を $\boldsymbol{f}(t)$ の 1 つの不定積分とすれば，スカラー関数と同様に

$$\int_a^b \boldsymbol{f}(t)dt = \Big[\boldsymbol{F}(t)\Big]_a^b = \boldsymbol{F}(b) - \boldsymbol{F}(a) \tag{3.15}$$

が成り立ちます．これらも成分に分けて考えれば明らかです．また，定積分に対して，不定積分と同様の置換積分や部分積分の公式が成り立つのはスカラー関数の積分の場合と同じです．

例題 3.7 $\boldsymbol{A} = u^2\boldsymbol{i} - (u+1)\boldsymbol{j} + 2u\boldsymbol{k}, \boldsymbol{B} = (2u-1)\boldsymbol{i} + \boldsymbol{j} - u\boldsymbol{k}$ のとき次の定積分を求めなさい．

(1) $\displaystyle\int_0^1 \boldsymbol{A}du$ (2) $\displaystyle\int_0^1 \boldsymbol{A}\cdot\boldsymbol{B}du$ (3) $\displaystyle\int_0^1 \boldsymbol{A}\times\boldsymbol{B}du$

【解】 (1) $\displaystyle\int_0^1 (u^2\boldsymbol{i} - (u+1)\boldsymbol{j} + 2u\boldsymbol{k})du = \left[\frac{u^3}{3}\boldsymbol{i} - \left(\frac{u^2}{2} + u\right)\boldsymbol{j} + u^2\boldsymbol{k}\right]_0^1$

$$= \frac{1}{3}\boldsymbol{i} - \frac{3}{2}\boldsymbol{j} + \boldsymbol{k}$$

(2) $\boldsymbol{A}\cdot\boldsymbol{B} = u^2(2u-1) - (u+1) - 2u^2 = 2u^3 - 3u^2 - u - 1$

$$\int_0^1 \boldsymbol{A}\cdot\boldsymbol{B}du = \int_0^1 (2u^3 - 3u^2 - u - 1)du = \left[\frac{u^4}{2} - u^3 - \frac{u^2}{2} - u\right]_0^1 = -2$$

(3) $\boldsymbol{A}\times\boldsymbol{B} = \begin{vmatrix} \boldsymbol{i} & \boldsymbol{j} & \boldsymbol{k} \\ u^2 & -(u+1) & 2u \\ 2u-1 & 1 & -u \end{vmatrix}$

$$= (u^2 - u)\boldsymbol{i} + (u^3 + 4u^2 - 2u)\boldsymbol{j} + (3u^2 + u - 1)\boldsymbol{k}$$

$$\int_0^1 \boldsymbol{A}\times\boldsymbol{B}du = \int_0^1 \Big[(u^2 - u)\boldsymbol{i} + (u^3 + 4u^2 - 2u)\boldsymbol{j} + (3u^2 + u - 1)\boldsymbol{k}\Big]du$$

$$= \left[\left(\frac{u^3}{3} - \frac{u^2}{2}\right)\boldsymbol{i} + \left(\frac{u^4}{4} + \frac{4}{3}u^3 - u^2\right)\boldsymbol{j} + \left(u^3 + \frac{u^2}{2} - u\right)\boldsymbol{k}\right]_0^1$$

$$= -\frac{\boldsymbol{i}}{6} + \frac{7}{12}\boldsymbol{j} + \frac{\boldsymbol{k}}{2}$$ □

問 3.2 $\boldsymbol{A} = \boldsymbol{i} + 2t\boldsymbol{j} - t\boldsymbol{k}, \boldsymbol{B} = \sin t\boldsymbol{i} - \cos t\boldsymbol{j} + t\boldsymbol{k}$ のとき次の計算をしなさい．

(1) $\displaystyle\int \boldsymbol{B}dt$ (2) $\displaystyle\int_1^2 \boldsymbol{A}dt$

3.4 ベクトル関数の微分方程式

ベクトル関数の常微分方程式を解くには，成分ごとに分けて解けばよいので，スカラーに対する普通の常微分方程式と解法が異なるわけではありません．

たとえば，$\boldsymbol{r}(t) = (x(t), y(t), z(t))$ として，$\boldsymbol{r}(t)$ に対する **1 階線形微分方程式**

$$\frac{d\boldsymbol{r}}{dt} + \boldsymbol{r}\tan t = \boldsymbol{j}\cos t$$

は，成分に分ければ3つの微分方程式

$$\begin{cases} \dfrac{dx}{dt} + x\tan t = 0 & \cdots ① \\ \dfrac{dy}{dt} + y\tan t = \cos t & \cdots ② \\ \dfrac{dz}{dt} + z\tan t = 0 & \cdots ③ \end{cases}$$

を意味しています．①の方程式は**変数分離形**なので

$$\frac{1}{x}\frac{dx}{dt} = -\tan t$$

と変形した上で t で積分すれば

$$\int \frac{1}{x}dx = -\int \tan t dt$$

より

$$\log|x| = \log|\cos t| + C$$

すなわち

$$x = C_x \cos t$$

となります．ただし，C_x は任意定数です．③の方程式は①と同じ形なのでただちに

$$z = C_z \cos t$$

となります．②の微分方程式は1階線形常微分方程式

$$\frac{dy}{dt} + p(t)y = q(t) \tag{3.16}$$

に対する解の公式

$$y = e^{-\int p dt}\left(\int q e^{\int p dt} dt + C\right) \tag{3.17}$$

を用いるか，以下に示す**定数変化法**を用います．

定数変化法ではまず式 (3.16) の右辺を 0 にした方程式（同次方程式）を解きます．いまの場合は，x あるいは z に関する方程式と同じになるので，解は

$$y = C_1 \cos t$$

になります．定数変化法では同次方程式の解に現れる任意定数を独立変数の関数とみなして，もとの方程式に代入します．このとき

$$\frac{dy}{dt} = \frac{dC_1}{dt}\cos t - C_1 \sin t$$

であるので

$$\begin{aligned} \frac{dy}{dt} + y\tan t &= \frac{dC_1}{dt}\cos t - C_1 \sin t + C_1 \sin t \\ &= \frac{dC_1}{dt}\cos t \\ &= \cos t \end{aligned}$$

より

$$C_1 = t + C_y$$

となります．そこで，もとの方程式の一般解はこれに $\cos t$ を掛けたものであり

$$y = C_y \cos t + t\cos t$$

となります．

x, y, z をひとまとめにすれば

$$\boldsymbol{r}(t) = \boldsymbol{C}\cos t + \boldsymbol{j}t\cos t$$

という形に書けます（ただし，$\boldsymbol{C} = (C_x, C_y, C_z)$ とおいています）．この解の右辺第 1 項は**同次方程式**の一般解，右辺第 2 項は**非同次方程式**（もとの方程式）の特解になっています．

これは式 (3.17) の右辺の括弧をはずした式

$$y = Ce^{-\int p dt} + e^{-\int p dt}\int q e^{\int p dt} dt$$

において右辺第 1 項が同次方程式の一般解，第 2 項が非同次方程式の特解であることに対応しています．

このことからも類推されるように，

ベクトル関数の線形 1 階微分方程式

$$\frac{d\boldsymbol{r}}{dt} + p(t)\boldsymbol{r} = \boldsymbol{q}(t) \tag{3.18}$$

は次の形の一般解をもちます．

$$\boldsymbol{r} = e^{-\int p dt}\left(\int \boldsymbol{q} e^{\int p dt} dt + \boldsymbol{C}\right) \tag{3.19}$$

ただし，実際に積分計算するには成分ごとの計算が必要です．

例題 3.8　次のベクトル微分方程式を公式 (3.19) を利用して解きなさい．

$$\frac{d\boldsymbol{r}}{dt} + \frac{\boldsymbol{r}}{t} = \boldsymbol{j}\log t$$

【解】　公式 (3.19) から以下のようになります．

$$\begin{aligned}
\boldsymbol{r} &= e^{-\int dt/t}\left(\boldsymbol{j}\int \log t e^{\int dt/t} dt + \boldsymbol{K}\right) \\
&= \frac{1}{t}\left\{\left(\int t\log t dt\right)\boldsymbol{j} + \boldsymbol{K}\right\} \\
&= \frac{1}{t}\left\{\left(\frac{1}{2}t^2\log t - \frac{1}{2}\int t dt\right)\boldsymbol{j} + \boldsymbol{K}\right\} \\
&= \frac{1}{t}\left\{\left(\frac{1}{2}t^2\log t - \frac{1}{4}t^2\right)\boldsymbol{j} + \boldsymbol{K}\right\} \\
&= \frac{t}{2}\left(\log t - \frac{1}{2}\right)\boldsymbol{j} + \frac{\boldsymbol{K}}{t}
\end{aligned}$$

□

問 3.3　次のベクトル微分方程式を解きなさい．

$$\frac{d\boldsymbol{r}}{dt} + \boldsymbol{r} = t\boldsymbol{j}$$

3.5　定数係数線形微分方程式

定数係数線形微分方程式は，たとえ未知関数がベクトル関数であっても簡単に解ける方程式です．たとえば，2 階微分方程式については a, b, c を定数として

$$a\frac{d^2\boldsymbol{r}}{dt^2} + b\frac{d\boldsymbol{r}}{dt} + c\boldsymbol{r} = \boldsymbol{f}(t) \tag{3.20}$$

が定数係数の線形ベクトル微分方程式です．これらは成分に分けて考えれば，$\boldsymbol{f} = (f_x, f_y, f_z)$ として

$$\begin{cases} a\dfrac{d^2x}{dt^2} + b\dfrac{dx}{dt} + cx = f_x(t) \\ a\dfrac{d^2y}{dt^2} + b\dfrac{dy}{dt} + cy = f_y(t) \\ a\dfrac{d^2z}{dt^2} + b\dfrac{dz}{dt} + cz = f_z(t) \end{cases} \tag{3.21}$$

を意味しているため，これらを別々に解きます．その場合，同次方程式（すなわち $\boldsymbol{f} = (f_x, f_y, f_z) = (0, 0, 0)$ とした方程式）の一般解と非同次方程式の特解の和が，もとの非同次方程式の一般解になりますが，このうち同次方程式はすべての成分に対して同じ形をしています．そこで，どれか 1 つだけを解けばよいことになります[†]．

そこで x に対する同次方程式を解くために解として $x = e^{\lambda t}$ を仮定して代入すれば，特性方程式

$$a\lambda^2 + b\lambda + c = 0 \tag{3.22}$$

が得られます．特性方程式が 2 実根 λ_1, λ_2 をもてば，A_x, B_x を定数として解は

$$x = A_x e^{\lambda_1 t} + B_x e^{\lambda_2 t}$$

重根 λ を持つときには，解は

$$x = (A_x + B_x t)e^{\lambda t}$$

共役複素根 $\lambda = \alpha \pm i\beta$ をもつときは

[†]非同次方程式は 3 つの方程式を別々に解く必要があります．

$$x = e^{\alpha t}(A_x \sin\beta t + B_x \cos\beta t)$$

となります．y も z も全く同じ解（ただし任意定数は異なります）をもちます．したがって，式 (3.20) の一般解は特性方程式 (3.22) が

(1) 2実根 λ_1, λ_2 をもつときには

$$\boldsymbol{r} = \boldsymbol{A}e^{\lambda_1 t} + \boldsymbol{B}e^{\lambda_2 t} + \boldsymbol{r}_p$$

(2) 重根 λ を持つときには，解は

$$\boldsymbol{r} = (\boldsymbol{A} + \boldsymbol{B}t)e^{\lambda t} + \boldsymbol{r}_p$$

(3) 共役複素根 $\lambda = \alpha \pm i\beta$ をもつときは

$$\boldsymbol{r} = e^{\alpha t}(\boldsymbol{A}\sin\beta t + \boldsymbol{B}\cos\beta t) + \boldsymbol{r}_p$$

とまとめることができます．

ただし，

$$\boldsymbol{r}_p = x_p(t)\boldsymbol{i} + y_p(t)\boldsymbol{j} + z_p(t)\boldsymbol{k}$$

であり，x_p, y_p, z_p はそれぞれ微分方程式 (3.21) の特解です．また $\boldsymbol{A}$, $\boldsymbol{B}$ は任意の定数ベクトルです．

例題 3.9 次のベクトル微分方程式を解きなさい．

(1) $\dfrac{d^2\boldsymbol{r}}{dt} + 5\dfrac{d\boldsymbol{r}}{dt} + 4\boldsymbol{r} = \boldsymbol{0}$ (2) $\dfrac{d^2\boldsymbol{r}}{dt} - 2\dfrac{d\boldsymbol{r}}{dt} + \boldsymbol{r} = \boldsymbol{0}$

【解】 (1) 特性方程式は $\lambda^2+5\lambda+4 = (\lambda+1)(\lambda+4) = 0$ であり，解は $\lambda = -1, -4$．したがって，$\boldsymbol{A}_1, \boldsymbol{B}_2$ を任意の定数ベクトルとして

$$\boldsymbol{r} = \boldsymbol{A}_1 e^{-t} + \boldsymbol{B}_2 e^{-4t}$$

(2) 特性方程式は $\lambda^2 - 2\lambda + 1 = (\lambda - 1)^2 = 0$ であり，解は $\lambda = 1$（重根）したがって，$\boldsymbol{A}_1, \boldsymbol{B}_2$ を任意の定数ベクトルとして

$$\boldsymbol{r} = (\boldsymbol{A}_1 + \boldsymbol{B}_2 t)e^{t}$$

□

問 3.4 次のベクトル微分方程式を解きなさい．

(1) $\dfrac{d^2\boldsymbol{r}}{dt^2} - 3\dfrac{d\boldsymbol{r}}{dt} + 2\boldsymbol{r} = \boldsymbol{0}$ (2) $9\dfrac{d^2\boldsymbol{r}}{dt^2} - 6\dfrac{d\boldsymbol{r}}{dt} + \boldsymbol{r} = \boldsymbol{0}$

第 3 章の演習問題

1　m を t に関するスカラー関数，$\boldsymbol{A}$ を t に関するベクトル関数としたとき，次式を証明しなさい．

$$\int m\frac{d\boldsymbol{A}}{dt}dt = m\boldsymbol{A} - \int \frac{dm}{dt}\boldsymbol{A}dt, \quad \int \frac{dm}{dt}\boldsymbol{A}dt = m\boldsymbol{A} - \int m\frac{d\boldsymbol{A}}{dt}dt$$

2　$\boldsymbol{A} = t\boldsymbol{i} + 2t^2\boldsymbol{j} - 3t^3\boldsymbol{k}$, $\boldsymbol{B} = \sin t\boldsymbol{i} - \cos t\boldsymbol{j} + t\boldsymbol{k}$ のとき以下の計算をしなさい．

(1) $\dfrac{d}{dt}\boldsymbol{A}\cdot\boldsymbol{B}$　(2) $\dfrac{d}{dt}\boldsymbol{A}\times\boldsymbol{B}$

(3) $\dfrac{d}{dt}|\boldsymbol{B}|^2$　(4) $\displaystyle\int \boldsymbol{B}dt$　(5) $\displaystyle\int_1^2 \boldsymbol{A}dt$

3　$\boldsymbol{A}, \boldsymbol{B}$ をベクトル関数としたとき次の公式を証明しなさい．

(1) $\dfrac{d}{dt}(\boldsymbol{A}\cdot\boldsymbol{B}) = \dfrac{d\boldsymbol{A}}{dt}\cdot\boldsymbol{B} + \boldsymbol{A}\cdot\dfrac{d\boldsymbol{B}}{dt}$

(2) $\dfrac{d}{dt}(\boldsymbol{A}\times\boldsymbol{B}) = \dfrac{d\boldsymbol{A}}{dt}\times\boldsymbol{B} + \boldsymbol{A}\times\dfrac{d\boldsymbol{B}}{dt}$

(3) $\displaystyle\int \boldsymbol{A}\cdot\frac{d\boldsymbol{B}}{dt}dt = \boldsymbol{A}\cdot\boldsymbol{B} - \int \frac{d\boldsymbol{A}}{dt}\cdot\boldsymbol{B}dt$

(4) $\displaystyle\int \boldsymbol{A}\times\frac{d\boldsymbol{B}}{dt}dt = \boldsymbol{A}\times\boldsymbol{B} - \int \frac{d\boldsymbol{A}}{dt}\times\boldsymbol{B}dt$

4　ベクトル関数 $\boldsymbol{a}(t), \boldsymbol{b}(t), \boldsymbol{c}(t)$ に対して次式を証明しなさい．

(1) $\dfrac{d}{dt}(\boldsymbol{a}\cdot(\boldsymbol{b}\times\boldsymbol{c})) = \dfrac{d\boldsymbol{a}}{dt}\cdot(\boldsymbol{b}\times\boldsymbol{c}) + \boldsymbol{a}\cdot\left(\dfrac{d\boldsymbol{b}}{dt}\times\boldsymbol{c}\right) + \boldsymbol{a}\cdot\left(\boldsymbol{b}\times\dfrac{d\boldsymbol{c}}{dt}\right)$

(2) $\dfrac{d}{dt}(\boldsymbol{a}\times(\boldsymbol{b}\times\boldsymbol{c})) = \dfrac{d\boldsymbol{a}}{dt}\times(\boldsymbol{b}\times\boldsymbol{c}) + \boldsymbol{a}\times\left(\dfrac{d\boldsymbol{b}}{dt}\times\boldsymbol{c}\right) + \boldsymbol{a}\times\left(\boldsymbol{b}\times\dfrac{d\boldsymbol{c}}{dt}\right)$

5　次の 1 階のベクトル微分方程式を解きなさい．

(1) $t\dfrac{d\boldsymbol{r}}{dt} - \boldsymbol{r} = \boldsymbol{A}t(1+t^2)$　($\boldsymbol{A}$：定数ベクトル)

(2) $\dfrac{d\boldsymbol{r}}{dt} + 2\boldsymbol{r}\tan t = \boldsymbol{i}\sin t$

6　次の 2 階のベクトル微分方程式を解きなさい．

(1) $2\dfrac{d^2\boldsymbol{r}}{dt^2} - 3\dfrac{d\boldsymbol{r}}{dt} + \boldsymbol{r} = \boldsymbol{0}$

(2) $4\dfrac{d^2\boldsymbol{r}}{dt^2} + 4\dfrac{d\boldsymbol{r}}{dt} + \boldsymbol{r} = \boldsymbol{0}$

(3) $\dfrac{d^2\boldsymbol{r}}{dt^2} + \dfrac{d\boldsymbol{r}}{dt} + \boldsymbol{r} = \boldsymbol{0}$

第4章

曲 線 と 曲 面

一般に１変数のベクトル関数の終点は空間曲線（軌道）を描き，2変数のベクトル関数の終点は曲面を表します．そこでベクトル関数は曲線や曲面に応用ができます．本章ではそういった応用，たとえば曲線や曲面に対する接線や法線，曲線の長さ，曲面の面積などについて議論します．

本章の内容

空　間　曲　線
フルネ・セレの公式
曲　　面

4.1 空間曲線

本章では変数 t に関する 1 階微分，2 階微分，3 階微分を記号 $\dot{}$, $\ddot{}$, $\dddot{}$ で表し，後述の変数 s に関する 1 階微分，2 階微分，3 階微分を記号 $'$, $''$, $'''$ で表すことにします．たとえば，x を従属変数にした場合

$$\frac{dx}{dt} = \dot{x}, \quad \frac{d^2x}{dt^2} = \ddot{x}, \quad \frac{d^3x}{dt^3} = \dddot{x}$$
$$\frac{dx}{ds} = x', \quad \frac{d^2x}{ds^2} = x'', \quad \frac{d^3x}{ds^3} = x'''$$

と記します．

ベクトル関数

$$\boldsymbol{r}(t) = x(t)\boldsymbol{i} + y(t)\boldsymbol{j} + z(t)\boldsymbol{k} \tag{4.1}$$

の終点は t が変化するとき空間内の曲線を描きます．t が a から b に増加するとき，描いた**曲線の長さ**（**弧長**）を求めてみます．そのために区間 $[a, b]$ を微小な弧に分けて，その弧の長さを足し合わせて全体の長さを求めます．全体を n 個の弧に分けたとして，先頭から数えて i 番目の弧に対応する t の区間を $[t_{i-1}, t_i]$ とします（図 **4.1**）．区間幅が十分に短ければ，弧の長さと，弧の両端を結ぶ弦の長さはほぼ等しいと考えられます．すなわち弧の長さを Δs_i とすれば

$$\Delta s_i \sim \sqrt{(x(t_i) - x(t_{i-1}))^2 + (y(t_i) - y(t_{i-1}))^2 + (z(t_i) - z(t_{i-1}))^2}$$

となります．ここで，$\Delta t_i = t_i - t_{i-1}$ とおいて**テイラー展開**[†]を用いれば

$$\begin{aligned} x(t_i) - x(t_{i-1}) &= x(t_{i-1} + \Delta t_i) - x(t_{i-1}) \\ &= x(t_{i-1}) + \dot{x}(t_{i-1})\Delta t_i + O((\Delta t_i)^2) - x(t_{i-1}) \sim \dot{x}\Delta t_i \end{aligned}$$

となります．

同様に

$$y(t_i) - y(t_{i-1}) \sim \dot{y}\Delta t_i$$
$$z(t_i) - z(t_{i-1}) \sim \dot{z}\Delta t_i$$

となるため，

† $x(t + \Delta t) = x(t) + \dot{x}(t)\Delta t + \frac{1}{2}\ddot{x}(t)(\Delta t)^2 + \cdots$

$$\Delta s_i \sim \sqrt{\dot{x}^2 + \dot{y}^2 + \dot{z}^2}\,\Delta t_i$$

と近似できます．そこでこれらを足し合わせて，$n \to \infty$ とすれば定積分の定義から，弧長 s は

$$s = \lim_{n\to\infty} \sum_{i=1}^{n} \Delta s_i = \int_a^b \sqrt{\dot{x}^2 + \dot{y}^2 + \dot{z}^2}\,dt = \int_a^b \left| \frac{d\boldsymbol{r}}{dt} \right| dt \tag{4.2}$$

になることがわかります．

例題 4.1 曲線 $\boldsymbol{r} = a\cos t\boldsymbol{i} + a\sin t\boldsymbol{j} + bt\boldsymbol{k}$ 上の点 $t = 0$ と $t = T$ の間の弧長 s を求めなさい．

【解】 $x = a\cos t,\ y = a\sin t,\ z = bt$ であるので

$$\dot{x}^2 + \dot{y}^2 + \dot{z}^2 = (-a\sin t)^2 + (a\cos t)^2 + b^2 = a^2 + b^2$$

$$s = \int_0^T \sqrt{\dot{x}^2 + \dot{y}^2 + \dot{z}^2}\,dt = \int_0^T \sqrt{a^2 + b^2}\,dt = \sqrt{a^2 + b^2}\,T$$

なお，この曲線は図 4.2 に示すような螺旋（らせん）を表します． □

問 4.1 次の曲線上の $t = 0$ と $t = 1$ に対応する点間の弧長を求めなさい．

$$\boldsymbol{r} = 2t\boldsymbol{i} + \sqrt{3}\,t^2\boldsymbol{j} + t^3\boldsymbol{k}$$

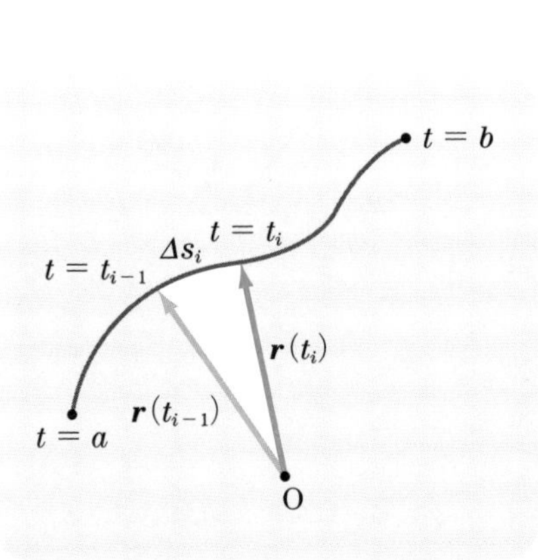

図 4.1

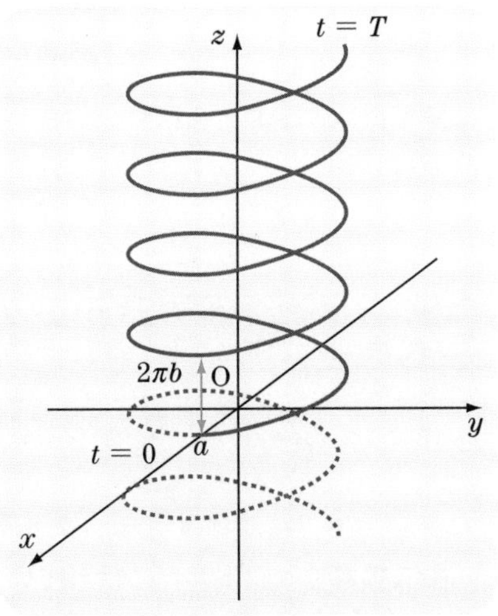

図 4.2

接線と主法線 弧長を求める式において積分区間の上端を変数 t とすれば，弧長は t の関数

$$s(t) = \int_a^t \left| \frac{d\boldsymbol{r}}{dt} \right| dt \tag{4.3}$$

になります．被積分関数は正であるため，関数 $s(t)$ は t の増加にともない単調増加します．したがって，$\boldsymbol{r}(t)$ の独立変数として，t のかわりに s をとれば $\boldsymbol{r}(s)$ に変えることもできます．

このように考えた上で $\boldsymbol{r}$ を s で微分すれば

$$\frac{d\boldsymbol{r}}{ds} = \frac{d\boldsymbol{r}}{dt}\frac{dt}{ds}$$

となりますが，その大きさは（式 (4.3) を t で微分すれば）$ds/dt = |d\boldsymbol{r}/dt|$ となるので

$$\begin{aligned} \left| \frac{d\boldsymbol{r}}{ds} \right| &= \left| \frac{d\boldsymbol{r}}{dt} \right| \left| \frac{dt}{ds} \right| \\ &= \left| \frac{ds}{dt}\frac{dt}{ds} \right| = 1 \end{aligned}$$

です．一方，図 4.3 から $d\boldsymbol{r}/ds$ は $\boldsymbol{r}$ が描く曲線の接線の方向を向いています．そこで

$$\boldsymbol{t} = \frac{d\boldsymbol{r}}{ds} = \frac{d\boldsymbol{r}}{dt} \Big/ \frac{ds}{dt} \tag{4.4}$$

は**接線単位ベクトル**とよばれています．

$\boldsymbol{t} \cdot \boldsymbol{t} = 1$ をもう一度 s で微分すれば

$$\boldsymbol{t} \cdot \frac{d\boldsymbol{t}}{ds} = 0$$

となるため，$d\boldsymbol{t}/ds$ は接線に垂直になります．したがって，

$$\boldsymbol{n} = \frac{d\boldsymbol{t}}{ds} \Big/ \left| \frac{d\boldsymbol{t}}{ds} \right| \tag{4.5}$$

は大きさが 1 で接線に垂直なベクトルを表し，**主法線単位ベクトル**とよばれています．

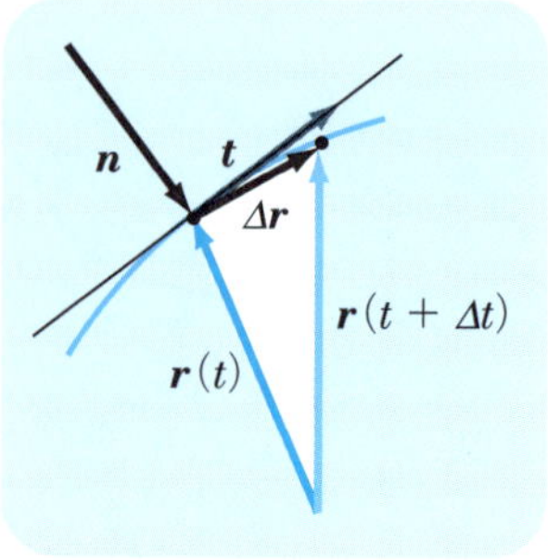

図 4.3

曲率　図 4.4 を見てもわかるように，大きく曲がっている曲線ほど $\boldsymbol{t}$ の変化の割合が大きくなっています．極端な例として直線（曲がっていない曲線）では $\boldsymbol{t}$ の変化はありません．そこで，曲線の曲がり方の指標として，ベクトル $d\boldsymbol{t}/ds$ の大きさ $|d\boldsymbol{t}/ds|$ をとることができます．ここで $d\boldsymbol{t}/ds$ の幾何学的な意味をもう少し詳しく考えてみます．$\boldsymbol{t}$ は接線単位ベクトルであるため

$$\Delta\boldsymbol{t} = \boldsymbol{t}(s + \Delta s) - \boldsymbol{t}(s)$$

は接線の方向の変化であり，$\boldsymbol{t}$ の大きさは 1 であるので図 4.5 から $\boldsymbol{t}$ の回転角 $\Delta\theta$ とほぼ等しくなります．そこで

$$\kappa = \lim_{\Delta s \to 0}\left|\frac{\Delta\boldsymbol{t}}{\Delta s}\right| = \left|\frac{d\boldsymbol{t}}{ds}\right| = \left|\frac{d^2\boldsymbol{r}}{ds^2}\right| \tag{4.6}$$

で定義される κ は曲線の曲がり方の指標となる数であり，**曲率**とよばれています．また，曲率の逆数

$$\rho = \frac{1}{\kappa} \tag{4.7}$$

を**曲率半径**といいます（ただし $\kappa = 1$ のときは $\rho = \infty$ とします）．これは，図 4.5 および式 (4.6) から $|\Delta s| \fallingdotseq |\Delta\boldsymbol{t}|/\kappa = \rho|\Delta\theta|$ であるため，曲線の微小部分を円弧とみなしたときの円の半径が ρ になるからです．また，このとき円の中心を**曲率中心**とよんでいます．

曲率半径を用いれば，主法線単位ベクトルは

$$\boldsymbol{n} = \frac{1}{\kappa}\frac{d\boldsymbol{t}}{ds} = \frac{1}{\kappa}\frac{d^2\boldsymbol{r}}{ds^2} \tag{4.8}$$

と書けます．

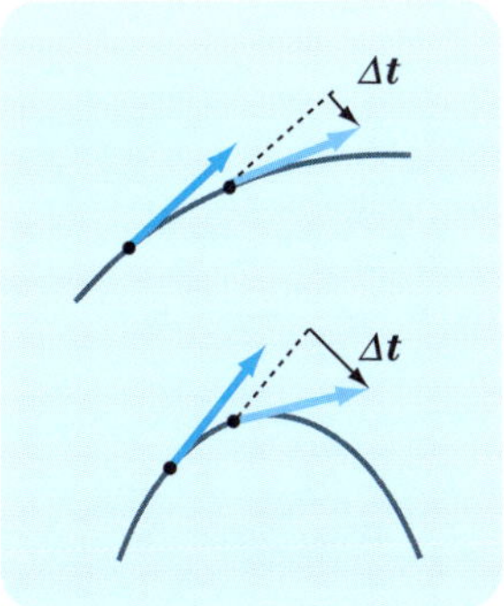

図 4.4

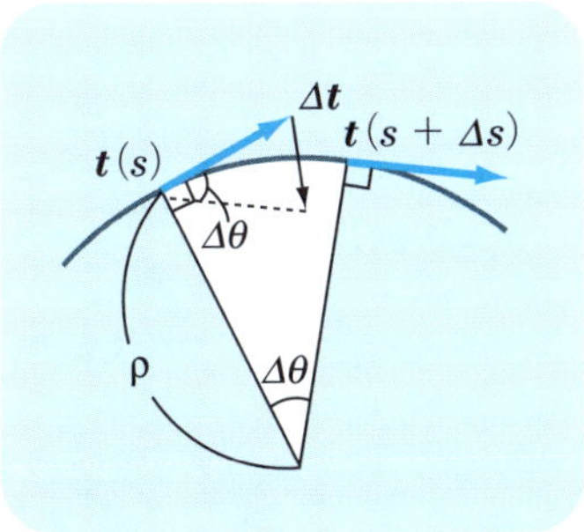

図 4.5

曲率を計算するための別の公式を導いておきます．まず

$$\dot{\boldsymbol{r}} = \boldsymbol{r}'\dot{s}$$

を t で微分すれば

$$\ddot{\boldsymbol{r}} = \boldsymbol{r}''(\dot{s})^2 + \boldsymbol{r}'\ddot{s}$$

となり，したがって

$$\ddot{\boldsymbol{r}} \cdot \ddot{\boldsymbol{r}} = \boldsymbol{r}'' \cdot \boldsymbol{r}''(\dot{s})^4 + 2(\boldsymbol{r}'' \cdot \boldsymbol{r}')(\dot{s})^2\ddot{s} + (\boldsymbol{r}' \cdot \boldsymbol{r}')(\ddot{s})^2$$

となります．ここで，$\boldsymbol{r}' \cdot \boldsymbol{r}' = 1$ を s で微分すれば，$\boldsymbol{r}' \cdot \boldsymbol{r}'' = 0$ なので上式の右辺第2項は0となり

$$\boldsymbol{r}'' \cdot \boldsymbol{r}''(\dot{s})^6 = (\dot{s})^2(\ddot{\boldsymbol{r}} \cdot \ddot{\boldsymbol{r}}) - (\dot{s}\ddot{s})^2$$

という式が得られます（ただし両辺に $(\dot{s})^2$ を掛けています）．一方，$(\dot{s})^2 = \dot{\boldsymbol{r}} \cdot \dot{\boldsymbol{r}}$ であるため，t で微分すれば $\dot{s}\ddot{s} = \dot{\boldsymbol{r}} \cdot \ddot{\boldsymbol{r}}$ となります．以上のことから

$$(\boldsymbol{r}'' \cdot \boldsymbol{r}'')(\dot{\boldsymbol{r}} \cdot \dot{\boldsymbol{r}})^3 = (\dot{\boldsymbol{r}} \cdot \dot{\boldsymbol{r}})(\ddot{\boldsymbol{r}} \cdot \ddot{\boldsymbol{r}}) - (\dot{\boldsymbol{r}} \cdot \ddot{\boldsymbol{r}})^2$$

となり，$\kappa^2 = \boldsymbol{r}'' \cdot \boldsymbol{r}''$ であるので以下の関係式が得られます．

$$\kappa^2 = \frac{(\dot{\boldsymbol{r}} \cdot \dot{\boldsymbol{r}})(\ddot{\boldsymbol{r}} \cdot \ddot{\boldsymbol{r}}) - (\dot{\boldsymbol{r}} \cdot \ddot{\boldsymbol{r}})^2}{(\dot{\boldsymbol{r}} \cdot \dot{\boldsymbol{r}})^3} \tag{4.9}$$

例題 4.2 曲線 $\boldsymbol{r} = a\cos t\boldsymbol{i} + a\sin t\boldsymbol{j} + bt\boldsymbol{k}$ $(a > 0)$ の接線単位ベクトル，主法線単位ベクトルおよび曲率を求めなさい．

【解】 例題 4.1 より弧長 s と t の間には $s = \sqrt{a^2 + b^2}t$ の関係があります．したがって，

$$\begin{aligned}
\boldsymbol{t} &= \frac{d\boldsymbol{r}}{ds} = \frac{d\boldsymbol{r}}{dt}\bigg/\frac{ds}{dt} \\
&= -\frac{a}{\sqrt{a^2+b^2}}\sin t\boldsymbol{i} + \frac{a}{\sqrt{a^2+b^2}}\cos t\boldsymbol{j} + \frac{b}{\sqrt{a^2+b^2}}\boldsymbol{k} \\
\kappa\boldsymbol{n} &= \frac{d\boldsymbol{t}}{ds} = \frac{d\boldsymbol{t}}{dt}\bigg/\frac{ds}{dt} = -\frac{a}{a^2+b^2}\cos t\boldsymbol{i} - \frac{a}{a^2+b^2}\sin t\boldsymbol{j} \\
\boldsymbol{n} &= \frac{\kappa\boldsymbol{n}}{|\kappa\boldsymbol{n}|} = -\cos t\boldsymbol{i} - \sin t\boldsymbol{j} \\
\kappa &= |\kappa\boldsymbol{n}| = \sqrt{\frac{a^2\cos^2 t + a^2\sin^2 t}{(a^2+b^2)^2}} = \frac{a}{a^2+b^2}
\end{aligned}$$

□

例題 4.3 曲線上のすべての点で曲率が 0 であれば，その曲線は直線であることを示しなさい．

【解】 式 (4.6) より曲率が 0 であれば次式が成り立ちます．

$$\frac{d^2\boldsymbol{r}}{ds^2} = 0$$

積分すれば

$$\frac{d\boldsymbol{r}}{ds} = \boldsymbol{c}_1$$

となり，もう 1 回積分すれば

$$\boldsymbol{r} = \boldsymbol{c}_1 s + \boldsymbol{c}_2$$

となるため，直線を表すことがわかります（例題 2.1 参照）． □

ねじれ率 2 次元曲線は曲率で特徴づけられます．しかし，3 次元曲線は 1 つの平面内にあるとは限らないため曲率だけでは不十分です．たとえば，2 次元平面内の曲線

$$\begin{aligned}\boldsymbol{r}&(=x\boldsymbol{i}+y\boldsymbol{j})\\&=\frac{a^2+b^2}{a}\cos t\boldsymbol{i}+\frac{a^2+b^2}{a}\sin t\boldsymbol{j}\quad(a>0)\end{aligned}$$

の曲率は $a/(a^2+b^2)$ です．このことは，曲率の計算をしなくても上式が半径（**曲率半径**）$(a^2+b^2)/a$ の円

$$x^2+y^2=\frac{(a^2+b^2)^2}{a^2}$$

を表すことから明らかです．一方，例題 4.2 で示した 3 次元曲線の螺旋（らせん）も同じ曲率をもちます．

平面内の曲線では接線単位ベクトル $\boldsymbol{t}$ と（主）法線単位ベクトル $\boldsymbol{n}$ はその曲線が定義されている平面内にあります．したがって，ベクトル $\boldsymbol{t}$ と $\boldsymbol{n}$ からつくったベクトル積

$$\boldsymbol{b} = \boldsymbol{t} \times \boldsymbol{n}$$

は，大きさが 1 で方向は平面に垂直であるため，曲線に沿って一定です．

一方，図 4.6 に示すように 1 つの平面内にない曲線では $\boldsymbol{b}$ は曲線に沿って変化します．そこで，曲率の場合と同じように $\boldsymbol{b}$ の変化の割合の大きさ $|d\boldsymbol{b}/ds|$ が 3 次元曲線を特徴づける量になります．これを**ねじれ率**（捩率）とよび τ で表します．次節で示すように

$$\frac{d\boldsymbol{b}}{ds} = -\tau \boldsymbol{n}$$

ただし，

$$\tau = \frac{1}{\kappa^2}\boldsymbol{t}\cdot(\boldsymbol{t}' \times \boldsymbol{t}'') \tag{4.10}$$

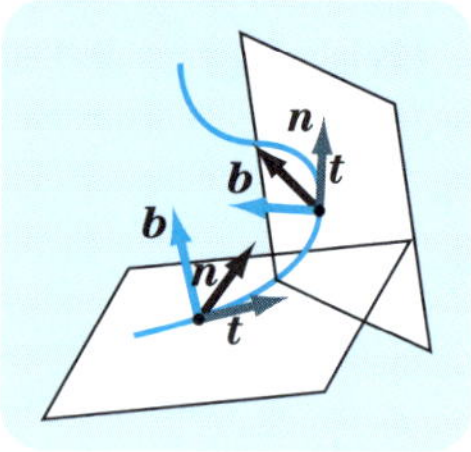

図 4.6

という関係が成り立ちます．すなわち，ねじれ率は接線単位ベクトル $\boldsymbol{t}$ およびその 1 階微分 $\boldsymbol{t}'$ と 2 階微分 $\boldsymbol{t}''$ からつくったスカラー 3 重積を曲率の 2 乗で割った量になっています．あるいは式 (2.12) と $\boldsymbol{t} = \boldsymbol{r}'$ から，式 (4.10) は

$$\tau = \frac{1}{\kappa^2}\left|\boldsymbol{t}\boldsymbol{t}'\boldsymbol{t}''\right| = \frac{1}{\kappa^2}\left|\boldsymbol{r}'\boldsymbol{r}''\boldsymbol{r}'''\right| \tag{4.11}$$

とも書けます†.

次にねじれ率を t に関する微分で表現してみます．

$$\dot{\boldsymbol{r}} = \frac{d\boldsymbol{r}}{dt} = \frac{d\boldsymbol{r}}{ds}\frac{ds}{dt} = \boldsymbol{r}'\dot{s}$$

であり，同様に

$$\ddot{\boldsymbol{r}} = \boldsymbol{r}''(\dot{s})^2 + \boldsymbol{r}'\ddot{s}$$

$$\dddot{\boldsymbol{r}} = \boldsymbol{r}'''(\dot{s})^3 + 3\boldsymbol{r}''\dot{s}\ddot{s} + \boldsymbol{r}'\dddot{s}$$

であるため，

$$\begin{aligned}\left|\dot{\boldsymbol{r}}\ddot{\boldsymbol{r}}\dddot{\boldsymbol{r}}\right| &= \left|\boldsymbol{r}'\dot{s}\quad \boldsymbol{r}''(\dot{s})^2 + \boldsymbol{r}'\ddot{s}\quad \boldsymbol{r}'''(\dot{s})^3 + 3\boldsymbol{r}''\dot{s}\ddot{s} + \boldsymbol{r}'\dddot{s}\right| \\ &= \left|\boldsymbol{r}'\dot{s}\quad \boldsymbol{r}''(\dot{s})^2\quad \boldsymbol{r}'''(\dot{s})^3\right| = (\dot{s})^6\left|\boldsymbol{r}'\boldsymbol{r}''\boldsymbol{r}'''\right| \\ &= (\dot{\boldsymbol{r}}\cdot\dot{\boldsymbol{r}})^3\left|\boldsymbol{r}'\boldsymbol{r}''\boldsymbol{r}'''\right|\end{aligned}$$

となります．ただし行列式の性質（列の定数倍を他の列から引いても値が変化しない等）を用いています．したがって，ねじれ率は

$$\tau = \frac{1}{\kappa^2(\dot{\boldsymbol{r}}\cdot\dot{\boldsymbol{r}})^3}\left|\dot{\boldsymbol{r}}\ddot{\boldsymbol{r}}\dddot{\boldsymbol{r}}\right| \tag{4.12}$$

というように t に関する微分を用いて書けます．

† このページでは $|\cdots|$ は行列式を表わします．

例題 4.4 次の曲線(**螺旋**：図 4.7)のねじれ率を求めなさい (a, b は定数).

$$\boldsymbol{r}(t) = a\cos t\boldsymbol{i} + a\sin t\boldsymbol{j} + bt\boldsymbol{k}$$

【解】 式 (4.11) を使います.

$$\dot{\boldsymbol{r}} = -a\sin t\boldsymbol{i} + a\cos t\boldsymbol{j} + b\boldsymbol{k},$$

$$\ddot{\boldsymbol{r}} = -a\cos t\boldsymbol{i} - a\sin t\boldsymbol{j}, \quad \dddot{\boldsymbol{r}} = a\sin t\boldsymbol{i} - a\cos t\boldsymbol{j}$$

より $\dot{\boldsymbol{r}}\cdot\dot{\boldsymbol{r}} = a^2\sin^2 t + a^2\cos^2 t + b^2 = a^2 + b^2$.

$$\left|\dot{\boldsymbol{r}}\ddot{\boldsymbol{r}}\dddot{\boldsymbol{r}}\right| = \begin{vmatrix} -a\sin t & -a\cos t & a\sin t \\ a\cos t & -a\sin t & -a\cos t \\ b & 0 & 0 \end{vmatrix} = a^2 b\cos^2 t + a^2 b\sin^2 t = a^2 b$$

さらに例題 4.2 より $\kappa = a/(a^2 + b^2)$. したがって,

$$\tau = \frac{a^2 b}{(a/(a^2+b^2))^2(a^2+b^2)^3} = \frac{b}{a^2+b^2} \qquad \square$$

この例題から, 螺旋のねじれ率は場所によらず一定であることがわかります. すなわち, 日常使っている「ねじれ」という言葉の感覚と一致します. また特に $a = 1$ として b を横軸, τ を縦軸にしてグラフに描いたのが 図 4.8 です. $b = 0$ (円) ならばねじれ率は 0 であること, また b が大きくなる (螺旋が伸びた状態に対応) ほど螺旋は相対的に直線に近づくためねじれ率は小さくなることなども「ねじれ」の感覚と一致します. なお, $a = 1$ の場合には螺旋のねじれ率の最大値は $b = 1$ のとき $\tau = 1/2$ になります.

問 4.2 曲線 $\boldsymbol{r} = t\boldsymbol{i} + \dfrac{t^2}{2}\boldsymbol{j} + \dfrac{t^3}{3}\boldsymbol{k}$ の曲線のねじれ率を求めなさい.

問 4.3 曲線 $\boldsymbol{r} = (t - \sin t)\boldsymbol{i} + (1 - \cos t)\boldsymbol{j} + 2\sin 2t\boldsymbol{k}$ のねじれ率を求めなさい.

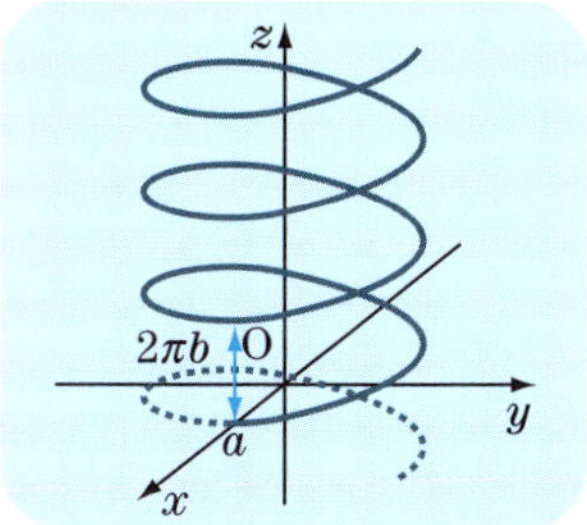

図 4.7

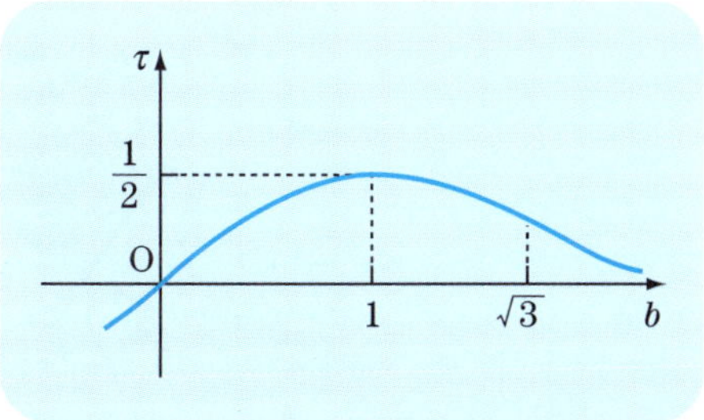

図 4.8

4.2 フルネ・セレの公式

ねじれ率のところでも述べましたが，3次元の空間曲線を考えるとき，接線単位ベクトル $\boldsymbol{t}$ と主法線単位ベクトル $\boldsymbol{n}$ の両方に垂直な単位ベクトル $\boldsymbol{b}$ が，ベクトル積を用いて

$$\boldsymbol{b} = \boldsymbol{t} \times \boldsymbol{n} \tag{4.13}$$

によって定義できます．このベクトルは曲線に垂直であるため，やはり法線であり，**従法線単位ベクトル**とよばれています．さらに，図 4.9 に示すように曲線上のある点 P における $\boldsymbol{t}$ と $\boldsymbol{n}$ によって張られる平面を**接触平面**，$\boldsymbol{n}$ と $\boldsymbol{b}$ によって張られる平面を**法平面**，$\boldsymbol{t}$ と $\boldsymbol{b}$ によって張られる平面を**展直平面**とよんでいます．もちろん，一般にこれらの平面は点 P の位置によって方向が変化します．

以下に接線単位ベクトル，主法線単位ベクトルおよび従法線単位ベクトルの間に成り立つ関係式を示します．

まず，式 (4.8) から

$$\frac{d\boldsymbol{t}}{ds} = \kappa \boldsymbol{n} \tag{4.14}$$

となります．

次に $\boldsymbol{b}$ と $\boldsymbol{n}$ の関係を求めてみます．$\boldsymbol{b} = \boldsymbol{t} \times \boldsymbol{n}$ を s で微分すれば

$$\boldsymbol{b}' = (\boldsymbol{t} \times \boldsymbol{n})' = \boldsymbol{t}' \times \boldsymbol{n} + \boldsymbol{t} \times \boldsymbol{n}' = (\kappa \boldsymbol{n}) \times \boldsymbol{n} + \boldsymbol{t} \times \boldsymbol{n}' \tag{4.15}$$

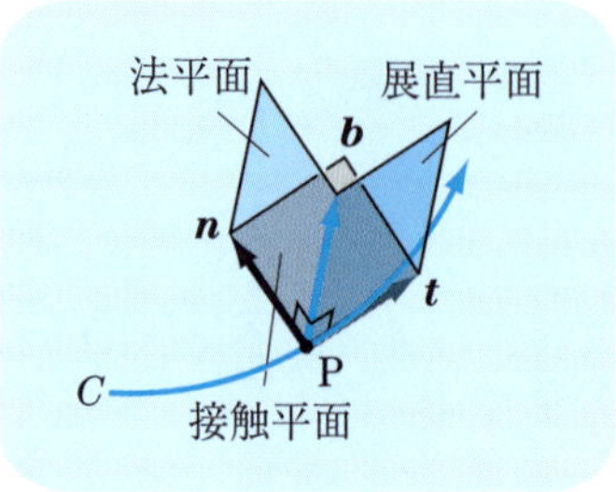

図 4.9

となります．ただし，式 (4.14) を用いています．ここで $\boldsymbol{n}\times\boldsymbol{n}=0$ なので

$$\boldsymbol{b}'=\boldsymbol{t}\times\boldsymbol{n}' \tag{4.16}$$

が得られます．この式から $\boldsymbol{b}'$ は $\boldsymbol{t}$（と $\boldsymbol{n}'$）に垂直であることがわかります．一方，$\boldsymbol{b}$ は単位ベクトルであるため，

$$\boldsymbol{b}\cdot\boldsymbol{b}=|\boldsymbol{b}|^2=1$$

を微分すれば，定数の微分は 0 であるため

$$(\boldsymbol{b}\cdot\boldsymbol{b})'=\boldsymbol{b}'\cdot\boldsymbol{b}+\boldsymbol{b}\cdot\boldsymbol{b}'=2\boldsymbol{b}'\cdot\boldsymbol{b}=0$$

となります．この式は $\boldsymbol{b}'$ と $\boldsymbol{b}$ が垂直であることを示しています．したがって，$\boldsymbol{b}'$ は $\boldsymbol{t}$ と $\boldsymbol{b}$ の両方に垂直ですが，$\boldsymbol{n}$ も（$\boldsymbol{b}$ の定義から）$\boldsymbol{t}$ と $\boldsymbol{b}$ に垂直です（図 **4.9**）．このことは，$\boldsymbol{b}'$ と $\boldsymbol{n}$ が平行であることを意味しています．そこで，c をスカラーの定数とすれば

$$\boldsymbol{b}'=-c\boldsymbol{n} \tag{4.17}$$

と書けます．c の値を求めるために，この式と $\boldsymbol{n}$ の内積を計算すれば，$\boldsymbol{n}$ が単位ベクトルであるため

$$c=\boldsymbol{n}\cdot c\boldsymbol{n}=\boldsymbol{n}\cdot(-\boldsymbol{b}')=-\boldsymbol{n}\cdot\boldsymbol{b}'$$

となります．この式に式 (4.16) を代入すれば

$$c=-\boldsymbol{n}\cdot(\boldsymbol{t}\times\boldsymbol{n}')=\boldsymbol{n}\cdot(\boldsymbol{n}'\times\boldsymbol{t})=\boldsymbol{t}\cdot(\boldsymbol{n}\times\boldsymbol{n}') \tag{4.18}$$

が得られます．ただし，スカラー 3 重積の性質 (2.13) を用いています．さらに，式 (4.14) を κ で割った式を s で微分すれば

$$\begin{aligned}\boldsymbol{n}'&=\left(\frac{\boldsymbol{t}'}{\kappa}\right)'=\frac{\boldsymbol{t}''\kappa-\boldsymbol{t}'\kappa'}{\kappa^2}\\&=\frac{1}{\kappa}\boldsymbol{t}''-\frac{\kappa'}{\kappa^2}\boldsymbol{t}'\end{aligned}$$

となるため，これを式 (4.18) に代入すれば

$$\begin{aligned}c&=\boldsymbol{t}\cdot\left\{\frac{\boldsymbol{t}'}{\kappa}\times\left(\frac{1}{\kappa}\boldsymbol{t}''-\frac{\kappa'}{\kappa^2}\boldsymbol{t}'\right)\right\}\\&=\boldsymbol{t}\cdot\left(\frac{\boldsymbol{t}'}{\kappa}\times\frac{\boldsymbol{t}''}{\kappa}\right)-\boldsymbol{t}\cdot\left(\frac{\boldsymbol{t}'}{\kappa}\times\frac{\kappa'}{\kappa^2}\boldsymbol{t}'\right)\\&=\frac{1}{\kappa^2}\boldsymbol{t}\cdot(\boldsymbol{t}'\times\boldsymbol{t}'')=\tau\end{aligned}$$

となります．ただし，$\boldsymbol{t}' \times \boldsymbol{t}' = 0$ とねじれ率の定義式 (4.10) を用いています．c の値が決まったので，これを式 (4.17) に代入すれば，関係式

$$\frac{d\boldsymbol{b}}{ds} = -\tau \boldsymbol{n} \tag{4.19}$$

が得られます．

最後に $\boldsymbol{n} = \boldsymbol{b} \times \boldsymbol{t}$ を s で微分すれば

$$\begin{aligned}\frac{d\boldsymbol{n}}{ds} &= \frac{d}{ds}(\boldsymbol{b} \times \boldsymbol{t}) \\ &= \frac{d\boldsymbol{b}}{ds} \times \boldsymbol{t} + \boldsymbol{b} \times \frac{d\boldsymbol{t}}{ds}\end{aligned}$$

となりますが，式 (4.14) と式 (4.19) を用いれば，

$$\frac{d\boldsymbol{n}}{ds} = \kappa \boldsymbol{b} \times \boldsymbol{n} - \tau \boldsymbol{n} \times \boldsymbol{t} = -\kappa \boldsymbol{t} + \tau \boldsymbol{b} \tag{4.20}$$

が得られます．ただし，

$$\boldsymbol{b} \times \boldsymbol{n} = -\boldsymbol{t}, \quad -\boldsymbol{n} \times \boldsymbol{t} = \boldsymbol{t} \times \boldsymbol{n} = \boldsymbol{b}$$

を用いました．式 (4.14), (4.19), (4.20) すなわち，$\boldsymbol{t}$ と $\boldsymbol{n}$ と $\boldsymbol{b}$ の間の関係式

$$\begin{aligned}\frac{d\boldsymbol{t}}{ds} &= \kappa \boldsymbol{n} \\ \frac{d\boldsymbol{n}}{ds} &= -\kappa \boldsymbol{t} + \tau \boldsymbol{b} \\ \frac{d\boldsymbol{b}}{ds} &= -\tau \boldsymbol{n}\end{aligned} \tag{4.21}$$

を**フルネ・セレの公式**といいます．フルネ・セレの公式は

$$\boldsymbol{f} = \tau \boldsymbol{t} + \kappa \boldsymbol{b} \tag{4.22}$$

とおけば

$$\begin{aligned}\frac{d\boldsymbol{t}}{ds} &= \boldsymbol{f} \times \boldsymbol{t} \\ \frac{d\boldsymbol{n}}{ds} &= \boldsymbol{f} \times \boldsymbol{n} \\ \frac{d\boldsymbol{b}}{ds} &= \boldsymbol{f} \times \boldsymbol{b}\end{aligned} \tag{4.23}$$

という覚えやすい形に書き換えることができます（章末の演習問題 **6** 参照）．

4.3 曲　面

ある点の位置ベクトル $\boldsymbol{r}$ が 2 つの独立変数 (u, v) の関数

$$\boldsymbol{r}(u,v) = x(u,v)\boldsymbol{i} + y(u,v)\boldsymbol{j} + z(u,v)\boldsymbol{k}$$

であるとき，u, v の変化にともない，その点は空間内の曲面を描くことは 3.1 節で述べました．この曲面は v を固定したときにできる曲線群（u 曲線といいます）と u を固定したときにできる曲線群（v 曲線といいます）とがつくる曲面になっています．ここで偏微分係数 $\partial\boldsymbol{r}/\partial u$ は u 曲線の接線方向のベクトルであり，$\partial\boldsymbol{r}/\partial v$ は v 曲線の接線方向のベクトルになっています．この 2 つの接線がなす角度が 0 または π の場合を除けば，この 2 つのベクトルによって 1 つの平面が指定できます（図 4.10）．この平面は曲線に接しているため接平面とよばれます．接平面に垂直な単位ベクトルは曲面の**法単位ベクトル**といいますが，それを $\boldsymbol{n}$ と記すことにします．このとき

$$\boldsymbol{n} = \frac{\partial\boldsymbol{r}}{\partial u} \times \frac{\partial\boldsymbol{r}}{\partial v} \Bigg/ \left|\frac{\partial\boldsymbol{r}}{\partial u} \times \frac{\partial\boldsymbol{r}}{\partial v}\right| \tag{4.24}$$

となります[†]．なぜなら，ベクトル積の定義から，$\boldsymbol{n}$ は 2 つのベクトルに垂直であり，さらに大きさも 1 であることが容易に確かめられるからです．

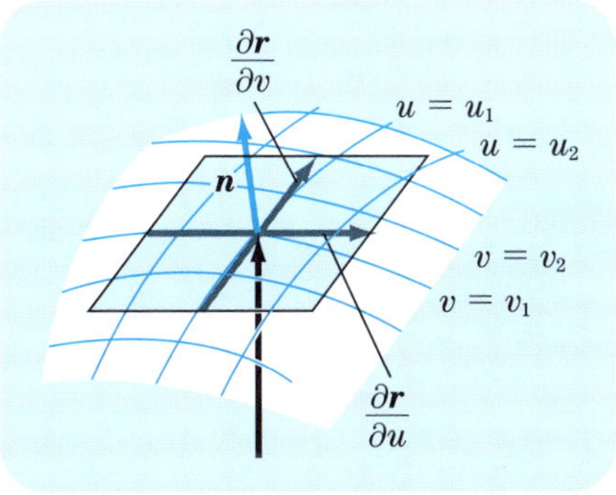

図 4.10

[†] 分母は 0 でないとしています．もし 0 ならば 2 つのベクトルのなす角が 0 または π になり平面をつくることはできません．

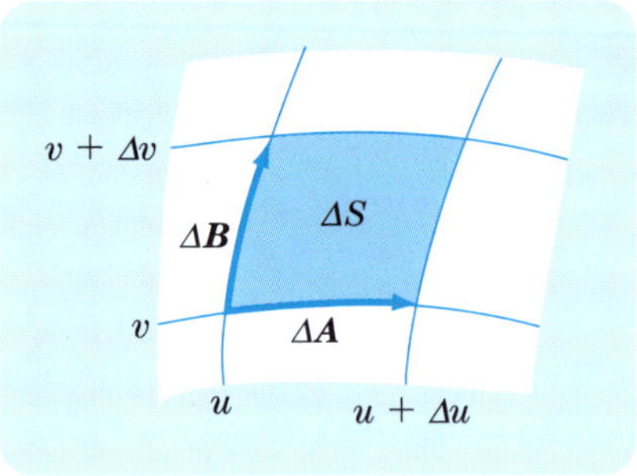

図 4.11

図 4.11 に示すように u 曲線と v 曲線からつくられる 2 辺が $\Delta \boldsymbol{A}$ と $\Delta \boldsymbol{B}$ の微小な平行四辺形の面積 ΔS を求めてみます．この面積は，ベクトル積の定義から $|\Delta \boldsymbol{A} \times \Delta \boldsymbol{B}|$ となり，

$$\Delta \boldsymbol{A} \sim \frac{\partial \boldsymbol{r}}{\partial u} \Delta u$$

$$\Delta \boldsymbol{B} \sim \frac{\partial \boldsymbol{r}}{\partial v} \Delta v$$

を代入すれば

$$\Delta S \sim \left| \frac{\partial \boldsymbol{r}}{\partial u} \times \frac{\partial \boldsymbol{r}}{\partial v} \right| \Delta u \Delta v$$

となるため，$\Delta u, \Delta v \to 0$ の極限で

$$dS = \left| \frac{\partial \boldsymbol{r}}{\partial u} \times \frac{\partial \boldsymbol{r}}{\partial v} \right| dudv \tag{4.25}$$

となります．これを**面積素**といいます．面積素に単位法線方向の向きを付加したものを**ベクトル面積素**とよび，$d\boldsymbol{S}$ で表します．式 (4.24), (4.25) から

$$d\boldsymbol{S} = \boldsymbol{n} dS = \frac{\partial \boldsymbol{r}}{\partial u} \times \frac{\partial \boldsymbol{r}}{\partial v} dudv \tag{4.26}$$

です．

曲面上にある領域 D の表面積は，面積素を領域 D で積分すれば求まり

$$D = \iint_D \left| \frac{\partial \boldsymbol{r}}{\partial u} \times \frac{\partial \boldsymbol{r}}{\partial v} \right| dudv \tag{4.27}$$

となります．

例題 4.5　曲面

$$\boldsymbol{r} = \cos u \sin v \boldsymbol{i} + \sin u \sin v \boldsymbol{j} + \cos v \boldsymbol{k} \quad (0 \leq u < 2\pi, 0 \leq v < \pi)$$

の法単位ベクトル，面積素 dS および表面積を求めなさい．

【解】

$$\frac{\partial \boldsymbol{r}}{\partial u} = -\sin u \sin v \boldsymbol{i} + \cos u \sin v \boldsymbol{j}$$

$$\frac{\partial \boldsymbol{r}}{\partial v} = \cos u \cos v \boldsymbol{i} + \sin u \cos v \boldsymbol{j} - \sin v \boldsymbol{k}$$

$$\frac{\partial \boldsymbol{r}}{\partial u} \times \frac{\partial \boldsymbol{r}}{\partial v} = \begin{vmatrix} \boldsymbol{i} & \boldsymbol{j} & \boldsymbol{k} \\ -\sin u \sin v & \cos u \sin v & 0 \\ \cos u \cos v & \sin u \cos v & -\sin v \end{vmatrix}$$

$$= -\cos u \sin^2 v \boldsymbol{i} - \sin u \sin^2 v \boldsymbol{j} - \sin v \cos v \boldsymbol{k}$$

したがって，

$$dS = \left| \frac{\partial \boldsymbol{r}}{\partial u} \times \frac{\partial \boldsymbol{r}}{\partial v} \right| dudv = \sin v dudv$$

表面積は

$$S = \int_S dS = \int_0^{2\pi} du \int_0^{\pi} \sin v dv = 2\pi \times 2 = 4\pi$$

□

補足　曲面の曲率

4.1 節で述べた曲率は曲線の曲がり方の指標になる数でした．これにならって曲面の曲がり方の指標になる数を定義しておくのが便利です．曲面は 2 つのパラメータ u と v によって指定され，$u =$ (一定), $v =$ (一定) はそれぞれ曲面上の曲線を表しました（図 4.12）．そこで，ある点 P における曲面の曲がり方は点 P を通る v 曲線 ($u =$ (一定) の曲線) の曲率と点 P を通る u 曲線 ($v =$ (一定) の曲線) の曲率で特徴づけられると考えられます．

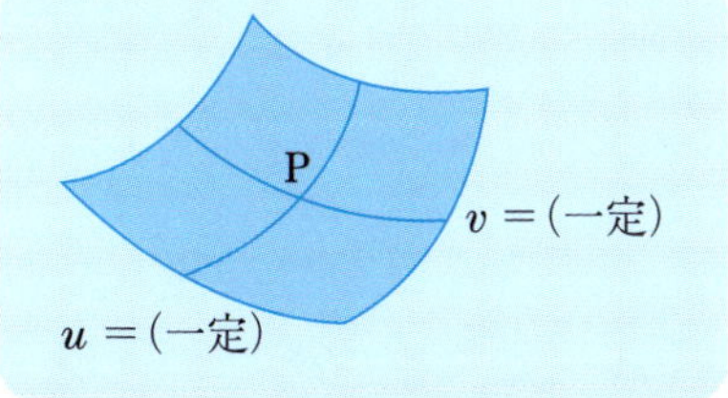

図 4.12

以下，簡単のため曲面上の点Pにおける接平面が xy 平面，点Pにおける法線が z 軸になるような座標系を考え，そのような座標系で曲面が

$$z = f(x, y) \tag{4.28}$$

で表されているとします．z 軸を含む平面は曲面の法平面になりますが，この平面と曲面が交わってできる曲線 C の点Pにおける曲率中心が $z > 0$ にあるとき，曲率は正（$\kappa > 0$）と定めます．

一般に曲線 C の曲率は極大値と極小値をとりますが，それらは2次方程式

$$\kappa^2 - \left(\frac{\partial^2 f}{\partial x^2} + \frac{\partial^2 f}{\partial y^2}\right)\kappa + \left\{\frac{\partial^2 f}{\partial x^2}\frac{\partial^2 f}{\partial y^2} - \left(\frac{\partial^2 f}{\partial x \partial y}\right)^2\right\} = 0 \tag{4.29}$$

の2根（こん）になっていることが知られています．そこで，極大値を κ_1，極小値を κ_2 としたとき，

$$\kappa_1 + \kappa_2 = \frac{\partial^2 f}{\partial x^2} + \frac{\partial^2 f}{\partial y^2} \tag{4.30}$$

$$\kappa_1 \kappa_2 = \frac{\partial^2 f}{\partial x^2}\frac{\partial^2 f}{\partial y^2} - \left(\frac{\partial^2 f}{\partial x \partial y}\right)^2 \tag{4.31}$$

が成り立ちます．前者を**平均曲率**，後者を**全曲率**とよび，曲面の曲がり方を特徴づける基本量になっています．

第 4 章の演習問題

1 曲線 $\boldsymbol{r} = 2t\boldsymbol{i} + (\sin^{-1} t + t\sqrt{1-t^2})\boldsymbol{j} + t^2\boldsymbol{k}$ 上の $t = 0$ に対応する点から $t = 1$ に対応する点までの距離を求めなさい．

2 長径が a，短径が b の楕円の周の長さを定積分の形で表しなさい．

3 曲線 $\boldsymbol{r} = 2\cos t\boldsymbol{i} + 2\sin t\boldsymbol{j} + t\boldsymbol{k}$ に対して次のものを求めなさい．

(1) 接線単位ベクトル　(2) 曲率と主法線単位ベクトル

(3) 従法線単位ベクトル　(4) ねじれ率

4 ある点が $\boldsymbol{r} = \cos f(t)\boldsymbol{i} + \sin f(t)\boldsymbol{j} + a\boldsymbol{k}$ で表される運動をしているとき，加速度の接線成分と法線成分を求めなさい．ただし $\dot{f} > 0$ とします．

5 平面曲線 $y = f(x)$ の曲率半径は次式で与えられることを示しなさい．

$$\kappa = \pm \frac{d^2y}{dx^2} \Big/ \left\{1 + \left(\frac{dy}{dx}\right)^2\right\}^{3/2}$$

6 $\boldsymbol{f} = \tau\boldsymbol{t} + \kappa\boldsymbol{b}$ とおけば

$$\frac{d\boldsymbol{t}}{ds} = \boldsymbol{f} \times \boldsymbol{t}, \quad \frac{d\boldsymbol{n}}{ds} = \boldsymbol{f} \times \boldsymbol{n}, \quad \frac{d\boldsymbol{b}}{ds} = \boldsymbol{f} \times \boldsymbol{b}$$

はフルネ・セレの公式と同一であることを示しなさい．

7 次式で表される曲面はどのような曲面であるかを調べなさい．また法単位ベクトルと面積素を求めなさい．

$$\boldsymbol{r}(u,v) = \sin u \cos v\boldsymbol{i} + \sin u \sin v\boldsymbol{j} + \cos u\boldsymbol{k}$$

8 曲面 $z = f(x,y)$ の法単位ベクトル $\boldsymbol{n}$ と面積 S は次式で与えられることを示しなさい．

$$\boldsymbol{n} = \frac{-(\partial f/\partial x)\boldsymbol{i} - (\partial f/\partial y)\boldsymbol{j} + \boldsymbol{k}}{\sqrt{1 + (\partial f/\partial x)^2 + (\partial f/\partial y)^2}}$$

$$S = \iint_S \sqrt{1 + \left(\frac{\partial f}{\partial x}\right)^2 + \left(\frac{\partial f}{\partial y}\right)^2}\, dxdy$$

第5章

スカラー場とベクトル場

温度や密度のようにスカラー関数が空間内の場所の関数として，ある領域において定義されているとき，その領域や関数をまとめてスカラー場といいます．同様に，風速や力の分布などベクトル関数が場所の関数としてある領域において定義されている場合にはベクトル場とよびます．本章ではスカラー場とベクトル場に対して重要な働きをする微分演算について考えてみます．

本章の内容

5.1 方向微分係数

微分係数とは，1変数 x の関数 $u(x)$ の場合には，

$$\frac{du}{dx} = \lim_{\Delta x \to 0} \frac{u(x+\Delta x) - u(x)}{\Delta x}$$

で定義されます．これは，2つの近接点 $x, x+\Delta x$ における関数値の変化を，x の増分 Δx で割った値です．一方，2変数以上の関数の場合には，近接した場所といってもいくらでも考えられるため，どの変数に関する微分であるかということを指定する必要がありました．そして，その微分係数を（その変数に関する）偏微分係数とよびました．たとえば3変数の関数 $f(x, y, z)$ に対して，x に関する偏微分係数は

$$\frac{\partial f}{\partial x} = \lim_{\Delta x \to 0} \frac{f(x+\Delta x, y, z) - f(x, y, z)}{\Delta x}$$

で定義されました．これは，y, z を固定して考えているため，x 軸に平行な直線上において2つの近接点を考え，この直線に沿って点を近づけたことになります．同様に $\partial f/\partial y$, $\partial f/\partial z$ はそれぞれ，y 軸および z 軸に沿って点を近づけて微分係数を計算しています（図 **5.1**）．しかし，前述のとおり近づけ方はいくらでも考えられるため，微分係数はこの3種類に限られるわけではありません．そこで，ある点における微分係数を，その点を通る任意の直線 l をとり，その直線に沿って点を近づけて計算することを考えます．このような微分係数を直線 l に沿う**方向微分係数**とよんでいます．

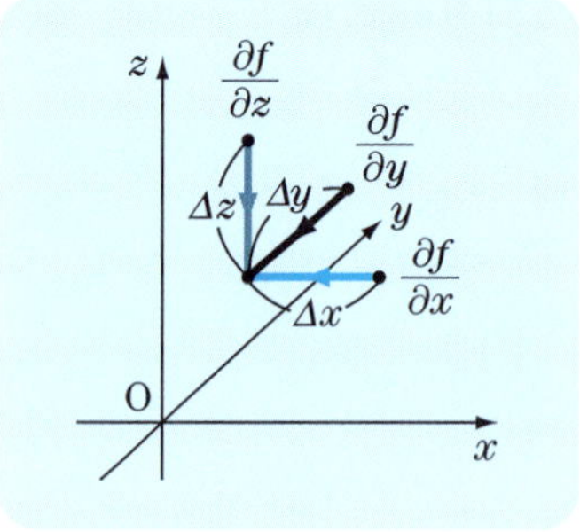

図 **5.1**

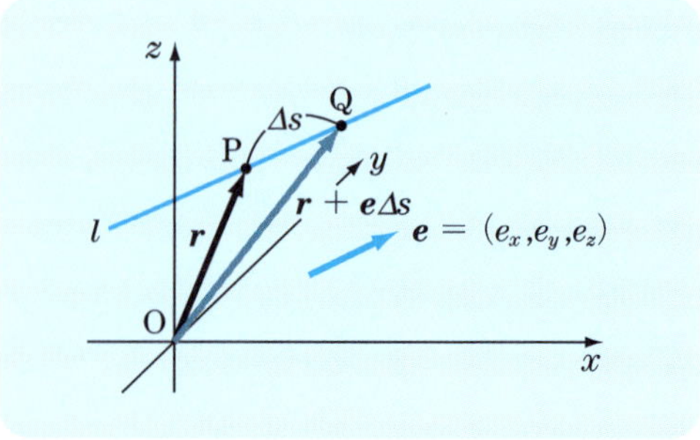

図 **5.2**

いま，図 5.2 に示すように微分係数を考える点を P，直線 l 上の近接点を Q，PQ 間の距離を Δs とし，また，l に平行な単位ベクトルを $\boldsymbol{e} = (e_1, e_2, e_3)$ とします．ベクトル $\overrightarrow{\mathrm{PQ}}$ は $\boldsymbol{e}\Delta s = (e_1\Delta s, e_2\Delta s, e_3\Delta s)$ と表せるため，点 P の位置ベクトルを $\boldsymbol{r} = (x, y, z)$ としたとき，点 Q の位置ベクトルは

$$\boldsymbol{r} + \boldsymbol{e}\Delta s = (x + e_1\Delta s, y + e_2\Delta s, z + e_3\Delta s)$$

となります．したがって，方向微分係数 df/ds は，定義から

$$\frac{df}{ds} = \lim_{\Delta s \to 0} \frac{f(x + e_1\Delta s, y + e_2\Delta s, z + e_3\Delta s) - f(x, y, z)}{\Delta s}$$

となります．多変数のテイラー展開の公式

$$\begin{aligned} &f(x + \Delta x, y + \Delta y, z + \Delta z) \\ &= f(x, y, z) + \Delta x\frac{\partial f}{\partial x} + \Delta y\frac{\partial f}{\partial y} + \Delta z\frac{\partial f}{\partial z} + O((\Delta s)^2) \end{aligned}$$

において，$\Delta x = e_1\Delta s, \Delta y = e_2\Delta s, \Delta z = e_3\Delta s$ と考えれば，

$$\begin{aligned} &f(x + e_1\Delta s, y + e_2\Delta s, z + e_3\Delta s) \\ &= f(x, y, z) + e_1\Delta s\frac{\partial f}{\partial x} + e_2\Delta s\frac{\partial f}{\partial y} + e_3\Delta s\frac{\partial f}{\partial z} + O((\Delta s)^2) \end{aligned}$$

であるため（ただし $O((\Delta s)^2)/\Delta s$ は $\Delta s \to 0$ のとき 0），これを定義式に代入して極限をとれば

$$\frac{df}{ds} = e_1\frac{\partial f}{\partial x} + e_2\frac{\partial f}{\partial y} + e_3\frac{\partial f}{\partial z} \tag{5.1}$$

となります．

特にこの式で，f として順に x, y, z を代入すれば

$$\frac{dx}{ds} = e_1, \quad \frac{dy}{ds} = e_2, \quad \frac{dz}{ds} = e_3$$

となるため，式 (5.1) は

$$\frac{df}{ds} = \frac{\partial f}{\partial x}\frac{dx}{ds} + \frac{\partial f}{\partial y}\frac{dy}{ds} + \frac{\partial f}{\partial z}\frac{dz}{ds} \tag{5.2}$$

と書くこともできます．

5.2 勾 配

式 (5.1) または式 (5.2) はスカラー積を用いれば

$$\frac{df}{ds} = \left(\frac{\partial f}{\partial x}\boldsymbol{i} + \frac{\partial f}{\partial y}\boldsymbol{j} + \frac{\partial f}{\partial z}\boldsymbol{k}\right) \cdot (e_1\boldsymbol{i} + e_2\boldsymbol{j} + e_3\boldsymbol{k})$$
$$= \left(\frac{\partial f}{\partial x}\boldsymbol{i} + \frac{\partial f}{\partial y}\boldsymbol{j} + \frac{\partial f}{\partial z}\boldsymbol{k}\right) \cdot \left(\frac{dx}{ds}\boldsymbol{i} + \frac{dy}{ds}\boldsymbol{j} + \frac{dz}{ds}\boldsymbol{k}\right)$$

と書くことができます．ここで内積のはじめの部分を，関数 $f(x, y, z)$ の**勾配**（gradient）とよび，$\mathrm{grad}\, f$ と表します．すなわち

$$\mathrm{grad}\, f = \frac{\partial f}{\partial x}\boldsymbol{i} + \frac{\partial f}{\partial y}\boldsymbol{j} + \frac{\partial f}{\partial z}\boldsymbol{k} \tag{5.3}$$

です．勾配はスカラー関数から作られるベクトル関数になっています．記号 ∇（**ナブラ演算子**）を

$$\nabla = \boldsymbol{i}\frac{\partial}{\partial x} + \boldsymbol{j}\frac{\partial}{\partial y} + \boldsymbol{k}\frac{\partial}{\partial z} \tag{5.4}$$

で定義することにします．この記号は，それだけでは意味がなく，関数に対して左から作用させて新たな関数をつくるものであり，演算子とよばれるものの1つです．この記号を用いれば関数 f の勾配は

$$\mathrm{grad}\, f = \nabla f \tag{5.5}$$

方向微分係数は

$$\frac{df}{ds} = \nabla f \cdot \boldsymbol{e} = \nabla f \cdot \frac{d\boldsymbol{r}}{ds} \tag{5.6}$$

と書くことができます．

例題 5.1 $f = x^2yz + 4xz^3$ に対して ∇f を求めなさい．また点 $\mathrm{P}(1, -2, 1)$ における単位ベクトル

$$\boldsymbol{e} = \frac{2}{3}\boldsymbol{i} - \frac{1}{3}\boldsymbol{j} - \frac{2}{3}\boldsymbol{k}$$

方向の f の方向微分係数を求めなさい．

【解】 $$\nabla f = (2xyz + 4z^3)\boldsymbol{i} + x^2z\boldsymbol{j} + (x^2y + 12xz^2)\boldsymbol{k}$$

点 P における ∇f の値は上式に $x = 1, y = -2, z = 1$ を代入して $(\nabla f)_{\mathrm{P}} = \boldsymbol{j} + 10\boldsymbol{k}$
　したがって

$$\left(\frac{df}{ds}\right)_{\mathrm{P}} = (\nabla f)_{\mathrm{P}} \cdot \boldsymbol{e} = \left(\frac{2}{3}\boldsymbol{i} - \frac{1}{3}\boldsymbol{j} - \frac{2}{3}\boldsymbol{k}\right) \cdot (\boldsymbol{j} + 10\boldsymbol{k}) = -7$$ □

問 5.1 次を計算しなさい.
(1) $\nabla(\sqrt{x^2 + y^2 + z^2})^3$ 　(2) $\nabla(4xz^3 - 2xy^2z)$

勾配（grad）の意味 勾配の幾何学的な意味を考えてみます．いま図 5.3 に示すように $f =$ (一定) という面を考えます．このような面を**等値面**といいます．このような面上に任意の曲線を考えて，その接線方向の方向微分を考えると，この面で $f =$ (一定) であるため，方向微分も 0，すなわち

$$\frac{df}{ds} = \nabla f \cdot \frac{d\boldsymbol{r}}{ds} = 0 \tag{5.7}$$

となります．ここで，$d\boldsymbol{r}/ds$ は接線方向のベクトルなので，∇f はこの接線に垂直になります．このことは，$f =$ (一定) の面内のすべての曲線について成り立つため，結局，∇f は $f =$ (一定) の曲面に垂直なベクトル，いいかえれば法線ベクトルであることがわかります．したがって，

$$\boldsymbol{n} = \frac{\nabla f}{|\nabla f|} \tag{5.8}$$

は $f =$ (一定) の曲面に対する単位法線ベクトルになります．

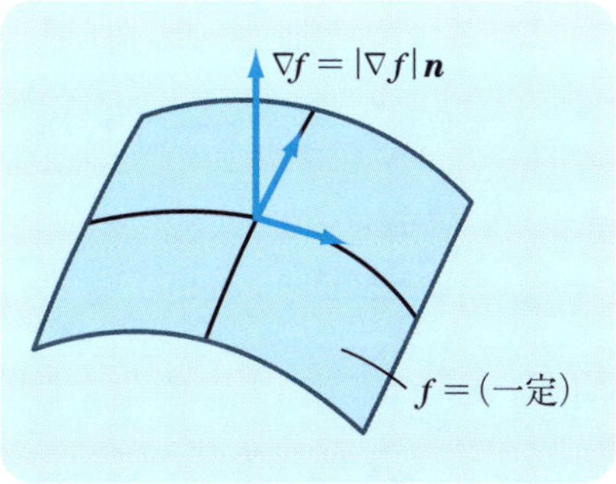

図 5.3

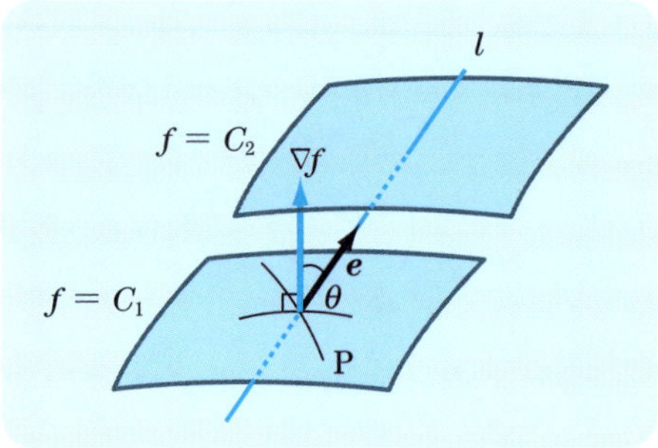

図 5.4

次に空間内に１点 P を考えたとき，点 P を通る任意の直線 l の方向への，f の方向微分は

$$\frac{df}{ds} = \nabla f \cdot \boldsymbol{e} = |\nabla f||\boldsymbol{e}|\cos\theta = |\nabla f|\cos\theta \tag{5.9}$$

となります．ただし，$\boldsymbol{e}$ は l の方向の単位ベクトルを表します．ここで l の方向を変化させたとき，$\theta = 0$ の場合に df/ds は最大値 $|\nabla f|$ をとります．いいかえれば，∇f は f の変化が最大になる方向を向いています（図 5.4）．

例題 5.2 $\boldsymbol{r} = x\boldsymbol{i} + y\boldsymbol{j} + z\boldsymbol{k}, r = |\boldsymbol{r}|$ のとき次の計算をしなさい．

(1) $\nabla(\log r) \quad (r \neq 0)$　　(2) $\nabla\left(\dfrac{1}{r}\right) \quad (r \neq 0)$　　(3) ∇r^3

【解】 成分に分けて直接計算することもできますが，後述する 5.5 節の公式 (4)

$$\nabla f(r) = \frac{df}{dr}\nabla r$$

および

$$\nabla r = \nabla\sqrt{x^2 + y^2 + z^2} = \frac{\boldsymbol{r}}{r}$$

が成り立つことを利用すると計算が簡単になります．

(1) $$\nabla(\log r) = \frac{d\log r}{dr}\nabla r = \frac{1}{r}\cdot\frac{\boldsymbol{r}}{r} = \frac{\boldsymbol{r}}{r^2}$$

(2) $$\nabla\left(\frac{1}{r}\right) = \frac{d}{dr}\left(\frac{1}{r}\right)\nabla r = -\frac{1}{r^2}\frac{\boldsymbol{r}}{r} = -\frac{\boldsymbol{r}}{r^3}$$

(3) $$\nabla r^3 = \frac{dr^3}{dr}\nabla r = 3r^2\frac{\boldsymbol{r}}{r} = 3r\boldsymbol{r}$$ □

5.3 発　散

勾配はスカラー関数からベクトル関数をつくる演算でしたが，今度はベクトル関数からスカラー関数をつくる演算を定義します．いま，ベクトル関数 $\boldsymbol{A}(x,y,z)$ の成分表示が

$$\boldsymbol{A}(x,y,z) = A_x(x,y,z)\boldsymbol{i} + A_y(x,y,z)\boldsymbol{j} + A_z(x,y,z)\boldsymbol{k} \tag{5.10}$$

であるとします．このとき，ベクトル関数の**発散** (divergence) という演算 $\mathrm{div}\,\boldsymbol{A}$ を次式で定義します：

$$\mathrm{div}\,\boldsymbol{A} = \frac{\partial A_x}{\partial x} + \frac{\partial A_y}{\partial y} + \frac{\partial A_z}{\partial z} \tag{5.11}$$

すなわち，$\boldsymbol{A}$ の x 成分を x で微分し，y 成分を y で微分し，z 成分を z で微分したものをすべて加え合わせるという演算です．この演算は前節で定義したナブラ演算子を用いて，形式的にスカラー積の形

$$\mathrm{div}\,\boldsymbol{A} = \nabla \cdot \boldsymbol{A} \tag{5.12}$$

に表示することができます．

例題 5.3　$\boldsymbol{A} = x^2z\boldsymbol{i} - 2y^3z^2\boldsymbol{j} + xy^2z\boldsymbol{k}$ のとき次の計算をしなさい．

(1)　$\nabla \cdot \boldsymbol{A}$　　　(2)　$\nabla(\nabla \cdot \boldsymbol{A})$

【解】 (1)

$$\nabla \cdot \boldsymbol{A} = \frac{\partial}{\partial x}(x^2z) + \frac{\partial}{\partial y}(-2y^3z^2) + \frac{\partial}{\partial z}(xy^2z)$$
$$= 2xz - 6y^2z^2 + xy^2$$

(2)

$$\nabla(\nabla \cdot \boldsymbol{A}) = \nabla(2xz - 6y^2z^2 + xy^2)$$
$$= \frac{\partial}{\partial x}(2xz - 6y^2z^2 + xy^2)\boldsymbol{i} + \frac{\partial}{\partial y}(2xz - 6y^2z^2 + xy^2)\boldsymbol{j}$$
$$+ \frac{\partial}{\partial z}(2xz - 6y^2z^2 + xy^2)\boldsymbol{k}$$
$$= (2z + y^2)\boldsymbol{i} + (2xy - 12yz^2)\boldsymbol{j} + (2x - 12y^2z)\boldsymbol{k}$$

□

例題 5.4　$\boldsymbol{r} = x\boldsymbol{i} + y\boldsymbol{j} + z\boldsymbol{k}, r = |\boldsymbol{r}|$ のとき次の計算をしなさい．

(1)　$\nabla \cdot \boldsymbol{r}$　$(r \neq 0)$　　(2)　$\nabla \cdot \left(\dfrac{\boldsymbol{r}}{r}\right)$　$(r \neq 0)$

(3)　$\nabla^2 \left(\dfrac{1}{r}\right)$　$(r \neq 0)$

【解】　(1)
$$\nabla \cdot \boldsymbol{r} = \nabla \cdot (x\boldsymbol{i} + y\boldsymbol{j} + z\boldsymbol{k}) = 3$$

(2)　例題 5.2 と同様に 5.5 節の公式 (4) を利用すると簡単です．

$$\nabla \cdot \left(\frac{\boldsymbol{r}}{r}\right) = \nabla \left(\frac{1}{r}\right) \cdot \boldsymbol{r} + \frac{1}{r} \nabla \cdot \boldsymbol{r} = -\frac{\boldsymbol{r}}{r^3} \cdot \boldsymbol{r} + \frac{1}{r} \cdot 3 = \frac{2}{r}$$

(3)
$$\nabla^2 \left(\frac{1}{r}\right) = \nabla \cdot \left(\nabla \frac{1}{r}\right) = \nabla \cdot \left(-\frac{\boldsymbol{r}}{r^3}\right)$$
$$= -\left(\nabla \frac{1}{r^3}\right) \cdot \boldsymbol{r} - \frac{1}{r^3} \nabla \cdot \boldsymbol{r} = \frac{3\boldsymbol{r}}{r^5} \cdot \boldsymbol{r} - \frac{1}{r^3} \cdot 3 = 0$$

ただし例題 5.2 (2) の結果を用いました．　□

問 5.2　次を計算しなさい．

(1)　$\nabla \cdot (x^2\boldsymbol{i} + y^2\boldsymbol{j} + z^2\boldsymbol{k})$　　(2)　$\nabla \cdot (x^2z\boldsymbol{i} + xyz\boldsymbol{j} - 3yz^2\boldsymbol{k})$

発散の物理的な意味は $\boldsymbol{A}$ を流体 (水や空気など流れる物質) の速度ベクトルと見なすとわかりやすくなります．いま，空間内に各座標軸に平行な辺をもった微小直方体を考えます．このとき，図 **5.5** の面 S_1 を通って Δt 時間に流入する流体の体積 V_{in} は，A_x を x 方向の速度成分としたとき

$$V_{\text{in}} = A_x \left(x - \frac{\Delta x}{2}, y, z\right) \Delta t \Delta y \Delta z \sim \left(A_x(x, y, z) - \frac{\Delta x}{2} \frac{\partial A_x}{\partial x}\right) \Delta y \Delta z \Delta t$$

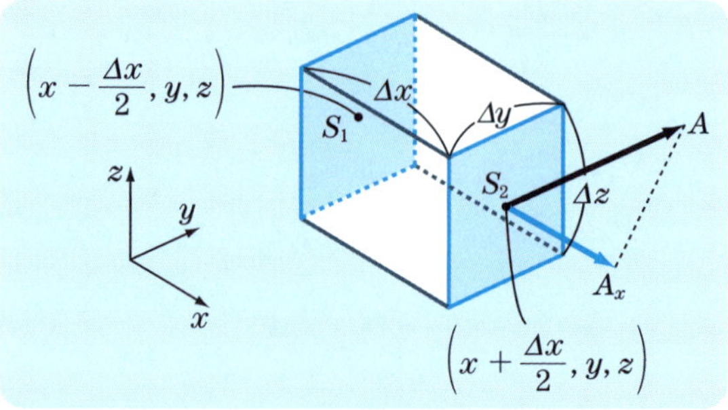

図 **5.5**

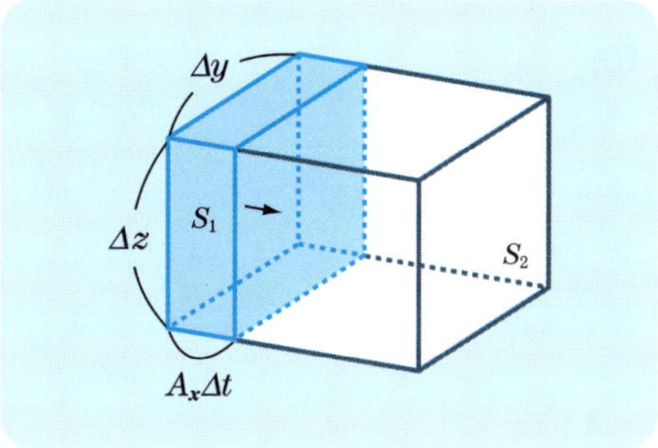

図 5.6

となります．なぜなら，面 S_1 にあった流体は Δt 間に $A_x \Delta t$ だけ進み，それに面 S_1 の面積 $\Delta y \Delta z$ を掛けた体積が流入量になるからです（図 5.6）．速度の y 方向と z 方向成分は面に平行であるため，流入には関係しないため考えていません．一方，面 S_2 をとおって流出する体積 V_{out} は

$$
\begin{aligned}
V_{\mathrm{out}} &= A_x\left(x+\frac{\Delta x}{2}, y, z\right)\Delta t \Delta y \Delta z \\
&\sim \left(A_x(x,y,z)+\frac{\Delta x}{2}\frac{\partial A_x}{\partial x}\right)\Delta y \Delta z \Delta t
\end{aligned}
$$

となります．したがって，x 軸に垂直な面を通して Δt 間に流出する正味の体積は

$$
V_{\mathrm{out}} - V_{\mathrm{in}} = \frac{\partial A_x}{\partial x}\Delta x \Delta y \Delta z \Delta t
$$

となります．同様に y 軸に垂直な面および z 軸に垂直な面をとおして Δt 間に流出する体積は，それぞれ

$$
\frac{\partial A_y}{\partial y}\Delta x \Delta y \Delta z \Delta t
$$
$$
\frac{\partial A_z}{\partial z}\Delta x \Delta y \Delta z \Delta t
$$

です．これらを足しあわせると

$$
\Delta V \Delta t \mathrm{div}\, \boldsymbol{A}
$$

となります．ただし $\Delta V = \Delta x \Delta y \Delta z$ は微小直方体の体積です．したがって，div $\boldsymbol{A}$ は単位時間，単位体積あたりの体積の減少（流出）の割合を表しています．

5.4 回　　転

発散はナブラ演算子とベクトル関数のスカラー積として定義されました．次にナブラ演算子とベクトル関数 $\boldsymbol{A} = (A_x, A_y, A_z)$ のベクトル積で新しい演算を定義します．この演算を**回転** (rotation) とよび $\mathrm{rot}\,\boldsymbol{A}$ と表すことにすれば

$$\begin{aligned}\mathrm{rot}\,\boldsymbol{A} &= \nabla \times \boldsymbol{A}\\ &= \left(\frac{\partial A_z}{\partial y} - \frac{\partial A_y}{\partial z}\right)\boldsymbol{i} + \left(\frac{\partial A_x}{\partial z} - \frac{\partial A_z}{\partial x}\right)\boldsymbol{j} + \left(\frac{\partial A_y}{\partial x} - \frac{\partial A_x}{\partial y}\right)\boldsymbol{k} \quad (5.13)\end{aligned}$$

となります．この式は，行列式を用いれば覚えやすい形

$$\mathrm{rot}\,\boldsymbol{A} = \nabla \times \boldsymbol{A} = \begin{vmatrix} \boldsymbol{i} & \boldsymbol{j} & \boldsymbol{k} \\ \partial/\partial x & \partial/\partial y & \partial/\partial z \\ A_x & A_y & A_z \end{vmatrix} \quad (5.14)$$

に書くことができます．

例題 5.5 $\boldsymbol{A} = xz^3\boldsymbol{i} - 2x^2yz\boldsymbol{j} + 2yz^4\boldsymbol{k}$ のとき次の計算をしなさい．
(1) $\nabla \times \boldsymbol{A}$　　(2) $\nabla \times (\nabla \times \boldsymbol{A})$

【解】 (1)

$$\begin{aligned}\nabla \times \boldsymbol{A} &= \begin{vmatrix} \boldsymbol{i} & \boldsymbol{j} & \boldsymbol{k} \\ \partial/\partial x & \partial/\partial y & \partial/\partial z \\ xz^3 & -2x^2yz & 2yz^4 \end{vmatrix}\\ &= \left\{\frac{\partial}{\partial y}(2yz^4) - \frac{\partial}{\partial z}(-2x^2yz)\right\}\boldsymbol{i} + \left\{\frac{\partial}{\partial z}(xz^3) - \frac{\partial}{\partial x}(2yz^4)\right\}\boldsymbol{j}\\ &\quad + \left\{\frac{\partial}{\partial x}(-2x^2yz) - \frac{\partial}{\partial y}(xz^3)\right\}\boldsymbol{k}\\ &= (2z^4 + 2x^2y)\boldsymbol{i} + 3xz^2\boldsymbol{j} - 4xyz\boldsymbol{k}\end{aligned}$$

(2)

$$\begin{aligned}\nabla \times (\nabla \times \boldsymbol{A}) &= \begin{vmatrix} \boldsymbol{i} & \boldsymbol{j} & \boldsymbol{k} \\ \partial/\partial x & \partial/\partial y & \partial/\partial z \\ 2z^4 + 2x^2y & 3xz^2 & -4xyz \end{vmatrix}\\ &= -10xz\boldsymbol{i} + (8z^3 + 4yz)\boldsymbol{j} + (3z^3 - 2x^2)\boldsymbol{k}\end{aligned}$$

□

例題 5.6　$\boldsymbol{r} = x\boldsymbol{i} + y\boldsymbol{j} + z\boldsymbol{k}, r = |\boldsymbol{r}|$ のとき次の計算をしなさい.

(1)　$\nabla \times \boldsymbol{r}$　　　(2)　$\nabla \times (r^2\boldsymbol{r})$

【解】　(1)

$$\nabla \times \boldsymbol{r} = \begin{vmatrix} \boldsymbol{i} & \boldsymbol{j} & \boldsymbol{k} \\ \partial/\partial x & \partial/\partial y & \partial/\partial z \\ x & y & z \end{vmatrix} = \boldsymbol{0}$$

(2)　5.5 節の公式 (9) を利用すると簡単になります.

$$\nabla \times (r^2\boldsymbol{r}) = (\nabla r^2) \times \boldsymbol{r} + r^2\nabla \times \boldsymbol{r} = \frac{dr^2}{dr}\nabla r \times \boldsymbol{r} = \frac{2r\boldsymbol{r}}{r} \times \boldsymbol{r} = \boldsymbol{0}$$

ただし $\nabla r = \boldsymbol{r}/r$（例題 5.2）を用いました.　□

例題 5.7　z 軸まわりを角速度 ω で回転している物体を考えます. この物体上の点 P における速度 $\boldsymbol{v}$ の回転を求めなさい.

【解】　軸から r だけ離れた点 P における速度成分は極座標 (r, θ) で考える方が簡単で, r 方向の速度成分 v_r は 0, θ 方向の速度成分 v_θ は $r\omega$, すなわち

$$v_r = 0, \quad v_\theta = r\omega$$

となります（図 5.7）. これを (x, y) 座標系における速度成分 (u, v) で表すには, 2 章の公式 (2.23) において, $(A_x, A_y) = (u, v)$, $(A_r, A_\theta) = (v_r, v_\theta) = (0, r\omega)$ と考えればよく

$$u = -\omega r \sin\theta = -\omega y, \quad v = \omega r \cos\theta = \omega x$$

となります. ただし, $x = r\cos\theta$, $y = r\sin\theta$ を用いています. そこで, この速度を 3 次元ベクトル $(u, v, 0)$ と考えて回転を計算すれば

$$\nabla \times \boldsymbol{v} = 2\omega\boldsymbol{k}$$

となり, z 方向を向いた大きさが 2ω のベクトルになることがわかります.　□

問 5.3　次を計算しなさい.

(1)　$\nabla \times (xy\boldsymbol{i} + yz\boldsymbol{j} + zx\boldsymbol{k})$　　　(2)　$\nabla \times (x^2y\boldsymbol{i} + 2xz\boldsymbol{j} - yz\boldsymbol{k})$

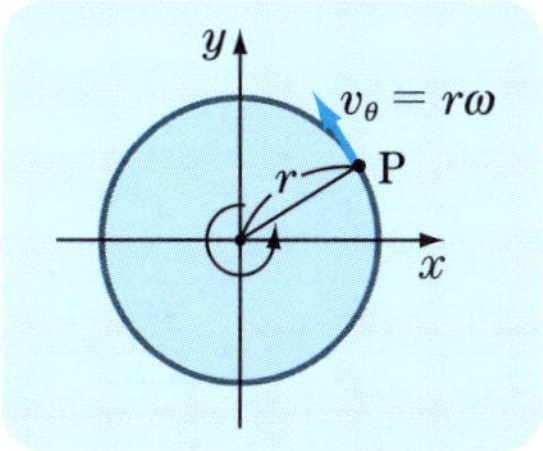

図 5.7

5.5　ナブラを含んだ演算

ナブラを含んだ演算の間にいろいろな関係式が成り立ちます．以下に代表例を示します．ただし f, g はスカラー関数，$\boldsymbol{A}, \boldsymbol{B}$ はベクトル関数です．

(1) $\nabla(f+g) = \nabla f + \nabla g$

(2) $\nabla(fg) = f\nabla g + g\nabla f$

(3) $\nabla\left(\dfrac{f}{g}\right) = \dfrac{g\nabla f - f\nabla g}{g^2}$

(4) $\nabla f(g) = \dfrac{df}{dg}\nabla g$

(5)† $\nabla^2 f = \nabla\cdot(\nabla f)$

(6) $\nabla\cdot(\boldsymbol{A}+\boldsymbol{B}) = \nabla\cdot\boldsymbol{A} + \nabla\cdot\boldsymbol{B}$

(7) $\nabla\cdot(f\boldsymbol{A}) = f\nabla\cdot\boldsymbol{A} + (\nabla f)\cdot\boldsymbol{A}$

(8) $\nabla\times(\boldsymbol{A}+\boldsymbol{B}) = \nabla\times\boldsymbol{A} + \nabla\times\boldsymbol{B}$

(9) $\nabla\times(f\boldsymbol{A}) = f\nabla\times\boldsymbol{A} + (\nabla f)\times\boldsymbol{A}$

(10) $\nabla\cdot(\boldsymbol{A}\times\boldsymbol{B}) = \boldsymbol{B}\cdot(\nabla\times\boldsymbol{A}) - \boldsymbol{A}\cdot(\nabla\times\boldsymbol{B})$

(11) $\nabla\times(\nabla\times\boldsymbol{A}) = \nabla(\nabla\cdot\boldsymbol{A}) - \nabla^2\boldsymbol{A}$

(12) $\nabla\times(\boldsymbol{A}\times\boldsymbol{B}) = (\boldsymbol{B}\cdot\nabla)\boldsymbol{A} - (\boldsymbol{A}\cdot\nabla)\boldsymbol{B} + (\nabla\cdot\boldsymbol{B})\boldsymbol{A} - (\nabla\cdot\boldsymbol{A})\boldsymbol{B}$

また，次の公式も成り立ちます．

(13) $\nabla\times(\nabla f) = 0$

(14) $\nabla\cdot(\nabla\times\boldsymbol{A}) = 0$

---

† $\nabla^2 f$ は直角座標では

$$\left(\frac{\partial^2}{\partial x^2} + \frac{\partial^2}{\partial y^2} + \frac{\partial^2}{\partial z^2}\right) f = \frac{\partial^2 f}{\partial x^2} + \frac{\partial^2 f}{\partial y^2} + \frac{\partial^2 f}{\partial z^2}$$

を表し，∇^2 を**ラプラスの演算子**または**ラプラシアン**といい，Δ という記号を使うこともあります．

例題 5.8 左ページの公式 (4), (7), (9) を証明しなさい.

【解】 (4)

$$\begin{aligned}\nabla f(g) &= \boldsymbol{i}\frac{\partial}{\partial x}f(g)+\boldsymbol{j}\frac{\partial}{\partial y}f(g)+\boldsymbol{k}\frac{\partial}{\partial z}f(g)\\ &= \boldsymbol{i}\frac{df}{dg}\frac{\partial g}{\partial x}+\boldsymbol{j}\frac{df}{dg}\frac{\partial g}{\partial y}+\boldsymbol{k}\frac{df}{dg}\frac{\partial g}{\partial z}\\ &= \frac{df}{dg}\nabla g\end{aligned}$$

(7) 2 次元ベクトルについて示しますが，3 次元でも同様です. $\boldsymbol{A}=A_x\boldsymbol{i}+A_y\boldsymbol{j}$ とおきます.

$$\begin{aligned}\nabla\cdot(f\boldsymbol{A}) &= \frac{\partial}{\partial x}(fA_x)+\frac{\partial}{\partial y}(fA_y)=\frac{\partial f}{\partial x}A_x+f\frac{\partial A_x}{\partial x}+\frac{\partial f}{\partial y}A_y+f\frac{\partial A_y}{\partial y}\\ &= \left(\frac{\partial f}{\partial x}\boldsymbol{i}+\frac{\partial f}{\partial y}\boldsymbol{j}\right)\cdot(A_x\boldsymbol{i}+A_y\boldsymbol{j})+f\left(\frac{\partial A_x}{\partial x}+\frac{\partial A_y}{\partial y}\right)\\ &= (\nabla f)\cdot\boldsymbol{A}+f\nabla\cdot\boldsymbol{A}\end{aligned}$$

(9) 3 次元ベクトルの場合の x 成分だけを示しますが，他の成分も同様です. $\boldsymbol{A}=A_x\boldsymbol{i}+A_y\boldsymbol{j}+A_z\boldsymbol{k}$ とおきます.

$$\nabla\times(f\boldsymbol{A})=\begin{vmatrix}\boldsymbol{i} & \boldsymbol{j} & \boldsymbol{k}\\ \dfrac{\partial}{\partial x} & \dfrac{\partial}{\partial y} & \dfrac{\partial}{\partial z}\\ fA_x & fA_y & fA_z\end{vmatrix}\text{ より}$$

$$\begin{aligned}\left(\nabla\times(f\boldsymbol{A})\right)_x &= \frac{\partial}{\partial y}(fA_z)-\frac{\partial}{\partial z}(fA_y)\\ &= \frac{\partial f}{\partial y}A_z+f\frac{\partial A_z}{\partial y}-\frac{\partial f}{\partial z}A_y-f\frac{\partial A_y}{\partial z}\end{aligned}$$

また

$$(\nabla f)\times\boldsymbol{A}=\begin{vmatrix}\boldsymbol{i} & \boldsymbol{j} & \boldsymbol{k}\\ \dfrac{\partial f}{\partial x} & \dfrac{\partial f}{\partial y} & \dfrac{\partial f}{\partial z}\\ A_x & A_y & A_z\end{vmatrix}$$

$$f\nabla\times\boldsymbol{A}=f\begin{vmatrix}\boldsymbol{i} & \boldsymbol{j} & \boldsymbol{k}\\ \dfrac{\partial}{\partial x} & \dfrac{\partial}{\partial y} & \dfrac{\partial}{\partial z}\\ A_x & A_y & A_z\end{vmatrix}\text{ より}$$

$$\left((\nabla f)\times\boldsymbol{A}\right)_x+f(\nabla\times\boldsymbol{A})_x=\left(\frac{\partial f}{\partial y}A_z-\frac{\partial f}{\partial z}A_y\right)+f\left(\frac{\partial A_z}{\partial y}-\frac{\partial A_y}{\partial z}\right)$$ □

第 5 章の演習問題

1　$f = xyz + 2x^2y$ に対して点 $(1, -2, 1)$ における

$$\boldsymbol{e} = -\frac{2}{3}\boldsymbol{i} - \frac{1}{3}\boldsymbol{j} + \frac{2}{3}\boldsymbol{k}$$

方向の方向微分係数を求めなさい.

2　$\boldsymbol{A} = 2xy^3\boldsymbol{i} + 3x^2yz\boldsymbol{j} - xyz^2\boldsymbol{k}$, $f = x^2 - 3yz$ のとき以下の計算をしなさい.

(1)　$\nabla \cdot \boldsymbol{A}$　　(2)　∇f

(3)　$\nabla \cdot (f\boldsymbol{A})$　　(4)　$\nabla \times (\nabla \times \boldsymbol{A})$

(5)　$\nabla(\nabla \cdot \boldsymbol{A})$　　(6)　$\nabla \times (f\boldsymbol{A})$

3　次の等式を証明しなさい.

(1)　$\nabla(fg) = (\nabla f)g + f\nabla g$　　(2)　$\nabla\left(\dfrac{f}{g}\right) = \dfrac{(\nabla f)g - f\nabla g}{g^2}$

4　$\boldsymbol{r} = x\boldsymbol{i} + y\boldsymbol{j} + z\boldsymbol{k}, r = |\boldsymbol{r}|$ のとき以下の計算をしなさい.

(1)　$\nabla \cdot \boldsymbol{r}$　　(2)　$\nabla \cdot \left(\dfrac{\boldsymbol{r}}{r}\right)$　　(3)　$\nabla\left(\dfrac{1}{r^2}\right)$

(4)　$\nabla \times \boldsymbol{r}$　　(5)　$\nabla \times (r^2\boldsymbol{r})$

5　次の等式を証明しなさい.

(1)　$\nabla \cdot (\nabla f) = \nabla^2 f$

(2)　$\nabla \times (\nabla f) = 0$

(3)　$\nabla \cdot (\nabla \times \boldsymbol{A}) = 0$

6　次の等式を証明しなさい.

(1)　$\nabla \times (\nabla \times \boldsymbol{A}) = \nabla(\nabla \cdot \boldsymbol{A}) - \nabla^2\boldsymbol{A}$

(2)　$\nabla \cdot (\boldsymbol{A} \times \boldsymbol{B}) = \boldsymbol{B} \cdot (\nabla \times \boldsymbol{A}) - \boldsymbol{A} \cdot (\nabla \times \boldsymbol{B})$

(3)　$\nabla \times (\boldsymbol{A} \times \boldsymbol{B}) = (\boldsymbol{B} \cdot \nabla)\boldsymbol{A} - (\boldsymbol{A} \cdot \nabla)\boldsymbol{B} + (\nabla \cdot \boldsymbol{B})\boldsymbol{A} - (\nabla \cdot \boldsymbol{A})\boldsymbol{B}$

7　$r = \sqrt{x^2 + y^2 + z^2}$ のとき，次の等式を証明しなさい.

$$\nabla^2 f(r) = \frac{d^2 f}{dr^2} + \frac{2}{r}\frac{df}{dr}$$

第6章

積　分　定　理

本章ではまず定積分や重積分の拡張である線積分，面積分，体積分を紹介します．これらの積分は互いに無関係ではなく，体積分を面積分になおしたり，線積分を面積分で表したりといったようにお互い関連づけることができます．このような関係を積分定理とよんでいます．本章の後半ではいくつかの積分定理を導くことにします．

本章の内容

6.1 線 積 分

ふつうの積分は，1 変数の関数に対する，いわば x 軸に沿った積分と考えることができます．本節では多変数のスカラー関数 $f(x,y,z)$ やベクトル関数 $\boldsymbol{A}(x,y,z)$ に対して空間上の曲線 C に沿った積分を定義します．

はじめに，スカラー関数について考えます．空間曲線 C 上の点がパラメータ t を用いて

$$(x(t), y(t), z(t))$$

で表されているとします（t の変化にしたがい，この点は曲線上を動きます）．図 6.1 に示すように曲線 C 上に 2 点 P, Q を考え，それぞれの座標が t については $t=t_1$, $t=t_2$ であるとします．この曲線を n 個の小さな曲線に分割します．分割の仕方は任意ですが，$n\to\infty$ のとき，すべての微小曲線の弧長 Δs_i は 0 になるものとします．さらに i 番目の弧の上における任意の点の座標を，(x_i, y_i, z_i) とします．このとき，以下の和をつくります：

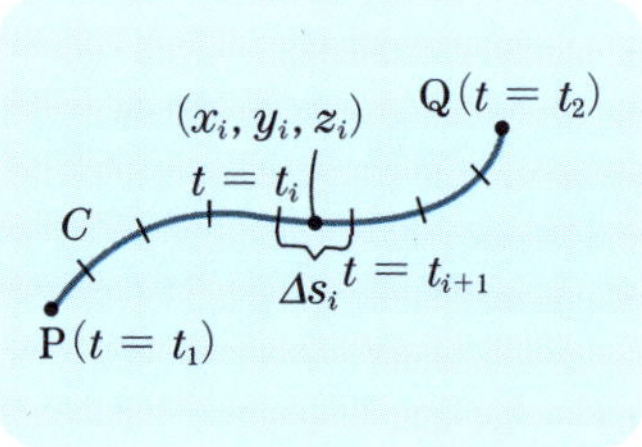

図 6.1

$$I = \sum_{i=1}^{n} f(x_i, y_i, z_i)\Delta s_i$$

$n\to\infty$ においてこの和が一定値に収束すれば，これを関数 f の曲線 C に沿う**線積分**とよび，

$$I = \int_C f(x,y,z)ds = \int_{\mathrm{P}}^{\mathrm{Q}} f(x,y,z)ds \tag{6.1}$$

などと記します．ここで，ds は微小な弧の長さであるため，

$$ds = \sqrt{(dx)^2+(dy)^2+(dz)^2} = \sqrt{\left(\frac{dx}{dt}\right)^2+\left(\frac{dy}{dt}\right)^2+\left(\frac{dz}{dt}\right)^2}\,dt \tag{6.2}$$

となります．したがって，線積分は

$$\int_C f ds = \int_{t_1}^{t_2} f(x(t), y(t), z(t))\sqrt{\left(\frac{dx}{dt}\right)^2+\left(\frac{dy}{dt}\right)^2+\left(\frac{dz}{dt}\right)^2}\,dt \tag{6.3}$$

と表せます．なお，$f(x,y,z)=1$ のときは，定義式より，点 P から点 Q までの曲線 C の長さになります．

線積分の定義から，以下の各式が成り立ちます．

$$\begin{aligned}&\int_C f ds = -\int_{-C} f ds\\&\int_{\mathrm{P}}^{\mathrm{Q}} f ds = \int_{\mathrm{P}}^{\mathrm{A}} f ds + \int_{\mathrm{A}}^{\mathrm{Q}} f ds\\&\left|\int_C f ds\right| \le \int_C |f||ds|\end{aligned} \tag{6.4}$$

ただし，$-C$ は C を逆向きにたどる積分路とします．また点 A は点 P と点 Q を結ぶ曲線上にあるとします．これらは，極限をとる前の式で考えれば明らかです．たとえば，最後の式は極限をとる前では

$$\left|\sum_{i=1}^{n} f(x_i, y_i, z_i)\Delta s_i\right| \le \sum_{i=1}^{n} |f(x_i, y_i, z_i)||\Delta s_i|$$

を意味しています†．

次にベクトル関数の線積分を考えます．このとき，いろいろな線積分が考えられますが，応用上重要なものにベクトル関数と曲線 C の接線単位ベクトルとの内積をとって，結果として得られるスカラー関数に，上と同様な積分を行うというものがあります．ベクトル関数を

$$\boldsymbol{A}(x, y, z) = A_x(x, y, z)\boldsymbol{i} + A_y(x, y, z)\boldsymbol{j} + A_z(x, y, z)\boldsymbol{k}$$

と記せば，接線単位ベクトルは

$$\boldsymbol{t} = \frac{d\boldsymbol{r}}{ds} = \frac{dx}{ds}\boldsymbol{i} + \frac{dy}{ds}\boldsymbol{j} + \frac{dz}{ds}\boldsymbol{k} \tag{6.5}$$

であるため，$\boldsymbol{A}$ と $\boldsymbol{t}$ の内積（$\boldsymbol{A}$ の $\boldsymbol{t}$ 方向成分）を A_t と記せば

$$\begin{aligned}A_t &= \boldsymbol{A}\cdot\boldsymbol{t}\\&= A_x\frac{dx}{ds} + A_y\frac{dy}{ds} + A_z\frac{dz}{ds}\end{aligned} \tag{6.6}$$

となります．したがって，

---

† 2 項の場合は $|a+b| \le |a| + |b|$ の形になりますが，これを n 項の場合に一般化したものです．

$$I = \int_C \boldsymbol{A} \cdot \boldsymbol{t} ds \left(= \int_C A_t ds \right)$$
$$= \int_C \left(A_x \frac{dx}{ds} + A_y \frac{dy}{ds} + A_z \frac{dz}{ds} \right) ds$$
$$= \int_C (A_x dx + A_y dy + A_z dz) \tag{6.7}$$

となります．

例題 6.1 曲線 C が $\boldsymbol{r} = t\boldsymbol{i} + t^2\boldsymbol{j} + t^3\boldsymbol{k}$ $(0 \leq t \leq 1)$ であるとき，$\boldsymbol{A} = (3x^2+6y)\boldsymbol{i} - 14yz\boldsymbol{j} + 20xz^2\boldsymbol{k}$ に対して，次の線積分を計算しなさい．

$$\int_C \boldsymbol{A} \cdot d\boldsymbol{r}$$

【解】 C に沿って，

$$\int_C \boldsymbol{A} \cdot d\boldsymbol{r} = \int_C (A_x dx + A_y dy + A_z dz)$$
$$= \int_C \left\{ (3x^2 + 6y)dx + (-14yz)dy + 20xz^2 dz \right\}$$

であるので，$x = t, y = t^2, z = t^3, dx = dt, dy = 2tdt, dz = 3t^2 dt$ を代入して

$$\int_C \boldsymbol{A} \cdot d\boldsymbol{r} = \int_0^1 (9t^2 - 28t^6 + 60t^9)dt = \left[3t^3 - 4t^7 + 6t^{10} \right]_0^1 = 5$$ □

例題 6.2 任意の閉曲線 C に沿って

$$\oint_C \boldsymbol{F} \cdot d\boldsymbol{r} = 0$$

が成り立てば $\boldsymbol{F} = \nabla f$ と書けることを示しなさい†.

【解】 図 6.2 に示すように閉曲線 C 上の異なった 2 点を A と B とすれば，閉曲線 C は 2 つの部分 C_1 と C_2 に分けることができます．このとき

$$0 = \oint_C \boldsymbol{F} \cdot d\boldsymbol{r} = \int_{C_1} \boldsymbol{F} \cdot d\boldsymbol{r} + \int_{C_2} \boldsymbol{F} \cdot d\boldsymbol{r}$$
$$= \int_{C_1} \boldsymbol{F} \cdot d\boldsymbol{r} - \int_{C_3} \boldsymbol{F} \cdot d\boldsymbol{r}$$

† 線積分で，特に閉曲線に沿って行う場合にはわかりやすくするため $\int_C$ を $\oint_C$ と記すことがあります．

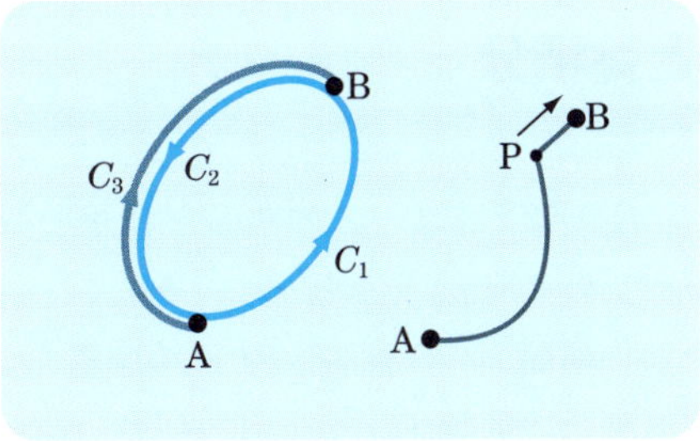

図 6.2

となります．ただし，C_3 は C_2 を逆にたどる曲線です．したがって

$$\int_{C_1} \boldsymbol{F} \cdot d\boldsymbol{r} = \int_{C_3} \boldsymbol{F} \cdot d\boldsymbol{r}$$

となるため，この線積分は点 A と点 B の位置だけで決まり，経路によらないことになります．そこで

$$f(\mathrm{B}) \left(= \int_{C_1} \boldsymbol{F} \cdot d\boldsymbol{r} \right) = \int_{\mathrm{A}}^{\mathrm{B}} \boldsymbol{F} \cdot d\boldsymbol{r}$$

と記すことにします．いま点 A と点 P（点 B の近くの点）を曲線で結び，点 B と点 P を直線で結んだ場合，点 B と点 P における関数値の差は

$$\Delta f = f(\mathrm{B}) - f(\mathrm{P}) = \int_{\mathrm{A}}^{\mathrm{B}} \boldsymbol{F} \cdot d\boldsymbol{r} - \int_{\mathrm{A}}^{\mathrm{P}} \boldsymbol{F} \cdot d\boldsymbol{r} = \int_{\mathrm{P}}^{\mathrm{B}} \boldsymbol{F} \cdot d\boldsymbol{r} \sim F_s \Delta s$$

となります．ただし，Δs は点 P, B を結ぶ線分の長さ，F_s は $\boldsymbol{F}$ の $d\boldsymbol{r}$ 方向の成分です．この式から点 P が点 B に近づいた極限で

$$F_s = \frac{df}{ds} \tag{6.8}$$

が得られます．すなわち，$\boldsymbol{F}$ の線分 $\overrightarrow{\mathrm{PB}}$ 方向の成分は，f のベクトル $\overrightarrow{\mathrm{PB}}$ 方向の方向微分になります．特に $\overrightarrow{\mathrm{PB}}$ の方向として，x 方向，y 方向，z 方向をとれば，上式は

$$F_x = \frac{\partial f}{\partial x}, \quad F_y = \frac{\partial f}{\partial y}, \quad F_z = \frac{\partial f}{\partial z}$$

すなわち

$$\boldsymbol{F} = \nabla f$$

と書くことができます． □

問 6.1 例題 6.1 において曲線 C を $\boldsymbol{r} = t^3\boldsymbol{i} + t^2\boldsymbol{j} + t\boldsymbol{k}$ と変化させたときの積分値を求めなさい．

6.2 面積分と体積分

面積分 空間内に曲面 S を考えます．この曲面を n 個の微小な領域に分割し，それぞれの領域に番号 $(1, 2, \cdots, n)$ をふります．そして，i 番目の微小曲面の面積を ΔS_i とし，またこの曲面上の任意の 1 点 P の座標を (x_i, y_i, z_i) とします（図 6.3）．このとき，3 変数の関数 $f(x, y, z)$ に対して，次の積和を計算してみます．

$$\sum_{i=1}^{n} f(x_i, y_i, z_i)\Delta S_i$$

各微小領域の面積が $n \to \infty$ のときすべて 0 になるような分割をとって，上式が $n \to \infty$ のとき一定値に収束する場合に，この収束値を関数 f の**面積分**とよび，次の記号で表します．

$$\iint_S f(x, y, z)dS = \lim_{n\to\infty} \sum_{i=1}^{n} f(x_i, y_i, z_i)\Delta S_i \tag{6.9}$$

空間上の曲面は 2 つのパラメータ u, v で指定され，

$$\boldsymbol{r}(u, v) = x(u, v)\boldsymbol{i} + y(u, v)\boldsymbol{j} + z(u, v)\boldsymbol{k} \tag{6.10}$$

となります．このとき，図 6.4 に示すように，微小面の面積は

$$\begin{aligned}\Delta S_i &= \left|\Big(\boldsymbol{r}(u_i + \Delta u_i, v_i) - \boldsymbol{r}(u_i, v_i)\Big) \times \Big(\boldsymbol{r}(u_i, v_i + \Delta v_i) - \boldsymbol{r}(u_i, v_i)\Big)\right| \\ &\sim \left|\frac{\partial \boldsymbol{r}}{\partial u} \times \frac{\partial \boldsymbol{r}}{\partial v}\right| \Delta u_i \Delta v_i \end{aligned} \tag{6.11}$$

となりますが，このことは面積分が

$$\iint_S f(x, y, z)dS = \iint_D f(x(u, v), y(u, v), z(u, v)) \left|\frac{\partial \boldsymbol{r}}{\partial u} \times \frac{\partial \boldsymbol{r}}{\partial v}\right| dudv \tag{6.12}$$

と表せることを意味しています．ただし，D は曲面 S に対応して u, v のつくる領域です．

なお，面積分で特に $f = 1$ の場合は，定義から積分値は曲面の面積を表します．

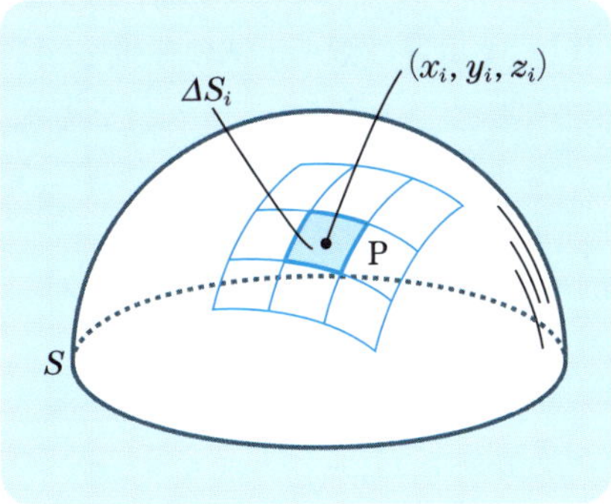

図 6.3

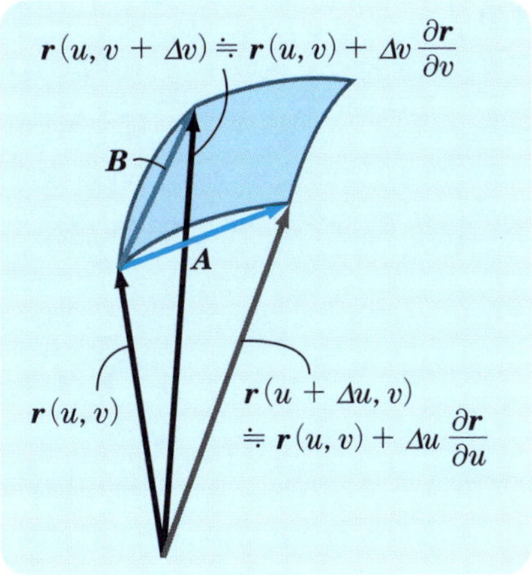

図 6.4

線積分と同様にベクトル関数

$$\boldsymbol{A}(x, y, z)=A_x(x, y, z)\boldsymbol{i}+A_y(x, y, z)\boldsymbol{j}+A_z(x, y, z)\boldsymbol{k}$$

に対して，いろいろな面積分が考えられます．その中でよく使われるものに，ベクトル関数 $\boldsymbol{A}$ と曲面 S の外向き単位法線ベクトル $\boldsymbol{n}$ のスカラー積を計算して，スカラー関数にして，上で述べた面積分を行うものがあります．すなわち，

$$\iint_S \boldsymbol{A}\cdot\boldsymbol{n}dS=\iint_S \boldsymbol{A}\cdot d\boldsymbol{S} \tag{6.13}$$

とします．これをふつうベクトル関数の面積分といいます．ただし

$$d\boldsymbol{S}=\boldsymbol{n}dS$$

は 4.3 節でも述べたベクトル面積素とよばれ，大きさが dS で向きが外向き法線ベクトル $\boldsymbol{n}$ と一致するようなベクトルとして定義されます．このベクトル面積素は曲面がパラメータ u, v で表されているとき

$$d\boldsymbol{S}=\frac{\partial \boldsymbol{r}}{\partial u}\times\frac{\partial \boldsymbol{r}}{\partial v}dudv \tag{6.14}$$

となります．

体積分 スカラー関数の体積分も面積分と同様に定義できます．すなわち，空間内に体積を持った領域 V と V 内で定義された 3 変数のスカラー関数 $f(x,y,z)$ があったとき，領域 V における関数 f の**体積分**は以下のように定義されます．

まず領域 V を微小な n 個の領域に分割し，i 番目の微小領域の体積を ΔV_i とします（図 **6.5**）．そしてその微小領域内の任意の 1 点を (x_i, y_i, z_i) として，積和

$$\sum_{i=1}^{n} f(x_i, y_i, z_i)\Delta V_i$$

を計算します．いま，$n \to \infty$ の場合に，すべての微小領域の体積が 0 になるような分割を行ったとき，上式の極限値が分割の仕方によらず一定値に収束するならば，その値を関数 f の領域 V での体積分とよび，次式で表します．

$$\iiint_V f(x,y,z)dV = \lim_{n\to\infty}\sum_{i=1}^{n} f(x_i, y_i, z_i)\Delta V_i \tag{6.15}$$

特に，微小領域として，辺の長さが Δx_i, Δy_i, Δz_i の直方体をとれば，

$$\Delta V_i = \Delta x_i \Delta y_i \Delta z_i$$

であるので，体積分は

$$\iiint_V f(x,y,z)dV = \iiint_V f(x,y,z)dxdydz \tag{6.16}$$

と書けます．

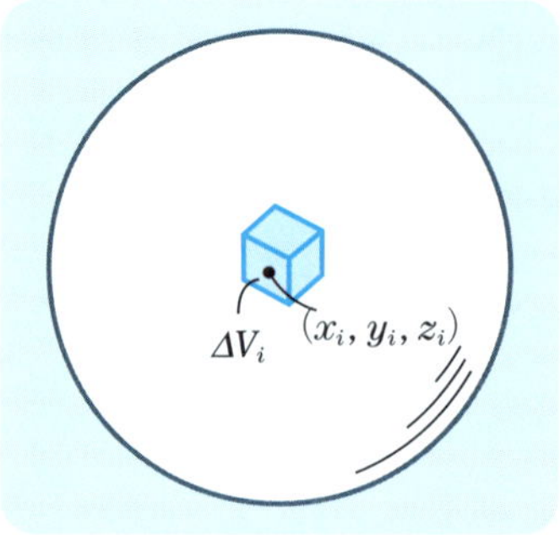

図 **6.5**

例題 6.3　$\boldsymbol{r} = (u\cos v, u\sin v, u^2)$ $(0 \leq u \leq 1, 0 \leq v \leq 2\pi)$ で表される曲面の面積を面積分を用いて計算しなさい．

【解】

$$\frac{\partial \boldsymbol{r}}{\partial u} \times \frac{\partial \boldsymbol{r}}{\partial v} = 2u^2 \cos v\boldsymbol{i} + 2u^2 \sin v\boldsymbol{j} - u\boldsymbol{k}$$

より

$$\left|\frac{\partial \boldsymbol{r}}{\partial u} \times \frac{\partial \boldsymbol{r}}{\partial v}\right| = u\sqrt{1+4u^2}$$

したがって

$$\begin{aligned} S &= \int_0^{2\pi}\int_0^1 \left|\frac{\partial \boldsymbol{r}}{\partial u} \times \frac{\partial \boldsymbol{r}}{\partial v}\right| dudv \\ &= \int_0^{2\pi} dv \int_0^1 u\sqrt{1+4u^2}du \\ &= \frac{\pi}{6}\left(5\sqrt{5}-1\right) \end{aligned}$$

□

例題 6.4　原点を中心とし，任意の半径をもつ球面を S とします．球面上の点の位置ベクトルを $\boldsymbol{r}$ とすれば次式が成り立つことを示しなさい．

$$\iint_S \frac{\boldsymbol{r}}{|\boldsymbol{r}|^3} \cdot d\boldsymbol{S} = 4\pi$$

【解】　球の半径を a，球面の単位法線ベクトルを $\boldsymbol{n}$ とすれば，

$$\boldsymbol{r} = a\boldsymbol{n}, \quad |\boldsymbol{r}| = a$$

となります．したがって，

$$\begin{aligned} \iint_S \frac{\boldsymbol{r}}{|\boldsymbol{r}|^3} \cdot d\boldsymbol{S} &= \iint_S \frac{a\boldsymbol{n}}{a^3} \cdot \boldsymbol{n}dS \\ &= \frac{1}{a^2}\iint_S dS = \frac{4\pi a^2}{a^2} = 4\pi \end{aligned}$$

□

問 6.2　$\boldsymbol{r} = (u, v, 2u+3v)$ $(0 \leq u \leq 1, 0 \leq v \leq 2)$ で表される曲面の面積を面積分を用いて計算しなさい．

6.3 積 分 定 理

本節では前節までに定義した線積分，面積分，体積分の間に成り立つ関係を調べます．わかりやすくするため証明は直観的におこなっています．厳密な証明については付録 A を参照してください．

ストークスの定理 線積分と面積分の間には**ストークスの定理**とよばれる次の関係が成り立ちます．

$$\oint_C \boldsymbol{A}\cdot d\boldsymbol{r} = \iint_S \nabla\times\boldsymbol{A}\cdot\boldsymbol{n}dS \tag{6.17}$$

ただし，図 6.6 に示すように面積分を考える領域を S，その周囲を C（向きは図のようにとります)，面 S の外向き単位法線ベクトルを $\boldsymbol{n}$ としています．

この定理は以下のようにして直観的に示すことができます．まず，図 6.7 に示すように曲面 S を微小な網目に分割します．網目が十分小さければ各網目は平面とみなせます．さらに，この網目を微小な長方形に分割します．そして，図 6.8 に示すように微小長方形の辺が x 軸と y 軸に平行になるように座標系を選びます．このとき長方形の 4 辺に沿って $\boldsymbol{A}\cdot d\boldsymbol{r}$ を計算すると

$$\sum_C \boldsymbol{A}\cdot d\boldsymbol{r} = (\nabla\times\boldsymbol{A})_z\Delta S \tag{6.18}$$

が成り立ちます．なぜなら

$$\boldsymbol{A} = A_x\boldsymbol{i} + A_y\boldsymbol{j} + A_z\boldsymbol{k}$$

と記すことにし，$\boldsymbol{A}$ の値を辺の中央にとれば，周の方向を考慮して

$$\text{AB 上で}\quad d\boldsymbol{r} = -\boldsymbol{j}\Delta y \quad\text{より}\quad \boldsymbol{A}\cdot d\boldsymbol{r} = -A_y\left(x-\frac{\Delta x}{2}, y\right)\Delta y$$

$$\text{BC 上で}\quad d\boldsymbol{r} = \boldsymbol{i}\Delta x \quad\text{より}\quad \boldsymbol{A}\cdot d\boldsymbol{r} = A_x\left(x, y-\frac{\Delta y}{2}\right)\Delta x$$

$$\text{CD 上で}\quad d\boldsymbol{r} = \boldsymbol{j}\Delta y \quad\text{より}\quad \boldsymbol{A}\cdot d\boldsymbol{r} = A_y\left(x+\frac{\Delta x}{2}, y\right)\Delta y$$

$$\text{DA 上で}\quad d\boldsymbol{r} = -\boldsymbol{i}\Delta x \quad\text{より}\quad \boldsymbol{A}\cdot d\boldsymbol{r} = -A_x\left(x, y+\frac{\Delta y}{2}\right)\Delta x$$

となるため，

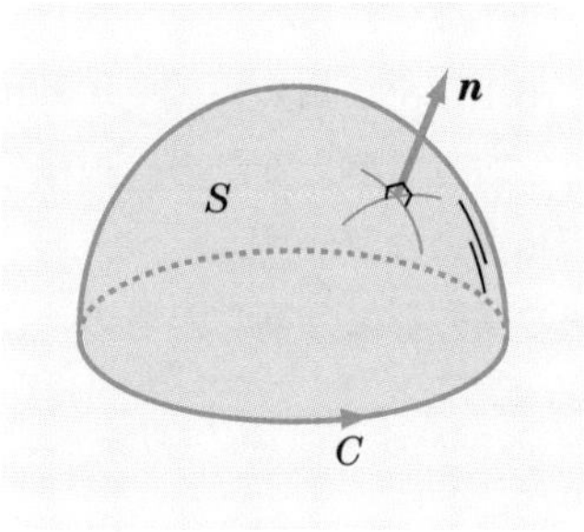

図 6.6

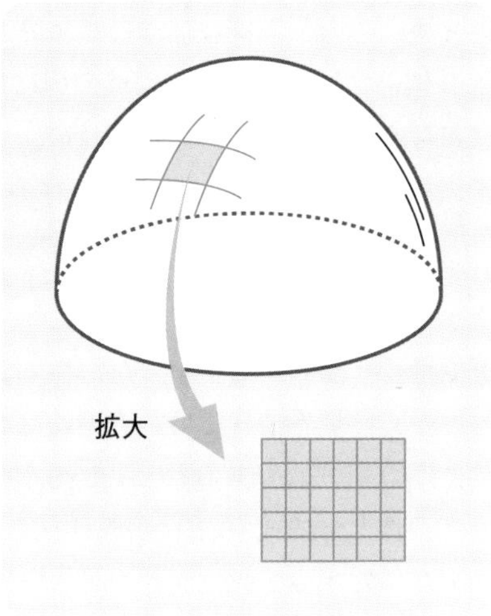

図 6.7

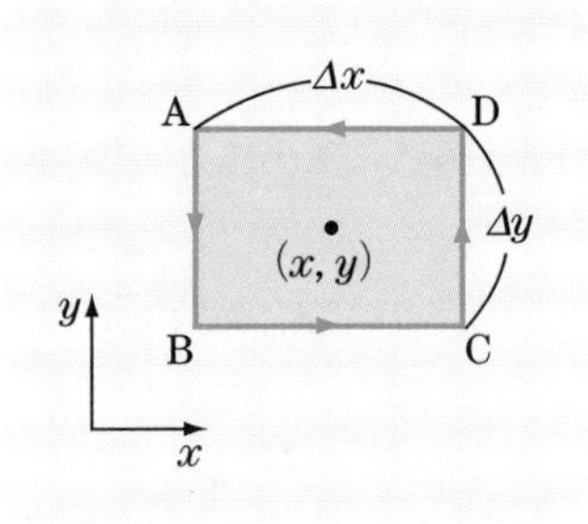

図 6.8

$$\begin{aligned}\sum_C \boldsymbol{A}\cdot d\boldsymbol{r} &= -\,A_y\left(x-\frac{\Delta x}{2},y\right)\Delta y + A_x\left(x,y-\frac{\Delta y}{2}\right)\Delta x \\ &\quad + A_y\left(x+\frac{\Delta x}{2},y\right)\Delta y - A_x\left(x,y+\frac{\Delta y}{2}\right)\Delta x \\ &= \left(A_y+\frac{\Delta x}{2}\frac{\partial A_y}{\partial x}+\cdots - A_y+\frac{\Delta x}{2}\frac{\partial A_y}{\partial x}-\cdots\right)\Delta y \\ &\quad -\left(A_x+\frac{\Delta y}{2}\frac{\partial A_x}{\partial y}+\cdots - A_x+\frac{\Delta y}{2}\frac{\partial A_x}{\partial y}-\cdots\right)\Delta x \\ &= \left(\frac{\partial A_y}{\partial x}-\frac{\partial A_x}{\partial x}\right)\Delta x\Delta y = (\nabla\times\boldsymbol{A})_z\Delta S\end{aligned}$$

となるからです．ただし，$(\Delta x)^2$, $(\Delta y)^2$ 以上の項は高次の微小量として省略しています．また左辺の線積分は xy 面内の積分（スカラー）であるため，右辺もベクトルの 1 つの成分になっています．なお，あとの例題 6.5 で示すように式 (6.18) は長方形でなくても，三角形領域でも成り立ちます．

微小な領域でストークスの定理が成り立つことが分かりましたが，図 6.9 に示すように微小領域を 2 個つなげる場合には，式 (6.18) を 2 個の領域で作り和をとります．このとき接合部では線積分は打ち消しあって消えるため，線積分の項は 2 個の領域を合わせた領域の周に対する線積分になります．

同様に考えると平面と考えた網目の 1 つ（n 個の長方形に分割したもの）に対して，各長方形に対する関係 (6.18) を足し合わせると

$$\oint_C \boldsymbol{A} \cdot d\boldsymbol{r} = \iint_S (\nabla \times \boldsymbol{A})_z dS = \iint (\nabla \times \boldsymbol{A}) \cdot \boldsymbol{k} dS \tag{6.19}$$

が成り立つことがわかります．ただし，網目の境界は x 軸あるいは y 軸に平行ではないため，境界部分では長方形にはならず三角形で近似されますが，例題 6.5 で示すように三角形領域でも式 (6.18) は成り立つので，そのような領域を合わせて全体として式 (6.19) が成り立ちます．

ベクトルに対する公式は座標系によらないので，式 (6.19) は平面が xy 座標面と一致しない場合には

$$\oint_C \boldsymbol{A} \cdot d\boldsymbol{r} = \iint_S \nabla \times \boldsymbol{A} \cdot \boldsymbol{n} dS \tag{6.20}$$

と書けるはずです．最後にこの式をすべての網目に対して加え合わせれば，上に述べたことと同じく重なっている線積分の部分は打ち消し合うためストークスの定理 (6.17) が得られます．

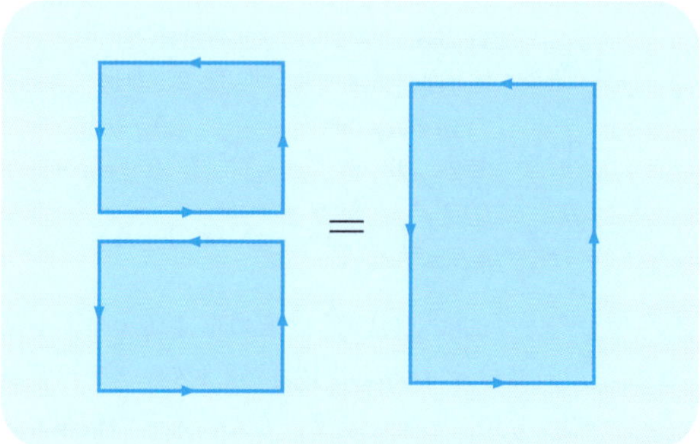

図 6.9

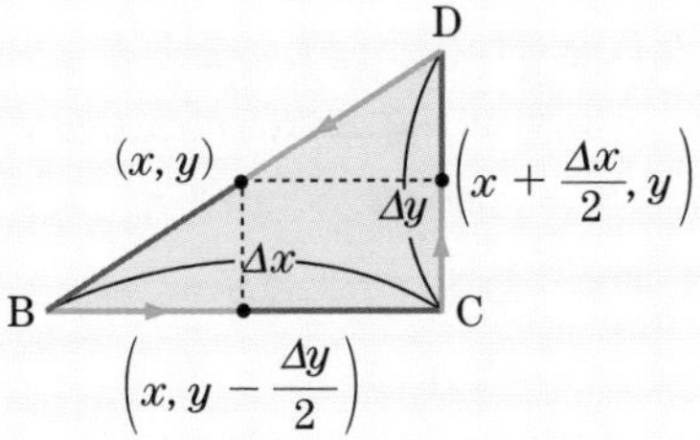

図 6.10

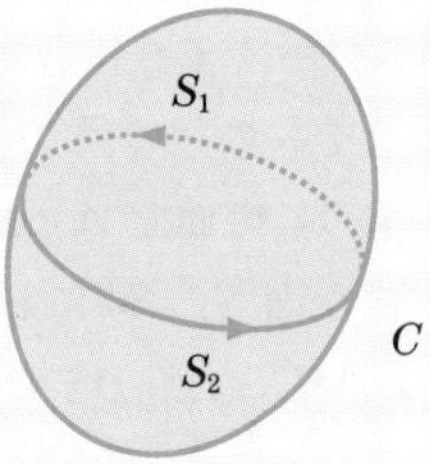

図 6.11

例題 6.5 図 6.10 に示す領域で式 (6.18) が成り立つことを示しなさい．

【解】 p.90 と同様に BC 上で $\boldsymbol{A}\cdot d\boldsymbol{r} = A_x(x, y-\Delta y/2)\Delta x$, CD 上で $\boldsymbol{A}\cdot d\boldsymbol{r} = A_y(x+\Delta x/2, y)\Delta y$ です．また DB 上では

$$d\boldsymbol{r} = -\boldsymbol{i}\Delta x - \boldsymbol{j}\Delta y \quad \text{より} \quad \boldsymbol{A}\cdot d\boldsymbol{r} = -A_x(x,y)\Delta x - A_y(x,y)\Delta y$$

です．したがって

$$\begin{aligned}\sum_C \boldsymbol{A}\cdot d\boldsymbol{r} &= A_x\left(x, y-\frac{\Delta y}{2}\right)\Delta x + A_y\left(x+\frac{\Delta x}{2}, y\right)\Delta y \\ &\quad - A_x(x,y)\Delta x - A_y(x,y)\Delta y \\ &= \left(\frac{\partial A_y}{\partial x} - \frac{\partial A_x}{\partial y}\right)\frac{1}{2}\Delta x\Delta y = (\nabla\times\boldsymbol{A})_z\Delta S\end{aligned}$$

となります．ただし，ΔS は三角形の面積です． □

例題 6.6 任意の閉曲面 S について次式が成り立つことを示しなさい．

$$\iint_S (\nabla\times\boldsymbol{A})\cdot\boldsymbol{n}dS = 0$$

【解】 S を閉曲線 C によって 2 つの部分 S_1, S_2 に分割します（図 6.11）．このとき S_1 の境界を C とすれば，S_2 の境界は $-C$ となります．このことを用いれば

$$\begin{aligned}\iint_S (\nabla\times\boldsymbol{A})\cdot\boldsymbol{n}dS &= \iint_{S_1} (\nabla\times\boldsymbol{A})\cdot\boldsymbol{n}dS + \iint_{S_2} (\nabla\times\boldsymbol{A})\cdot\boldsymbol{n}dS \\ &= \oint_C \boldsymbol{A}\cdot d\boldsymbol{r} + \oint_{-C} \boldsymbol{A}\cdot d\boldsymbol{r} \\ &= \oint_C \boldsymbol{A}\cdot d\boldsymbol{r} - \oint_C \boldsymbol{A}\cdot d\boldsymbol{r} = 0\end{aligned}$$

□

ガウスの定理 次に面積分と体積分の間に成り立つ関係について調べてみます．図 6.12 に示すように各座標軸に平行な辺をもつ微小直方体を考えます．ただし，それぞれの辺の長さを $\Delta x, \Delta y, \Delta z$ とします．直方体は 6 つの面をもちますが，すべての面で $\boldsymbol{A}\cdot\boldsymbol{\Delta S}$ を計算して足し合わせます．このとき，たとえば x 軸に垂直な面 S_1, S_2 において和を考えます．面 S_1 では $\boldsymbol{\Delta S} = -\boldsymbol{i}\Delta y \Delta z$，面 S_2 では $\boldsymbol{\Delta S} = \boldsymbol{i}\Delta y \Delta z$ であるため，

$$\boldsymbol{A} = A_x\boldsymbol{i} + A_y\boldsymbol{j} + A_z\boldsymbol{k}$$

とおけば，

$$(\boldsymbol{A}\cdot\Delta\boldsymbol{S})_2 + (\boldsymbol{A}\cdot\Delta\boldsymbol{S})_1 = A_x\left(x+\frac{\Delta x}{2}, y, z\right)\Delta y\Delta z - A_x\left(x-\frac{\Delta x}{2}, y, z\right)\Delta y\Delta z$$

$$= \left\{A_x + \frac{\Delta x}{2}\frac{\partial A_x}{\partial x} + \left(\frac{\Delta x}{2}\right)^2\frac{\partial^2 A_x}{\partial x^2} + \cdots \right.$$
$$\left. -A_x + \frac{\Delta x}{2}\frac{\partial A_x}{\partial x} - \left(\frac{\Delta x}{2}\right)^2\frac{\partial^2 A_x}{\partial x^2} + \cdots \right\}\Delta y\Delta z = \frac{\partial A_x}{\partial x}\Delta x\Delta y\Delta z$$

となります．ただし，$(\Delta x)^2$ 以上の高次の微小量は省略しています．他の面も同様に考えれば

$$\begin{aligned}\sum \boldsymbol{A}\cdot\Delta\boldsymbol{S} &= \left(\frac{\partial A_x}{\partial x} + \frac{\partial A_y}{\partial y} + \frac{\partial A_z}{\partial z}\right)\Delta x\Delta y\Delta z \\ &= (\nabla\cdot\boldsymbol{A})\Delta V \end{aligned} \tag{6.21}$$

となります．

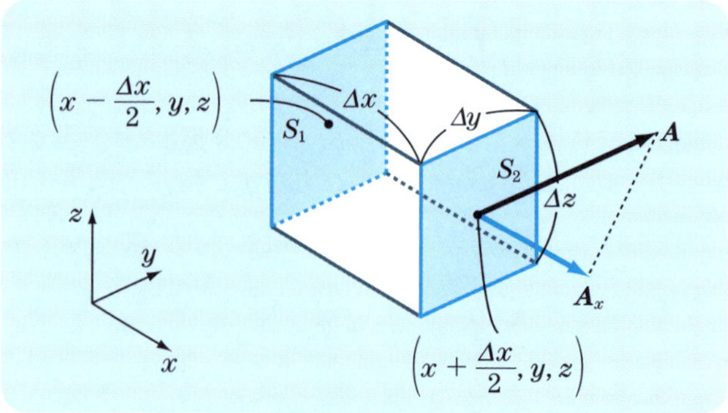

図 6.12

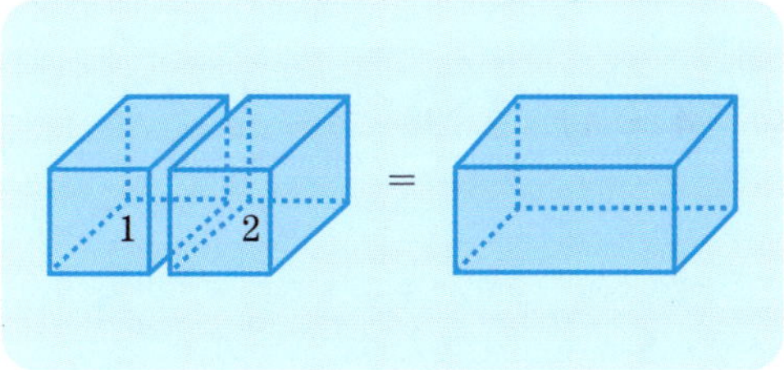

図 6.13

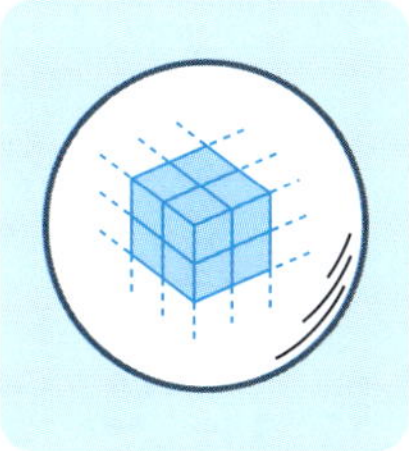

図 6.14

次に 図6.13 に示すように直方体を 2 つ並べて接合したとします．それぞれの直方体で式 (6.21) が成り立つため

$$\left(\sum \boldsymbol{A}\cdot\Delta\boldsymbol{S}\right)_1+\left(\sum \boldsymbol{A}\cdot\Delta\boldsymbol{S}\right)_2=(\nabla\cdot\boldsymbol{A})\Delta V_1+(\nabla\cdot\boldsymbol{A})\Delta V_2 \tag{6.22}$$

という式が得られますが[†]，左辺の総和のなかで接触した面では $\boldsymbol{A}\cdot\Delta\boldsymbol{S}$ は打消しあうため，左辺は接合した直方体の表面部分に対する総和になります．このことは直方体の数が増えても同じで，n 個の微小直方体によってできた領域に対して

$$\sum \boldsymbol{A}\cdot\Delta\boldsymbol{S}=\sum_{i=1}^{n}\nabla\cdot\boldsymbol{A}\Delta V_n \tag{6.23}$$

が成り立ちます（図6.14）．ただし，左辺の総和は表面部分だけを計算します（内部のものは互いに打ち消しあいます）．なお，曲面で囲まれた領域は直方体だけで近似すると（ストークスの定理のところでも述べましたが）表面に凹凸ができます．ここでは紙面の関係で証明はしませんが，式 (6.21) は領域形状が三角柱や四面体のときでも成り立つことを示すことができます．このことは例題6.5 からもある程度類推できます．したがって，総和をとるとき，こういった形状の和も含めれば，任意の形状の領域で式 (6.23) が成り立ちます．式 (6.23) は $n\to\infty$ の極限で

$$\oiint_S \boldsymbol{A}\cdot d\boldsymbol{S}=\oiint_S \boldsymbol{A}\cdot\boldsymbol{n}dS=\iiint_V \nabla\cdot\boldsymbol{A}dV \tag{6.24}$$

となります[††]．これを**ガウスの定理**といいます．

† 添字 1, 2 は領域の番号です．

†† 閉曲面 S 上の面積分を $\oiint_S$ と記しています．

ガウスの定理において，特に

$$\boldsymbol{A} = A\boldsymbol{i} \quad \text{または} \quad \boldsymbol{A} = A\boldsymbol{j} \quad \text{または} \quad \boldsymbol{A} = A\boldsymbol{k}$$

とおけば，それぞれ

$$\nabla \cdot \boldsymbol{A} = \frac{\partial A}{\partial x} \quad \text{または} \quad \nabla \cdot \boldsymbol{A} = \frac{\partial A}{\partial y} \quad \text{または} \quad \nabla \cdot \boldsymbol{A} = \frac{\partial A}{\partial z}$$

となるため，

$$\boldsymbol{n} = n_x\boldsymbol{i} + n_y\boldsymbol{j} + n_z\boldsymbol{k}$$

と記すことにして

$$\begin{aligned} \iiint_V \frac{\partial A}{\partial x} dV &= \oiint_S An_x dS \\ \iiint_V \frac{\partial A}{\partial y} dV &= \oiint_S An_y dS \\ \iiint_V \frac{\partial A}{\partial z} dV &= \oiint_S An_z dS \end{aligned} \tag{6.25}$$

が成り立つことがわかります．

例題 6.7 任意の閉曲面 S について次式が成り立つことを示しなさい．

$$\iiint_V \frac{1}{r^2} dV = \oiint_S \frac{\boldsymbol{r} \cdot \boldsymbol{n}}{r^2} dS \quad (\boldsymbol{r} = x\boldsymbol{i} + y\boldsymbol{j} + z\boldsymbol{k})$$

ただし，V は S を境界としてもつ領域とします．

【解】

$$\begin{aligned} \nabla \cdot \left(\frac{\boldsymbol{r}}{r^2}\right) &= \left(\nabla \frac{1}{r^2}\right) \cdot \boldsymbol{r} + \frac{1}{r^2} \nabla \cdot \boldsymbol{r} \\ &= -\frac{2}{r^4} \boldsymbol{r} \cdot \boldsymbol{r} + \frac{3}{r^2} = \frac{1}{r^2} \end{aligned}$$

であるため

$$\begin{aligned} \iiint_V \frac{1}{r^2} dV &= \iiint_V \left(\nabla \cdot \frac{\boldsymbol{r}}{r^2}\right) dV \\ &= \oiint_S \frac{\boldsymbol{r}}{r^2} \cdot \boldsymbol{n} dS \end{aligned}$$

□

例題 6.8 領域 V の境界面を S とし，S の外向き法線方向の方向微分を $\partial/\partial n$ を $\boldsymbol{n}$ とします．このとき次の各式が成り立つことを示しなさい（**グリーンの公式**）．

(1) $\displaystyle \oiint_S u\frac{\partial v}{\partial n}dS = \iiint_V \left\{u\nabla^2 v + (\nabla u)\cdot(\nabla v)\right\}dV$

(2) $\displaystyle \oiint_S \left(u\frac{\partial v}{\partial n} - v\frac{\partial u}{\partial n}\right)dS = \iiint_V \left\{u\nabla^2 v - v\nabla^2 u\right\}dV$

【解】 (1) 5.5 節の公式 (7) で

$$f = u, \quad \boldsymbol{A} = \nabla v$$

とすれば

$$\nabla\cdot(u\nabla v) = u\nabla^2 v + (\nabla u)\cdot(\nabla v)$$

が成り立つため，ガウスの定理から

$$\begin{aligned}\oiint_S u\frac{\partial v}{\partial n}dS &= \oiint_S (u\nabla v)\cdot\boldsymbol{n}dS \\ &= \iiint_V \nabla\cdot(u\nabla v)dV \\ &= \iiint_V \Big(u\nabla^2 v + (\nabla u)\cdot(\nabla v)\Big)dV\end{aligned}$$

(2) 上式および上式で u と v を入れ替えた式

$$\oiint_S v\frac{\partial u}{\partial n}dS = \iiint_V \Big(v\nabla^2 u + (\nabla v)\cdot(\nabla u)\Big)dV$$

の差をとれば

$$\oiint_S \left(u\frac{\partial v}{\partial n} - v\frac{\partial u}{\partial n}\right)dS = \iiint_V (u\nabla^2 v - v\nabla^2 u)dV$$

となります． □

第6章の演習問題

1 $\boldsymbol{A} = (3x+6y)\boldsymbol{i} - 12yz\boldsymbol{j} + 8xz\boldsymbol{k}$ のとき

$$\int_C \boldsymbol{A} \cdot d\boldsymbol{r}$$

を計算しなさい．ただし，曲線 C はパラメータ t を用いて

$$\boldsymbol{r} = t\boldsymbol{i} + t^2\boldsymbol{j} + t^3\boldsymbol{k} \quad (0 \leq t \leq 1)$$

と表されているとします．

2 $\boldsymbol{r} = x\boldsymbol{i} + y\boldsymbol{j} + z\boldsymbol{k}$ のとき任意の閉曲線 C に対し，次式を証明しなさい．

$$\oint_C \boldsymbol{r} \cdot d\boldsymbol{r} = 0$$

3 原点中心で半径 a の球面を S とし，S 上の位置ベクトルを $\boldsymbol{r}$ $(r = |\boldsymbol{r}|)$ としたとき次式を証明しなさい．

$$\oiint_S \frac{\boldsymbol{r}}{r} \cdot d\boldsymbol{S} = 4\pi a^2$$

4 閉じた領域 D（表面を S とする）の体積 V は次式で与えられることを示しなさい．

$$V = \frac{1}{3}\oiint_S \boldsymbol{r} \cdot d\boldsymbol{S}$$

5 任意の閉曲面 S に対して $\boldsymbol{r} = x\boldsymbol{i} + y\boldsymbol{j} + z\boldsymbol{k}$ としたとき，次式が成り立つことを証明しなさい．

$$\iiint_V \frac{1}{r^2} dV = \oiint_S \frac{\boldsymbol{r} \cdot \boldsymbol{n}}{r^2} dS$$

6 回転放物面 $z = x^2 + y^2$ の $z \leq 1$ の部分を S としたとき，

$$\boldsymbol{A} = (y-z)\boldsymbol{i} + (z-x)\boldsymbol{j} + (x-y)\boldsymbol{k}$$

に対して

$$\iint_S (\nabla \times \boldsymbol{A}) \cdot dS$$

を計算しなさい．ただし，$z < x^2 + y^2$ の部分を表（外側）とします．

第7章

直交曲線座標

平面内の点の位置を指定する場合に直角座標だけでなく極座標を用いても指定できます．これと同様に空間内の点は直角座標以外にもいろいろな座標を用いて表示することができます．その中で座標曲線（後述）がお互いに直交しているものを直交曲線座標とよび，偏微分方程式の境界値問題を解く場合など実用上重要になります．本章ではベクトルの応用として直交曲線座標系について述べることにします．

本章の内容

7.1 直交曲線座標と基本ベクトル

本章では，必要に応じて x_1, x_2, x_3 を x, y, z の代わりに使うことにします．いま，3変数の関数 $u_1 = u_1(x_1, x_2, x_3)$ において，$u_1 =$ (一定) とすれば，これは $x_1x_2x_3$ 空間内の1つの曲面を表します．同様に別の関数 $u_2 = u_2(x_1, x_2, x_3)$, $u_3 = u_3(x_1, x_2, x_3)$ において $u_2 =$ (一定), $u_3 =$ (一定) とすれば，これらもそれぞれ $x_1x_2x_3$ 空間内の1つの曲面を表します．このとき，図 7.1 に示すように $u_2 =$ (一定) の曲面と $u_3 =$ (一定) の曲面の交線を u_1 曲線とよぶことにします．同様に $u_3 =$ (一定) の曲面と $u_1 =$ (一定) の曲面の交線を u_2 曲線，$u_1 =$ (一定) の曲面と $u_2 =$ (一定) の曲面の交線を u_3 曲線とよぶことにします．

定義から1本の u_1 曲線上では u_2, u_3 の値は常に同じ値をとりますが，u_1 の値は曲線上で変化します．そしてその u_1 の値を u_1 座標と定義します．u_2, u_3 座標についても同様に定義します．そこで，空間内の1点Pを通る u_1, u_2, u_3 曲線を考えるとその点において，それらは特定の u_1, u_2, u_3 座標をもつことになります．したがって，空間内の点を (u_1, u_2, u_3) で指定することもできます．このような座標を**曲線座標**とよんでいます．このとき，(u_1, u_2, u_3) によって (x, y, z) が決まるため，

$$x = x(u_1, u_2, u_3), \quad y = y(u_1, u_2, u_3), \quad z = z(u_1, u_2, u_3) \tag{7.1}$$

と書けます．

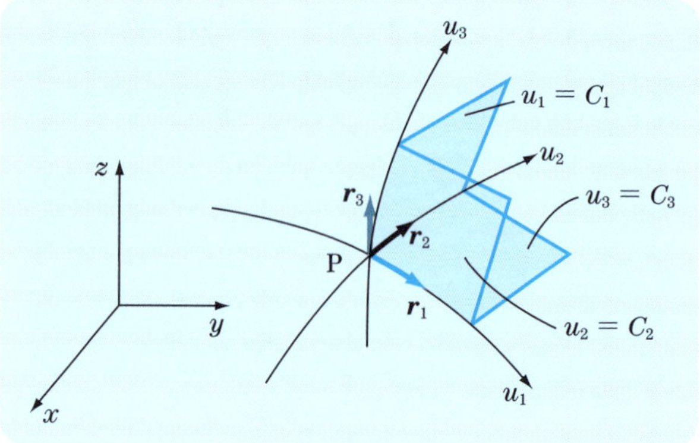

図 7.1

さて，空間内の 1 点の位置ベクトルを

$$\boldsymbol{r} = x(u_1, u_2, u_3)\boldsymbol{i} + y(u_1, u_2, u_3)\boldsymbol{j} + z(u_1, u_2, u_3)\boldsymbol{k} \tag{7.2}$$

とすれば，u_1 曲線の接線ベクトル $\boldsymbol{r}_1$ は

$$\boldsymbol{r}_1 = \frac{\partial \boldsymbol{r}}{\partial u_1} = \frac{\partial x}{\partial u_1}\boldsymbol{i} + \frac{\partial y}{\partial u_1}\boldsymbol{j} + \frac{\partial z}{\partial u_1}\boldsymbol{k} \tag{7.3}$$

となります．同様に，u_2 曲線と u_3 曲線の接線ベクトルは

$$\boldsymbol{r}_2 = \frac{\partial \boldsymbol{r}}{\partial u_2} = \frac{\partial x}{\partial u_2}\boldsymbol{i} + \frac{\partial y}{\partial u_2}\boldsymbol{j} + \frac{\partial z}{\partial u_2}\boldsymbol{k} \tag{7.4}$$

$$\boldsymbol{r}_3 = \frac{\partial \boldsymbol{r}}{\partial u_3} = \frac{\partial x}{\partial u_3}\boldsymbol{i} + \frac{\partial y}{\partial u_3}\boldsymbol{j} + \frac{\partial z}{\partial u_3}\boldsymbol{k} \tag{7.5}$$

となります．

一方，

$$\nabla u_3 = \frac{\partial u_3}{\partial x}\boldsymbol{i} + \frac{\partial u_3}{\partial y}\boldsymbol{j} + \frac{\partial u_3}{\partial z}\boldsymbol{k}$$

は $u_3 = (\text{一定})$ の曲面に垂直なベクトルです (5.2 節参照)．この式と $\boldsymbol{r}_1$ のスカラー積を計算すれば，

$$\begin{aligned}\nabla u_3 \cdot \boldsymbol{r}_1 &= \frac{\partial u_3}{\partial x}\frac{\partial x}{\partial u_1} + \frac{\partial u_3}{\partial y}\frac{\partial y}{\partial u_1} + \frac{\partial u_3}{\partial z}\frac{\partial z}{\partial u_1} \\ &= \frac{\partial u_3}{\partial u_1}\end{aligned}$$

となります．ここで，u_1 と u_3 が独立ならば，$\partial u_3/\partial u_1 = 0$ になるため，$u_3 = (\text{一定})$ の面に対する法線と，u_1 曲線は直交することがわかります．同様に，u_2 と u_3 が独立であれば

$$\nabla u_3 \cdot \boldsymbol{r}_2 = 0$$

となり，$u_3 = (\text{一定})$ の面に対する法線と，u_2 曲線は直交します．同様の議論は $\nabla u_1, \nabla u_2$ に対しても行うことができ，結局，u_1, u_2, u_3 がそれぞれ独立であれば，各座標曲線は直交することがわかります．このように，各座標曲線が直交する座標系のことを**直交曲線座標系**とよび，以下ではもっぱら直交曲線座標系を考えることにします．さらに u_1, u_2, u_3 はこの順に右手系をなすものとします．

u_1, u_2, u_3 曲線に沿う接線単位ベクトルはそれぞれ

$$\boldsymbol{e}_1 = \frac{\boldsymbol{r}_1}{|\boldsymbol{r}_1|}, \quad \boldsymbol{e}_2 = \frac{\boldsymbol{r}_2}{|\boldsymbol{r}_2|}, \quad \boldsymbol{e}_3 = \frac{\boldsymbol{r}_3}{|\boldsymbol{r}_3|} \tag{7.6}$$

となりますが，これらは直交曲線座標系での**基本ベクトル**とよばれています．この基本ベクトルの間には，直角座標の場合と同様に以下の関係が成り立ちます．

$$\begin{aligned} &\boldsymbol{e}_1 \cdot \boldsymbol{e}_2 = \boldsymbol{e}_2 \cdot \boldsymbol{e}_3 = \boldsymbol{e}_3 \cdot \boldsymbol{e}_1 = 0 \\ &\boldsymbol{e}_1 = \boldsymbol{e}_2 \times \boldsymbol{e}_3, \quad \boldsymbol{e}_2 = \boldsymbol{e}_3 \times \boldsymbol{e}_1, \quad \boldsymbol{e}_3 = \boldsymbol{e}_1 \times \boldsymbol{e}_2 \end{aligned} \tag{7.7}$$

さらに，前述のように ∇u_3 は $\boldsymbol{e}_1, \boldsymbol{e}_2$ に垂直であるため，$\boldsymbol{e}_3$ に平行になります．$\boldsymbol{e}_3$ が単位ベクトルであることを考慮すれば，

$$\boldsymbol{e}_3 = \frac{\nabla u_3}{\tilde{h}_3} \quad (\tilde{h}_3 = |\nabla u_3|) \tag{7.8}$$

となります．同様に

$$\boldsymbol{e}_1 = \frac{\nabla u_1}{\tilde{h}_1} \quad (\tilde{h}_1 = |\nabla u_1|) \tag{7.9}$$

$$\boldsymbol{e}_2 = \frac{\nabla u_2}{\tilde{h}_2} \quad (\tilde{h}_2 = |\nabla u_2|) \tag{7.10}$$

です．$i = 1, 2, 3$ として $\tilde{h}_i$ を成分で表せば

$$\tilde{h}_i = \sqrt{\left(\frac{\partial u_i}{\partial x}\right)^2 + \left(\frac{\partial u_i}{\partial y}\right)^2 + \left(\frac{\partial u_i}{\partial z}\right)^2} \tag{7.11}$$

となります．ところで，

$$\begin{aligned} (\nabla u_i) \cdot \boldsymbol{r}_i &= \left(\frac{\partial u_i}{\partial x}\boldsymbol{i} + \frac{\partial u_i}{\partial y}\boldsymbol{j} + \frac{\partial u_i}{\partial z}\boldsymbol{k}\right) \cdot \left(\frac{\partial x}{\partial u_i}\boldsymbol{i} + \frac{\partial y}{\partial u_i}\boldsymbol{j} + \frac{\partial z}{\partial u_i}\boldsymbol{k}\right) \\ &= \frac{\partial u_i}{\partial x}\frac{\partial x}{\partial u_i} + \frac{\partial u_i}{\partial y}\frac{\partial y}{\partial u_i} + \frac{\partial u_i}{\partial z}\frac{\partial z}{\partial u_i} = \frac{\partial u_i}{\partial u_i} = 1 \end{aligned}$$

であり，このことを用いれば式 (7.6), (7.8)〜(7.10) から

$$1 = \boldsymbol{e}_i \cdot \boldsymbol{e}_i = \frac{\nabla u_i}{\tilde{h}_i} \cdot \frac{\boldsymbol{r}_i}{|\boldsymbol{r}_i|} = \frac{1}{\tilde{h}_i |\boldsymbol{r}_i|}$$

であるため，$h_i = 1/\tilde{h}_i$ とおくと

$$h_i = \frac{1}{\tilde{h}_i} = |\boldsymbol{r}_i| = \sqrt{\left(\frac{\partial x}{\partial u_i}\right)^2 + \left(\frac{\partial y}{\partial u_i}\right)^2 + \left(\frac{\partial z}{\partial u_i}\right)^2} \tag{7.12}$$

となります．以上のことから

$$\boldsymbol{e}_i = \frac{\boldsymbol{r}_i}{|\boldsymbol{r}_i|} = \tilde{h}_i \boldsymbol{r}_i = \frac{\boldsymbol{r}_i}{h_i} \tag{7.13}$$

が得られます．

7.2 基本ベクトルの微分

直交曲線座標系を用いるとき，基本ベクトルが位置の関数になることに注意する必要があります．すなわち，基本ベクトルは大きさは1であっても，その方向が場所により変化します．したがって，直角座標での $\boldsymbol{i}, \boldsymbol{j}, \boldsymbol{k}$ とは異なり，基本ベクトルは定数ベクトルでなく，微分しても0になりません．そこで本節では**基本ベクトルの微分**について調べてみます．

まず，$\tilde{h}_i = 1/h_i \ (i = 1, 2, 3)$ とおけば前節では

$$\frac{\partial \boldsymbol{r}}{\partial u_1} = h_1 \boldsymbol{e}_1, \quad \frac{\partial \boldsymbol{r}}{\partial u_2} = h_2 \boldsymbol{e}_2, \quad \frac{\partial \boldsymbol{r}}{\partial u_3} = h_3 \boldsymbol{e}_3 \tag{7.14}$$

という結果を得ました．第1式，第2式をそれぞれ u_2, u_1 で微分すれば

$$\begin{aligned} \frac{\partial^2 \boldsymbol{r}}{\partial u_2 \partial u_1} &= \frac{\partial}{\partial u_2}(\tilde{h}_1 \boldsymbol{e}_1) \\ &= \tilde{h}_1 \frac{\partial \boldsymbol{e}_1}{\partial u_2} + \frac{\partial \tilde{h}_1}{\partial u_2} \boldsymbol{e}_1 \end{aligned} \tag{7.15}$$

$$\begin{aligned} \frac{\partial^2 \boldsymbol{r}}{\partial u_1 \partial u_2} &= \frac{\partial}{\partial u_1}(\tilde{h}_2 \boldsymbol{e}_2) \\ &= \tilde{h}_2 \frac{\partial \boldsymbol{e}_2}{\partial u_1} + \frac{\partial \tilde{h}_2}{\partial u_1} \boldsymbol{e}_2 \end{aligned} \tag{7.16}$$

となりますが両式の左辺は等しい量です．一方，以下の例題に示すように式(7.15)の右辺第1項は $\boldsymbol{e}_2$ と平行で，式(7.16)の右辺第1項は $\boldsymbol{e}_1$ と平行になります．そこで，2つの式の右辺を等値すれば

$$\frac{\partial \boldsymbol{e}_1}{\partial u_2} = \frac{1}{\tilde{h}_1} \frac{\partial \tilde{h}_2}{\partial u_1} \boldsymbol{e}_2, \quad \frac{\partial \boldsymbol{e}_2}{\partial u_1} = \frac{1}{\tilde{h}_2} \frac{\partial \tilde{h}_1}{\partial u_2} \boldsymbol{e}_1 \tag{7.17}$$

という関係が得られます．同様にして，

$$\frac{\partial \boldsymbol{e}_2}{\partial u_3} = \frac{1}{\tilde{h}_2} \frac{\partial \tilde{h}_3}{\partial u_2} \boldsymbol{e}_3, \quad \frac{\partial \boldsymbol{e}_3}{\partial u_2} = \frac{1}{\tilde{h}_3} \frac{\partial \tilde{h}_2}{\partial u_3} \boldsymbol{e}_2 \tag{7.18}$$

$$\frac{\partial \boldsymbol{e}_3}{\partial u_1} = \frac{1}{\tilde{h}_3} \frac{\partial \tilde{h}_1}{\partial u_3} \boldsymbol{e}_1, \quad \frac{\partial \boldsymbol{e}_1}{\partial u_3} = \frac{1}{\tilde{h}_1} \frac{\partial \tilde{h}_3}{\partial u_1} \boldsymbol{e}_3 \tag{7.19}$$

が得られます．さらに

$$\frac{\partial \boldsymbol{e}_1}{\partial u_1} = \frac{\partial}{\partial u_1}(\boldsymbol{e}_2 \times \boldsymbol{e}_3) = -\frac{1}{\tilde{h}_2}\frac{\partial \tilde{h}_1}{\partial u_2}\boldsymbol{e}_2 - \frac{1}{\tilde{h}_3}\frac{\partial \tilde{h}_1}{\partial u_3}\boldsymbol{e}_3 \tag{7.20}$$

$$\frac{\partial \boldsymbol{e}_2}{\partial u_2} = \frac{\partial}{\partial u_2}(\boldsymbol{e}_3 \times \boldsymbol{e}_1) = -\frac{1}{\tilde{h}_3}\frac{\partial \tilde{h}_2}{\partial u_3}\boldsymbol{e}_3 - \frac{1}{\tilde{h}_1}\frac{\partial \tilde{h}_2}{\partial u_1}\boldsymbol{e}_1 \tag{7.21}$$

$$\frac{\partial \boldsymbol{e}_3}{\partial u_3} = \frac{\partial}{\partial u_3}(\boldsymbol{e}_1 \times \boldsymbol{e}_2) = -\frac{1}{\tilde{h}_1}\frac{\partial \tilde{h}_3}{\partial u_1}\boldsymbol{e}_1 - \frac{1}{\tilde{h}_2}\frac{\partial \tilde{h}_3}{\partial u_2}\boldsymbol{e}_2 \tag{7.22}$$

となることもわかります．式 (7.17)〜(7.22) が基本ベクトルの微分の関係式です．

例題 7.1 $\dfrac{\partial \boldsymbol{e}_1}{\partial u_2}$ が $\boldsymbol{e}_2$ のスカラー倍であることを示しなさい．

【解】 $\boldsymbol{e}_1 \cdot \boldsymbol{e}_1 = 1$ の両辺を u_2 で微分すれば

$$2\boldsymbol{e}_1 \cdot \frac{\partial \boldsymbol{e}_1}{\partial u_2} = 0$$

となります．このことは $\boldsymbol{e}_1$ と $\partial \boldsymbol{e}_1/\partial u_2$ は直交すること，いいかえれば $\partial \boldsymbol{e}_1/\partial u_2$ は $\boldsymbol{e}_2$ と $\boldsymbol{e}_3$ の線形結合で表されることを意味しています．一方，式 (7.14) から

$$\frac{\partial \boldsymbol{r}}{\partial u_1} \cdot \frac{\partial \boldsymbol{r}}{\partial u_2} = \tilde{h}_1 \tilde{h}_2 \boldsymbol{e}_1 \cdot \boldsymbol{e}_2 = 0$$

となり，同様に

$$\frac{\partial \boldsymbol{r}}{\partial u_2} \cdot \frac{\partial \boldsymbol{r}}{\partial u_3} = \frac{\partial \boldsymbol{r}}{\partial u_3} \cdot \frac{\partial \boldsymbol{r}}{\partial u_1} = 0$$

が成り立つため

$$\begin{aligned} 0 &= \frac{\partial}{\partial u_1}\left(\frac{\partial \boldsymbol{r}}{\partial u_2} \cdot \frac{\partial \boldsymbol{r}}{\partial u_3}\right) + \frac{\partial}{\partial u_2}\left(\frac{\partial \boldsymbol{r}}{\partial u_3} \cdot \frac{\partial \boldsymbol{r}}{\partial u_1}\right) - \frac{\partial}{\partial u_3}\left(\frac{\partial \boldsymbol{r}}{\partial u_1} \cdot \frac{\partial \boldsymbol{r}}{\partial u_2}\right) \\ &= 2\frac{\partial^2 \boldsymbol{r}}{\partial u_1 \partial u_2} \cdot \frac{\partial \boldsymbol{r}}{\partial u_3} \end{aligned}$$

となります．このことは，式 (7.15) の左辺が $\boldsymbol{e}_3$ と直交すること，すなわち $\partial^2 \boldsymbol{r}/\partial u_2 \partial u_1$ は $\boldsymbol{e}_1$ と $\boldsymbol{e}_2$ の線形結合で書けることを意味しています．以上のことから

$$c\boldsymbol{e}_1 + d\boldsymbol{e}_2 = \frac{\partial^2 \boldsymbol{r}}{\partial u_1 \partial u_2} = \tilde{h}_1 \frac{\partial \boldsymbol{e}_1}{\partial u_2} + \frac{\partial \tilde{h}_1}{\partial u_2}\boldsymbol{e}_1 = (a\boldsymbol{e}_2 + b\boldsymbol{e}_3) + \frac{\partial \tilde{h}_1}{\partial u_2}\boldsymbol{e}_1$$

となり $b = 0$ であることがわかり $\partial \boldsymbol{e}_1/\partial u_2 = (a/\tilde{h}_1)\boldsymbol{e}_2$ となります． □

問 7.1 式 (7.20) を示しなさい．

7.3　ナブラを含む演算

スカラー関数 $f(x,y,z)$ は直交曲線座標では (u_1,u_2,u_3) の関数 $f(u_1,u_2,u_3)$ と見なせます．そこで，方向微分を直交曲線座標で表せば

$$\begin{aligned}\frac{df}{ds} &= \frac{\partial f}{\partial u_1}\frac{du_1}{ds} + \frac{\partial f}{\partial u_2}\frac{du_2}{ds} + \frac{\partial f}{\partial u_3}\frac{du_3}{ds} \\ &= \left(\boldsymbol{e}_1 h_1 \frac{\partial f}{\partial u_1} + \boldsymbol{e}_2 h_2 \frac{\partial f}{\partial u_2} + \boldsymbol{e}_3 h_3 \frac{\partial f}{\partial u_3}\right) \\ &\quad \cdot \left(\boldsymbol{e}_1 \frac{1}{h_1}\frac{du_1}{ds} + \boldsymbol{e}_2 \frac{1}{h_2}\frac{du_2}{ds} + \boldsymbol{e}_3 \frac{1}{h_3}\frac{du_3}{ds}\right) \\ &= \left(\boldsymbol{e}_1 h_1 \frac{\partial}{\partial u_1} + \boldsymbol{e}_2 h_2 \frac{\partial}{\partial u_2} + \boldsymbol{e}_3 h_3 \frac{\partial}{\partial u_3}\right) f \cdot \frac{d\boldsymbol{r}}{ds} \end{aligned} \tag{7.23}$$

となります．ただし，最後の式の変形には式 (7.14) から

$$\begin{aligned}&\boldsymbol{e}_1 \frac{1}{h_1}\frac{du_1}{ds} + \boldsymbol{e}_2 \frac{1}{h_2}\frac{du_2}{ds} + \boldsymbol{e}_3 \frac{1}{h_3}\frac{du_3}{ds} \\ &= \frac{\partial \boldsymbol{r}}{\partial u_1}\frac{du_1}{ds} + \frac{\partial \boldsymbol{r}}{\partial u_2}\frac{du_2}{ds} + \frac{\partial \boldsymbol{r}}{\partial u_3}\frac{du_3}{ds} = \frac{d\boldsymbol{r}}{ds}\end{aligned}$$

が成り立つことを用いています．式 (7.23) と式 (5.6) を比較すれば，**直交曲線座標の勾配演算子**として

$$\nabla = \boldsymbol{e}_1 h_1 \frac{\partial}{\partial u_1} + \boldsymbol{e}_2 h_2 \frac{\partial}{\partial u_2} + \boldsymbol{e}_3 h_3 \frac{\partial}{\partial u_3} \tag{7.24}$$

が得られます．

勾配　式 (7.24) から，スカラー関数 $f(u_1,u_2,u_3)$ の勾配は直交曲線座標では

$$\nabla f = \boldsymbol{e}_1 h_1 \frac{\partial f}{\partial u_1} + \boldsymbol{e}_2 h_2 \frac{\partial f}{\partial u_2} + \boldsymbol{e}_3 h_3 \frac{\partial f}{\partial u_3} \tag{7.25}$$

となります．

発散　直交曲線座標で表したベクトル関数

$$\boldsymbol{A}(u_1,u_2,u_3)=A_1(u_1,u_2,u_3)\boldsymbol{e}_1+A_2(u_1,u_2,u_3)\boldsymbol{e}_2+A_3(u_1,u_2,u_3)\boldsymbol{e}_3$$

の発散（**直交曲線座標の発散**）は

$$\begin{aligned}\mathrm{div}\,\boldsymbol{A}&=\nabla\cdot\boldsymbol{A}\\&=\left(\boldsymbol{e}_1h_1\frac{\partial}{\partial u_1}+\boldsymbol{e}_2h_2\frac{\partial}{\partial u_2}+\boldsymbol{e}_3h_3\frac{\partial}{\partial u_3}\right)\\&\quad\cdot\Bigl(A_1(u_1,u_2,u_3)\boldsymbol{e}_1+A_2(u_1,u_2,u_3)\boldsymbol{e}_2+A_3(u_1,u_2,u_3)\boldsymbol{e}_3\Bigr)\end{aligned}$$

を，分配法則を用いて展開すれば計算できます．ただし，前節で述べたように $\boldsymbol{e}_i$ の微分は 0 ではないことに注意します．たとえば，上の展開で式 (7.17)〜(7.20) を参照すれば

$$\begin{aligned}\boldsymbol{e}_1h_1\cdot\frac{\partial}{\partial u_1}(A_1\boldsymbol{e}_1)&=\boldsymbol{e}_1h_1\cdot\left(\frac{\partial A_1}{\partial u_1}\right)\boldsymbol{e}_1+\boldsymbol{e}_1h_1\cdot A_1\left(\frac{\partial \boldsymbol{e}_1}{\partial u_1}\right)\\&=h_1\frac{\partial A_1}{\partial u_1}+A_1h_1\boldsymbol{e}_1\cdot\left(-h_2\frac{\partial(1/h_1)}{\partial u_2}\boldsymbol{e}_2-h_3\frac{\partial(1/h_1)}{\partial u_3}\boldsymbol{e}_3\right)\\&=h_1\frac{\partial A_1}{\partial u_1}\\\boldsymbol{e}_1h_1\cdot\frac{\partial}{\partial u_1}(A_2\boldsymbol{e}_2)&=\boldsymbol{e}_1h_1\cdot\left(\frac{\partial A_2}{\partial u_1}\right)\boldsymbol{e}_2+\boldsymbol{e}_1h_1\cdot A_2\left(\frac{\partial \boldsymbol{e}_2}{\partial u_1}\right)\\&=\boldsymbol{e}_1h_1\cdot A_2h_2\frac{\partial(1/h_1)}{\partial u_2}\boldsymbol{e}_1=h_1h_2A_2\frac{\partial(1/h_1)}{\partial u_2}\end{aligned}$$

などとなります．他の項も同様に計算して，式をまとめれば

$$\nabla\cdot\boldsymbol{A}=h_1h_2h_3\left\{\frac{\partial}{\partial u_1}\left(\frac{A_1}{h_2h_3}\right)+\frac{\partial}{\partial u_2}\left(\frac{A_2}{h_3h_1}\right)+\frac{\partial}{\partial u_3}\left(\frac{A_3}{h_1h_2}\right)\right\}\tag{7.26}$$

となります．

回転　ベクトル関数 $\boldsymbol{A}$ の回転も，$\nabla\times\boldsymbol{A}$ を分配法則を用いて計算すれば**直交曲線座標の回転**を表す式が得られます．ただし，この場合も基本ベクトルの微分は 0 にならないことに注意します．結果のみを記せば

$$\begin{aligned}\mathrm{rot}\,\boldsymbol{A}=\nabla\times\boldsymbol{A}&=\left(\boldsymbol{e}_1h_1\frac{\partial}{\partial u_1}+\boldsymbol{e}_2h_2\frac{\partial}{\partial u_2}+\boldsymbol{e}_3h_3\frac{\partial}{\partial u_3}\right)\\&\quad\times(A_1(u_1,u_2,u_3)\boldsymbol{e}_1+A_2(u_1,u_2,u_3)\boldsymbol{e}_2+A_3(u_1,u_2,u_3)\boldsymbol{e}_3)\end{aligned}$$

$$= \boldsymbol{e}_1 h_2 h_3 \left\{ \frac{\partial}{\partial u_2}\left(\frac{A_3}{h_3}\right) - \frac{\partial}{\partial u_3}\left(\frac{A_2}{h_2}\right) \right\} + \boldsymbol{e}_2 h_3 h_1 \left\{ \frac{\partial}{\partial u_3}\left(\frac{A_1}{h_1}\right) - \frac{\partial}{\partial u_1}\left(\frac{A_3}{h_3}\right) \right\}$$
$$+ \boldsymbol{e}_3 h_1 h_2 \left\{ \frac{\partial}{\partial u_1}\left(\frac{A_2}{h_2}\right) - \frac{\partial}{\partial u_2}\left(\frac{A_1}{h_1}\right) \right\}$$

すなわち

$$\nabla \times \boldsymbol{A} = h_1 h_2 h_3 \begin{vmatrix} \boldsymbol{e}_1/h_1 & \boldsymbol{e}_2/h_2 & \boldsymbol{e}_3/h_3 \\ \partial/\partial u_1 & \partial/\partial u_2 & \partial/\partial u_3 \\ A_1/h_1 & A_2/h_2 & A_3/h_3 \end{vmatrix} \tag{7.27}$$

となります.

ラプラシアン スカラー関数 f のラプラシアンは $\nabla^2 f = \nabla \cdot \nabla f$ であるので，直交曲線座標のラプラシアンは式 (7.25), (7.26) から

$$\nabla^2 f = h_1 h_2 h_3 \left\{ \frac{\partial}{\partial u_1}\left(\frac{h_1}{h_2 h_3}\frac{\partial f}{\partial u_1}\right) + \frac{\partial}{\partial u_2}\left(\frac{h_2}{h_3 h_1}\frac{\partial f}{\partial u_2}\right) + \frac{\partial}{\partial u_3}\left(\frac{h_3}{h_1 h_2}\frac{\partial f}{\partial u_3}\right) \right\}$$

となります.

例題 7.2 球座標に対して ∇f, $\nabla \cdot \boldsymbol{A}$, $\nabla^2 f$, $\nabla \times f$ を求めなさい.

【解】 球座標とは図 7.2 に示すように空間内の点を，原点からの距離 r，経度 φ，および緯度の補角 θ で表す座標系のことです．このとき直角座標とは

$$x = r \sin\theta \cos\varphi$$
$$y = r \sin\theta \sin\varphi$$
$$z = r \cos\theta$$

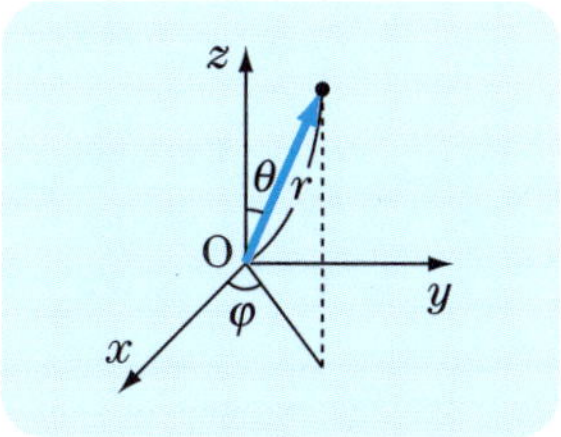

図 7.2

の関係があります．そこで

$$(x, y, z) = (x_1, x_2, x_3)$$

$$u_r = u_1 = r$$

$$u_\theta = u_2 = \theta$$

$$u_\varphi = u_3 = \varphi$$

ととれば

$$\frac{\partial x_1}{\partial u_1} = \sin\theta\cos\varphi, \qquad \frac{\partial x_2}{\partial u_1} = \sin\theta\sin\varphi, \qquad \frac{\partial x_3}{\partial u_1} = \cos\theta$$
$$\frac{\partial x_1}{\partial u_2} = r\cos\theta\cos\varphi, \qquad \frac{\partial x_2}{\partial u_2} = r\cos\theta\sin\varphi, \qquad \frac{\partial x_3}{\partial u_2} = -r\sin\theta$$
$$\frac{\partial x_1}{\partial u_3} = -r\sin\theta\sin\varphi, \qquad \frac{\partial x_2}{\partial u_3} = r\sin\theta\cos\varphi, \qquad \frac{\partial x_3}{\partial u_3} = 0$$

より

$$\frac{1}{h_1}\left(= \frac{1}{h_r}\right) = \sqrt{(\sin\theta\cos\varphi)^2 + (\sin\theta\sin\varphi)^2 + (\cos\theta)^2} = 1$$

となります．同様に，

$$\frac{1}{h_2}\left(= \frac{1}{h_\theta}\right) = r, \quad \frac{1}{h_3}\left(= \frac{1}{h_\varphi}\right) = r\sin\theta$$

が得られます．

したがって，

$$\nabla f = \left(\boldsymbol{e}_r\frac{\partial}{\partial r} + \frac{\boldsymbol{e}_\theta}{r}\frac{\partial}{\partial\theta} + \frac{\boldsymbol{e}_\varphi}{r\sin\theta}\frac{\partial}{\partial\varphi}\right)f$$

$$\nabla\cdot\boldsymbol{A} = \frac{1}{r^2\sin\theta}\left(\frac{\partial}{\partial r}(r^2\sin\theta A_r) + \frac{\partial}{\partial\theta}(r\sin\theta A_\theta) + \frac{\partial}{\partial\varphi}(rA_\varphi)\right)$$

$$\nabla^2 f = \frac{1}{r^2}\frac{\partial}{\partial r}\left(r^2\frac{\partial f}{\partial r}\right) + \frac{1}{r^2\sin\theta}\frac{\partial}{\partial\theta}\left(\sin\theta\frac{\partial f}{\partial\theta}\right) + \frac{1}{r^2\sin^2\theta}\frac{\partial^2 f}{\partial\varphi^2}$$

$$\nabla\times\boldsymbol{A} = \frac{1}{r^2\sin\theta}\begin{vmatrix} \boldsymbol{e}_r & r\boldsymbol{e}_\theta & r\sin\theta\boldsymbol{e}_\varphi \\ \partial/\partial r & \partial/\partial\theta & \partial/\partial\varphi \\ A_r & rA_\theta & r\sin\theta A_\varphi \end{vmatrix}$$

となります． □

第 7 章の演習問題

1　円柱座標（図 **7.3** に示すように空間内の点 P を，xy 平面に平行な面内では極座標を用い，その面を z 座標で指定する座標系）に対して，次を計算しなさい.

(1)　∇f

(2)　$\nabla^2 f$

(3)　$\nabla \cdot \boldsymbol{A}$

(4)　$\nabla \times \boldsymbol{A}$

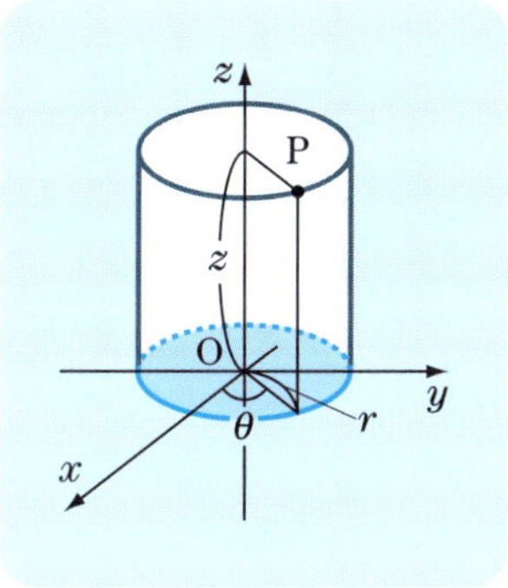

図 **7.3**

2　$x = c\cosh\xi\cos\eta$, $y = c\sinh\xi\sin\eta$, $z = \zeta$ は直交曲線座標であることを示しなさい.

3　問題 **2** の直交座標系に対して，次を計算しなさい.

(1)　∇f

(2)　$\nabla^2 f$

(3)　$\nabla \cdot \boldsymbol{A}$

(4)　$\nabla \times \boldsymbol{A}$

第8章

ベクトルと力学

ベクトルが活躍をする分野に力学があります．それは，力学の基本量である位置，速度，力などがベクトル量であるからです．本章でははじめにベクトルの演算規則が，ベクトルとして力を考えることにより自然に導入されることを示します．また，内積や外積を使って表される物理量を紹介します．次に今までの知識を用いてベクトルの微分方程式であるニュートンの運動方程式により質点の運動を議論します．さらに力学において重要な概念である，ポテンシャルや仕事についても勾配演算子や線積分を用いて表せることを示し，力学的エネルギー保存法則を導きます．

本章の内容

8.1 ベクトルと力

ベクトルの相等と零ベクトル 大きさと（働く）方向が等しい力は質点に同じ作用を及ぼします．したがって，大きさと方向が等しい力はすべて同じものとみなします．第 1 章ではベクトルの大きさと向きが等しいとき，2 つのベクトルは等しいと定義しましたが，このことは力の性質と合致します．また大きさが 0 のベクトルを零ベクトルとよびましたが，零ベクトルは力が働いていない状態に対応します．

ベクトルの和 ある 1 点 P に 2 つ以上の力が働いているとき，これらの力と同じ作用をもつ力を合力（ごうりょく）とよんでいます．力学の法則から，2 つの力の合力は図 8.1 に示すように力 $\boldsymbol{a}$ と力 $\boldsymbol{b}$ から作った平行四辺形の点 P を通る対角線を表すベクトル $\boldsymbol{c}$ になります．すなわち，点 P に力 $\boldsymbol{a}, \boldsymbol{b}$ が同時に働く場合と，点 P に力 $\boldsymbol{c}$ が単独で働く場合は同じ効果をもたらします．このことから，2 つのベクトルの和を図 1.1 のように 2 つのベクトルから作った平行四辺形の対角線を表すベクトルとして定義したことが合理的であったことがわかります．

ベクトルの差 あるベクトル $\boldsymbol{a}$ に対してベクトル $-\boldsymbol{a}$ は，

$$\boldsymbol{a} + (-\boldsymbol{a}) = \boldsymbol{0} \tag{8.1}$$

となるベクトルで定義されました．ベクトルとして力と考えると，ある点に大きさが同じで反対方向を向いた 2 つの力が働いている場合には，全体として力が働いていないという事実に対応しています．力の差 $\boldsymbol{b} - \boldsymbol{a}$ は $\boldsymbol{b}$ と $-\boldsymbol{a}$ の和と考えることができます．

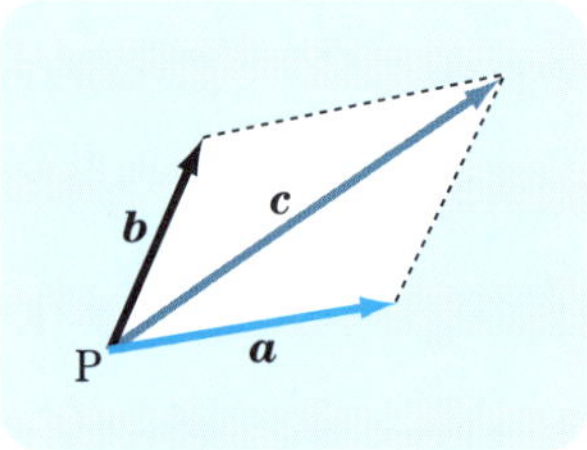

図 8.1

スカラー倍　k を正の実数としたとき，ベクトル $k\boldsymbol{a}$ は $\boldsymbol{a}$ と同じ向きで，大きさが k 倍のベクトルと定義されました．これはたとえばある点に 2 倍の力が働いているといった場合，具体的には同じ向きで大きさが 2 倍の力が働いていることを指すため，妥当な定義です．

仕事とスカラー積　力学には**仕事**という概念があります．これは力の働いている物体（質点）を移動させるときに何らかのエネルギーを使うため，その量を見積るために用いられます．このとき，力の向きと移動方向とは一致しているとは限りません．たとえば，荷物を真上に持ち上げるときには重力と反対向きの移動になって重力に逆らって仕事をすることになります．一方，坂道を荷車を押すときにも仕事をしますが，このときは重力とある角度をもった方向に移動させることになります．そこで力学では仕事を

$$(\text{仕事}) = (\text{力の大きさ}) \times (\text{力の方向の移動距離})$$

あるいは同じことですが

$$(\text{仕事}) = (\text{移動方向の力の成分}) \times (\text{移動距離})$$

で定義しています．坂道の場合でいうと，仕事を計算するときの距離は坂道を引っ張った距離ではなく，鉛直方向に移動した距離を使う必要があります．図 8.2 では，荷物の変位はベクトル $\boldsymbol{r}$ ですが，力の方向に移動する距離は力と逆方向に移動するため，符号まで考えると $-|\boldsymbol{r}|\cos\alpha$ になります．ただし，θ は変位ベクトルが鉛直軸となす角度です．したがって，仕事は

$$(\text{仕事}) = -|\boldsymbol{F}||\boldsymbol{r}|\cos\alpha = |\boldsymbol{F}||\boldsymbol{r}|\cos(\pi-\alpha) = |\boldsymbol{F}||\boldsymbol{r}|\cos\theta$$

となります．

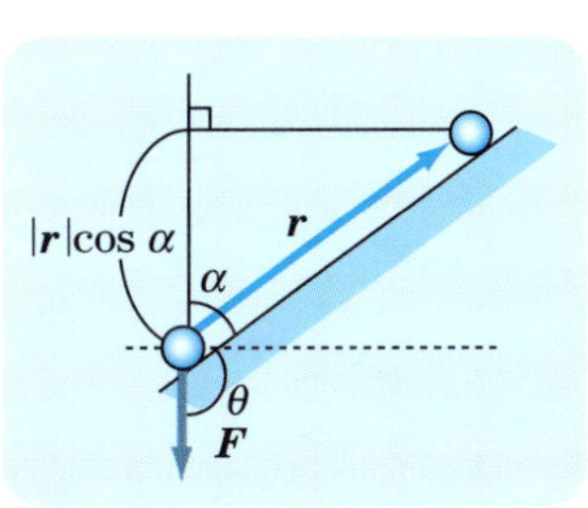

図 8.2

このように仕事は力と変位という2つのベクトル量 $\boldsymbol{F}$ と $\boldsymbol{r}$ から1つのスカラーをつくる演算になっています．この演算を中黒の点で表すと

$$\boldsymbol{F}\cdot\boldsymbol{r}=|\boldsymbol{F}||\boldsymbol{r}|\cos\theta \tag{8.2}$$

となりますが，これは2つのベクトルのスカラー積に他なりません．

モーメントとベクトル積 図8.3に示すように，ある板が点Oをとおり，紙面に垂直な軸まわりに回転できるように固定されているとき，点Oから $\boldsymbol{r}$ の位置にある点Pを力 $\boldsymbol{F}$ で引っ張ったとします．このとき，力 $\boldsymbol{F}$ とベクトル $\boldsymbol{r}$ が平行でなければ物体は回転しようとします．この回転力のことを**モーメント**といいます．さらに「てこ」を思い出してもわかるように回転に寄与する力はベクトル $\boldsymbol{r}$ に垂直な方向の $\boldsymbol{F}$ の成分です．またOPの距離が長いほど回転させる効果は大きくなります．そこでモーメントの大きさを $|\boldsymbol{F}||\boldsymbol{r}|\sin\theta$ によって定義します．

一方，平面に垂直なベクトルによって平面は指定されます．したがって，面の回転も回転面に垂直なベクトルで定義するのが合理的です．そこでベクトル量としてのモーメント $\boldsymbol{N}$ を前述の大きさをもち，面に垂直な方向をもつベクトルで定義します．ただし，面に垂直なベクトルは（上下）2種類あるため，$\boldsymbol{r}$ から $\boldsymbol{F}$ に向かって（180°以内の回転で）右ねじをまわしたとき右ねじが進む方向と決めています．このようなベクトル $\boldsymbol{N}$ はベクトル $\boldsymbol{r}$ と $\boldsymbol{F}$ のベクトル積になっています．すなわち，モーメント $\boldsymbol{N}$ は位置ベクトルを $\boldsymbol{r}$，力を $\boldsymbol{F}$ とすれば，1章で定義したベクトル積を用いて

$$\boldsymbol{N}=\boldsymbol{r}\times\boldsymbol{F} \tag{8.3}$$

と書くことができます．

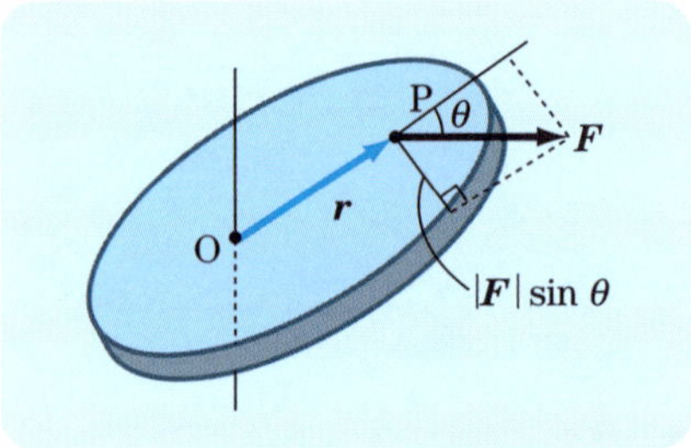

図 8.3

8.2 質 点 の 運 動

本節では空間内の**質点の運動**を考えます．ある時刻の質点の座標を (x, y, z) とすると，この質点の位置は

$$\boldsymbol{r} = x\boldsymbol{i} + y\boldsymbol{j} + z\boldsymbol{k}$$

という位置ベクトルの終点として表示できます．質点の位置は時々刻々と変化するため，座標 (x, y, z) は時間 t の関数 $(x(t), y(t), z(t))$ になっており，ベクトル $\boldsymbol{r}$ も t の関数

$$\boldsymbol{r}(t) = x(t)\boldsymbol{i} + y(t)\boldsymbol{j} + z(t)\boldsymbol{k} \tag{8.4}$$

とみなすことができます．したがって，質点の位置は時間を独立変数とするベクトル関数になっています．

位置ベクトルを時間で微分した量を力学では**速度**といっています．すなわち，速度をベクトル $\boldsymbol{v}(t)$ と記すことにすれば

$$\boldsymbol{v}(t) = \frac{d\boldsymbol{r}}{dt} = \lim_{\Delta t \to 0} \frac{\boldsymbol{r}(t + \Delta t) - \boldsymbol{r}(t)}{\Delta t} \tag{8.5}$$

となります．成分で表せば式 (8.4) を上式に代入して

$$\begin{aligned}\boldsymbol{v}(t) &= \lim_{\Delta t \to 0} \left(\frac{x(t + \Delta t) - x(t)}{\Delta t}\boldsymbol{i} + \frac{y(t + \Delta t) - y(t)}{\Delta t}\boldsymbol{j} + \frac{z(t + \Delta t) - z(t)}{\Delta t}\boldsymbol{k} \right) \\ &= \frac{dx}{dt}\boldsymbol{i} + \frac{dy}{dt}\boldsymbol{j} + \frac{dz}{dt}\boldsymbol{k} \end{aligned} \tag{8.6}$$

となります．また，s を $\boldsymbol{r}$ の終点が描く曲線の長さとしたとき

$$\left| \frac{d\boldsymbol{r}}{dt} \right| = \left| \frac{d\boldsymbol{r}}{ds} \frac{ds}{dt} \right| = \frac{ds}{dt}$$

は速度の大きさであり，v と記すことにします．速度の方向は定義から接線単位ベクトル $\boldsymbol{t}$ の方向です．$|\boldsymbol{t}| = 1$ であるので，速度ベクトルは

$$\boldsymbol{v} = v\boldsymbol{t} \tag{8.7}$$

と記すこともできます．

速度が時間により変化することがあります．そこで，**加速度**を速度の時間微分で定義します．すなわち，加速度ベクトルを $\boldsymbol{a}(t)$ と記すことにすれば

$$\begin{aligned}\boldsymbol{a}(t) &= \frac{d\boldsymbol{v}}{dt} \\ &= \lim_{\Delta t \to 0} \frac{\boldsymbol{v}(t+\Delta t) - \boldsymbol{v}(t)}{\Delta t}\end{aligned} \tag{8.8}$$

となります．加速度を位置ベクトル $\boldsymbol{r}$ で表すと上式と式 (8.5) から

$$\boldsymbol{a}(t) = \frac{d^2\boldsymbol{r}}{dt^2} \tag{8.9}$$

となり，さらに成分で表すと

$$\boldsymbol{a}(t) = \frac{d^2x}{dt^2}\boldsymbol{i} + \frac{d^2y}{dt^2}\boldsymbol{j} + \frac{d^2z}{dt^2}\boldsymbol{k} \tag{8.10}$$

になります．

一方，式 (8.7) を t で微分すれば，$\boldsymbol{t}$ が定数ベクトルでないため，積の微分法から

$$\frac{d\boldsymbol{v}}{dt} = \frac{dv}{dt}\boldsymbol{t} + v\frac{d\boldsymbol{t}}{dt} \tag{8.11}$$

となります．式 (8.11) の右辺第 2 項は

$$v\frac{d\boldsymbol{t}}{dt} = v\frac{d\boldsymbol{t}}{ds}\frac{ds}{dt} = v^2\frac{d\boldsymbol{t}}{ds}$$

と変形できますが，フルネ・セレの公式および $\rho = 1/\kappa$ を用いることにより次式が得られます．

$$\frac{d\boldsymbol{v}}{dt} = \frac{dv}{dt}\boldsymbol{t} + \frac{v^2}{\rho}\boldsymbol{n} \tag{8.12}$$

この式から質点が曲線運動をしている（$\rho \neq \infty$）場合には，たとえ速度の大きさ v が一定で接線方向成分 a_t が 0 であっても第 2 項が 0 でないため加速度は法線方向成分 a_n をもつことがわかります（図 **8.4**）．

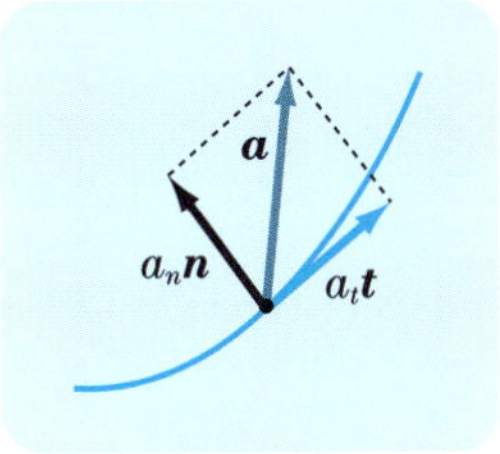

図 8.4

平面運動 質点の運動が1つの平面内に限られることがあり，**平面運動**といいます．そのような場合には，その平面内に直角座標をとれば，質点の位置は2次元ベクトル

$$\boldsymbol{r}(t) = x(t)\boldsymbol{i} + y(t)\boldsymbol{j} \tag{8.13}$$

で表され，同様に速度と加速度は

$$\boldsymbol{v}(t) = \frac{dx}{dt}\boldsymbol{i} + \frac{dy}{dt}\boldsymbol{j} \tag{8.14}$$

$$\boldsymbol{a}(t) = \frac{d^2x}{dt^2}\boldsymbol{i} + \frac{d^2y}{dt^2}\boldsymbol{j} \tag{8.15}$$

となります．

2.4節でも述べたように直角座標と極座標の間には

$$\begin{cases} x = r\cos\theta \\ y = r\sin\theta \end{cases} \tag{8.16}$$

の関係があります．また，ベクトルの直角座標と極座標の成分の間には式(2.23)すなわち

$$\begin{aligned} A_x &= A_r\cos\theta - A_\theta\sin\theta \\ A_y &= A_r\sin\theta + A_\theta\cos\theta \end{aligned} \tag{8.17}$$

の関係があります．式(8.16)を t で微分すると左辺は定義から速度ベクトルの x 成分の u と y 成分の v であるので

$$
\begin{aligned}
u &= \frac{dr}{dt}\cos\theta - r\frac{d\theta}{dt}\sin\theta \\
v &= \frac{dr}{dt}\sin\theta + r\frac{d\theta}{dt}\cos\theta
\end{aligned}
\tag{8.18}
$$

となります．これと式 (8.17) を見比べれば

$$
\begin{aligned}
v_r &= \frac{dr}{dt} \\
v_\theta &= r\frac{d\theta}{dt}
\end{aligned}
\tag{8.19}
$$

となります（**速度の極座標表示**）．ただし，(v_r, v_θ) は速度の r 成分と θ 成分を表します．

さらに式 (8.18) を t で微分すれば加速度を (a_x, a_y) として

$$
\begin{aligned}
a_x &= \frac{d^2r}{dt^2}\cos\theta - 2\frac{dr}{dt}\frac{d\theta}{dt}\sin\theta - r\frac{d^2\theta}{dt^2}\sin\theta - r\left(\frac{d\theta}{dt}\right)^2\cos\theta \\
&= \left\{\frac{d^2r}{dt^2} - r\left(\frac{d\theta}{dt}\right)^2\right\}\cos\theta - \left(r\frac{d^2\theta}{dt^2} + 2\frac{dr}{dt}\frac{d\theta}{dt}\right)\sin\theta
\end{aligned}
$$

および，同様にして

$$
a_y = \left(r\frac{d^2\theta}{dt^2} + 2\frac{dr}{dt}\frac{d\theta}{dt}\right)\sin\theta + \left\{\frac{d^2r}{dt^2} - r\left(\frac{d\theta}{dt}\right)^2\right\}\cos\theta
$$

が得られるため，式 (8.17) と比較して

$$
\begin{aligned}
a_r &= \frac{d^2r}{dt^2} - r\left(\frac{d\theta}{dt}\right)^2 \\
a_\theta &= r\frac{d^2\theta}{dt^2} + 2\frac{dr}{dt}\frac{d\theta}{dt}
\end{aligned}
\tag{8.20}
$$

となります（**加速度の極座標表示**）[†]．

---

† このように一般に $a_r \neq \dfrac{d^2r}{dt^2}$，$a_\theta \neq r\dfrac{d^2\theta}{dt^2}$ です．

8.3 運動の法則

ニュートンは力と加速度は比例すると考えました．これを**運動の第二法則**といいます．第二法則を式で表せば

$$m\boldsymbol{a} = \boldsymbol{F} \tag{8.21}$$

となります．これを**ニュートンの運動方程式**といいます．ここで，$\boldsymbol{a}$ は質点の加速度，$\boldsymbol{F}$ は質点に働く力でありそれぞれベクトル量です．また比例定数 m が質量になります[†]．

式 (8.21) において，質点の速度および位置がそれぞれ $\boldsymbol{v}$ と $\boldsymbol{r}$ であれば，式 (8.21) は

$$m\frac{d\boldsymbol{v}}{dt} = \boldsymbol{F} \tag{8.22}$$

または

$$m\frac{d^2\boldsymbol{r}}{dt^2} = \boldsymbol{F} \tag{8.23}$$

と書けます．質点の運動は位置を時間の関数として与えれば決まるため，ニュートンの運動方程式は位置 $\boldsymbol{r}$ を未知関数とする 2 階のベクトル微分方程式になっています．2 階微分方程式では，解が一意に定まるためには $\boldsymbol{r}$ に対して 2 つの条件が必要になりますが，通常それらとして $t = 0$ における $\boldsymbol{r}$ と $\boldsymbol{v} = d\boldsymbol{r}/dt$ の値，すなわち**初期位置**と**初速度**を与えます．

式 (8.23) を直角座標成分に分けて記せば

$$\begin{aligned} m\frac{d^2x}{dt^2} &= F_x \\ m\frac{d^2y}{dt^2} &= F_y \\ m\frac{d^2z}{dt^2} &= F_z \end{aligned} \tag{8.24}$$

† 加速度の単位として $\mathrm{m/s^2}$，質量の単位として kg をとったとすれば，式 (8.21) から力の単位は $\mathrm{kg{\cdot}m/s^2}$ となります．これを N で表し，ニュートンといいます．すなわち，1 N は質量が 1 kg の物体に加速度 $1\,\mathrm{m/s^2}$ を生じさせる力です．

となり，これをたとえば

$$x(0) = x_0, \quad y(0) = y_0, \quad z(0) = z_0 \tag{8.25}$$

$$u(0) = u_0, \quad v(0) = v_0, \quad w(0) = w_0 \tag{8.26}$$

という条件のもとに解くことになります．ただし，u, v, w は速度の x, y, z 成分 $(dx/dt, dy/dt, dz/dt)$ であり，下添字 0 のついた文字は定数を表します．これらの解として

$$x = x(t), \quad y = y(t), \quad z = z(t)$$

が得られた場合に，この式から変数 t を消去すれば空間内の曲線が求まります．この曲線は質点の軌道を表しています．

慣性の法則　式 (8.22), (8.23) において $\boldsymbol{F} = \boldsymbol{0}$ の場合には，

$$\boldsymbol{v} = \boldsymbol{C}, \quad \boldsymbol{r} = \boldsymbol{C}t + \boldsymbol{D} \quad (\boldsymbol{C}, \boldsymbol{D}\text{: 定数ベクトル})$$

という解が得られます．これは質点の速度が一定で軌道が直線であるということ，すなわち等速直線運動をしていることを意味しています．すなわち，質点に力が働かなければ等速直線運動を続けますが，この事実を**慣性の法則**または**運動の第一法則**とよんでいます．

運動量の法則　m が定数であれば，式 (8.22) は

$$\frac{d(m\boldsymbol{v})}{dt} = \boldsymbol{F}$$

になります．ここで質点の運動量 $\boldsymbol{p}$（ベクトル）を $\boldsymbol{p} = m\boldsymbol{v}$ で定義すれば，式 (8.22) は

$$\frac{d\boldsymbol{p}}{dt} = \boldsymbol{F} \tag{8.27}$$

となります．特に $\boldsymbol{F} = \boldsymbol{0}$ であれば $\boldsymbol{p} = \boldsymbol{C}$（$\boldsymbol{C}$：定数ベクトル）となるため，

外力が働かなければ，運動量は保存される

ことがわかります．これを**運動量保存則**といいます．

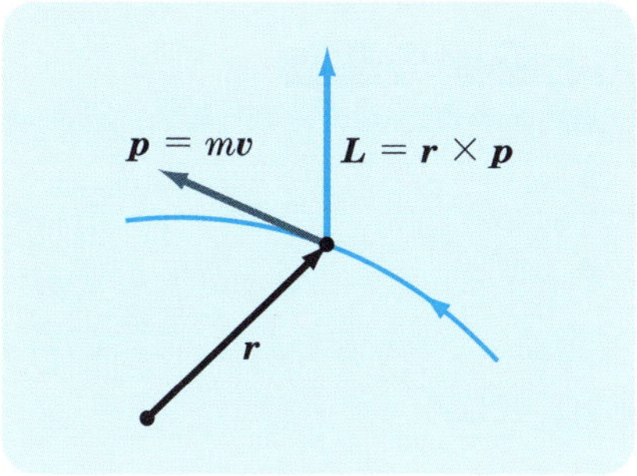

図 8.5

角運動量　運動量 $\boldsymbol{p}$ は速度 $\boldsymbol{v}$ に質量 m を掛けた物理量ですが，$\boldsymbol{r}$ と運動量 $\boldsymbol{p}$ のベクトル積を**角運動量**よび，$\boldsymbol{L}$ と記します（図 8.5）．すなわち

$$\boldsymbol{L} = \boldsymbol{r} \times \boldsymbol{p} \tag{8.28}$$

です．角運動量を時間で微分すれば $\boldsymbol{p} = (p_x, p_y, p_z)$ として

$$\begin{aligned}
\frac{d\boldsymbol{L}}{dt} &= \frac{d}{dt}(yp_z - zp_y)\boldsymbol{i} + \frac{d}{dt}(zp_x - xp_z)\boldsymbol{j} + \frac{d}{dt}(xp_y - yp_x)\boldsymbol{k} \\
&= \left(y\frac{dp_z}{dt} - z\frac{dp_y}{dt}\right)\boldsymbol{i} + \left(z\frac{dp_x}{dt} - x\frac{dp_z}{dt}\right)\boldsymbol{j} + \left(x\frac{dp_y}{dt} - y\frac{dp_x}{dt}\right)\boldsymbol{k} \\
&= (yF_z - zF_y)\boldsymbol{i} + (zF_x - xF_z)\boldsymbol{j} + (xF_y - yF_x)\boldsymbol{k}
\end{aligned}$$

となります．ただし，ニュートンの運動方程式

$$\frac{d\boldsymbol{p}}{dt} = \boldsymbol{F}$$

を用いています．したがって

$$\frac{d\boldsymbol{L}}{dt} = \boldsymbol{r} \times \boldsymbol{F} = \boldsymbol{N} \tag{8.29}$$

という式が得られます．この式は，

> 角運動量の時間微分は力のモーメントに等しい

ことを意味しています．

8.4 万有引力と惑星の運動

(a) 中心力

質点の位置ベクトルを $\boldsymbol{r}$ としたとき，質点が $f(x,y,z)\boldsymbol{r}$ という原点方向の力（**中心力**）だけを受けて運動しているとします．これを中心力による運動といいます．この場合，運動方程式は

$$m\frac{d^2\boldsymbol{r}}{dt^2} = f\boldsymbol{r} \tag{8.30}$$

と書けます．中心力のもとでの運動では以下に示すように角運動量

$$\boldsymbol{L} = m(\boldsymbol{r} \times \boldsymbol{v})$$

は時間的に変化しません．実際，

$$\frac{d}{dt}(\boldsymbol{r} \times \boldsymbol{v}) = \boldsymbol{v} \times \boldsymbol{v} + \boldsymbol{r} \times \frac{d\boldsymbol{v}}{dt}$$

となりますが，右辺第1項は同じベクトルのベクトル積なので $\mathbf{0}$ であり，第2項も運動方程式

$$\frac{d\boldsymbol{v}}{dt} = \left(\frac{f}{m}\right)\boldsymbol{r}$$

を用いれば，$(f/m)\boldsymbol{r} \times \boldsymbol{r}$ となりやはり $\mathbf{0}$ になるからです．

このことから

> 中心力のもとでの運動は1平面内に限られる

こともわかります．実際，$\boldsymbol{r}$ と $\boldsymbol{L}$ のスカラー積を考えると

$$\boldsymbol{r} \cdot \boldsymbol{L} = m\boldsymbol{r} \cdot (\boldsymbol{r} \times \boldsymbol{v})$$

となりますが，右辺の括弧内のベクトルはベクトル積の定義から $\boldsymbol{r}$ と垂直であるため，$\boldsymbol{r}$ との内積は0になります．このことは位置ベクトル $\boldsymbol{r}$ は $\boldsymbol{L}$ と直交していることを意味します．一方，すぐ前に述べたように $\boldsymbol{L}$ は時間的に変化しない定数ベクトルであるため，$\boldsymbol{r}$ は常に時間的に変化しない平面内にあることがわかります．

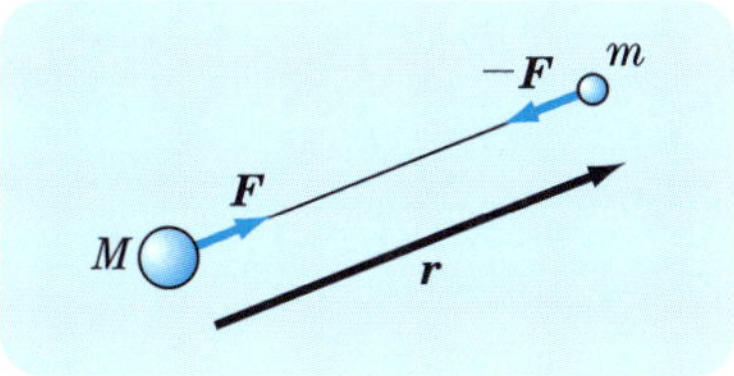

図 8.6

(b)　惑星の運動

太陽のまわりの惑星の運動のように，質量のかなり異なる物体が互いに万有引力を及ぼし合って運動する状況を考えてみます（**惑星の運動**）．**万有引力の法則**とはニュートンによって発見された基本法則で，2 つの物体の間にはそれぞれの物体の質量に比例し，物体間の距離の 2 乗に反比例する引力が働くというものです（図 8.6）．

いま，物体の大きさはお互いの距離に比べて非常に小さく質点とみなせると仮定します．また 2 つの物体間にかなりの質量差があるため，大きい質量の物体（質量を M とします）の動きは無視でき，小さな物体（質量を m とします）の運動だけを考えればよいことになります．そこで，大きい物体を原点とするような座標系をとり，そのとき小さな物体の位置ベクトルが $\boldsymbol{r}$ で表されたとします．このとき，万有引力は $r = |\boldsymbol{r}|$ として

$$\boldsymbol{F} = -\frac{GMm}{r^2}\frac{\boldsymbol{r}}{r} \quad (G：万有引力定数) \tag{8.31}$$

と書けます．なぜなら，力の大きさは，式 (8.31) の絶対値をとることにより

$$|\boldsymbol{F}| = F = \frac{GMm}{r^2}$$

となり，また単位ベクトル $-\boldsymbol{r}/r$ は引力の方向（位置ベクトル $\boldsymbol{r}$ と反対方向）を向いているからです．式 (8.31) は中心力（式 (8.30) で $f = -GMm/r^3$）であるため，**(a)** で述べたように質点は平面内で運動を行います．そこで，運動を行う面において小さな質量の物体の位置座標を極座標 (r, θ) で表すことにします．

力 $\boldsymbol{F}$ の r 方向成分を F_r，θ 方向成分を F_θ とすれば，**極座標の運動方程式**は式 (8.20) を参照して

$$m\left(\frac{d^2r}{dt^2} - r\left(\frac{d\theta}{dt}\right)^2\right) = -\frac{GMm}{r^2}\ (= F_r) \tag{8.32}$$

$$m\left(r\frac{d^2\theta}{dt^2} + 2\frac{dr}{dt}\frac{d\theta}{dt}\right) = 0\ (= F_\theta) \tag{8.33}$$

となります．

以下，この微分方程式を解いてみます．まず，式 (8.33) は

$$\frac{1}{r}\frac{d}{dt}\left(r^2\frac{d\theta}{dt}\right) = 0$$

と書き換えられるため，解は

$$r^2\frac{d\theta}{dt} = h \quad (h：定数) \tag{8.34}$$

であることがわかります．この式と式 (8.32) から $d\theta/dt$ を消去すれば，未知関数 r に対する微分方程式

$$\frac{d^2r}{dt^2} - \frac{h^2}{r^3} = -\frac{a}{r^2} \quad (a = GM) \tag{8.35}$$

が得られます．

この方程式を解くため，

$$\frac{dr}{dt} = \frac{dr}{d\theta}\frac{d\theta}{dt} = \frac{h}{r^2}\frac{dr}{d\theta}$$

という関係を用います．ただし，式 (8.34) を使っています．さらに 2 階導関数は

$$\frac{d^2r}{dt^2} = \frac{d}{dt}\left(\frac{h}{r^2}\frac{dr}{d\theta}\right) = \frac{d\theta}{dt}\frac{d}{d\theta}\left(\frac{h}{r^2}\frac{dr}{d\theta}\right) = \frac{h^2}{r^2}\frac{d}{d\theta}\left(\frac{1}{r^2}\frac{dr}{d\theta}\right)$$

と書くことができます．したがって，式 (8.35) は

$$\frac{h^2}{r^2}\frac{d}{d\theta}\left(\frac{1}{r^2}\frac{dr}{d\theta}\right) = \frac{h^2}{r^3} - \frac{a}{r^2} \tag{8.36}$$

となります．次に変換

$$u = \frac{1}{r} \tag{8.37}$$

を施すと式 (8.36) は

$$\frac{d^2u}{d\theta^2} + u = \frac{a}{h^2} \tag{8.38}$$

となります．この方程式の一般解は，右辺を 0 にした微分方程式の一般解に式 (8.38) の 1 つの特解 $u = a/h^2$ を足したものであり，

$$u = A\cos(\theta + \alpha) + \frac{a}{h^2} \quad (A, \alpha：任意定数) \tag{8.39}$$

です．したがって，

$$r = \frac{l}{1 + e\cos(\theta + \alpha)} \quad \left(l = \frac{h^2}{a}, e = \frac{Ah^2}{a}\right)$$

となります．上式において $\theta = -\alpha$ のとき r は最小になります．角度 $\theta = 0$ を表す軸をどこにとっても自由なので r が最小になる方向を $\theta = 0$ と決めれば，上式で $\alpha = 0$ とおくことができます．以上をまとめれば，運動方程式を解いて得られた質点の軌跡は

$$r = \frac{l}{1 + e\cos\theta} \tag{8.40}$$

になります．これは極座標で表現した**円錐曲線**を表しています．そして e の値に応じて**楕円**（$0 < e < 1$），**放物線**（$e = 1$），**双曲線**（$e > 1$）になります（図 8.7）．

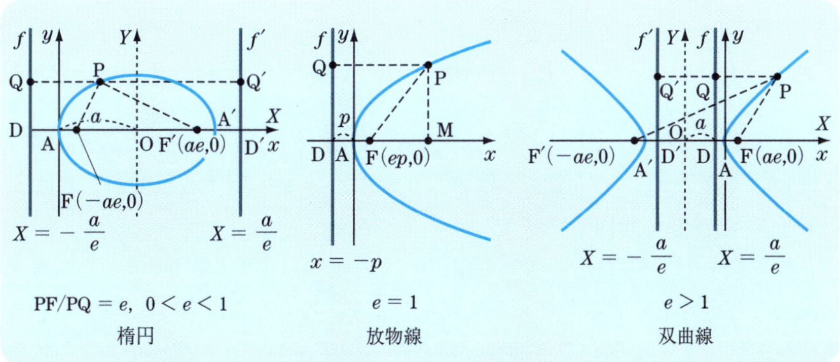

図 8.7

8.5 力学的エネルギー保存法則

本節ではニュートンの運動方程式を積分することにより別の関係式を導きます．ニュートンの運動方程式

$$\boldsymbol{F} = m\boldsymbol{a} = m\frac{d^2\boldsymbol{r}}{dt^2}$$

と $d\boldsymbol{r}/dt$ の内積をとって t に関して区間 $[t_1, t_2]$ で積分すれば

$$m\int_{t_1}^{t_2} \frac{d^2\boldsymbol{r}}{dt^2} \cdot \frac{d\boldsymbol{r}}{dt}dt = \int_{t_1}^{t_2} \boldsymbol{F} \cdot \frac{d\boldsymbol{r}}{dt}dt \tag{8.41}$$

となります．ここで，左辺の被積分関数は

$$\frac{d^2\boldsymbol{r}}{dt^2} \cdot \frac{d\boldsymbol{r}}{dt} = \frac{1}{2}\frac{d}{dt}\left(\frac{d\boldsymbol{r}}{dt} \cdot \frac{d\boldsymbol{r}}{dt}\right) = \frac{1}{2}\frac{d|\boldsymbol{v}|^2}{dt} \tag{8.42}$$

と書けます．ただし，$\boldsymbol{v} = d\boldsymbol{r}/dt$ は速度ベクトルであり

$$|\boldsymbol{v}|^2 = \boldsymbol{v} \cdot \boldsymbol{v}$$

であることを用いています．したがって，式 (8.41) の左辺は積分できて

$$m\int_{t_1}^{t_2} \frac{d^2\boldsymbol{r}}{dt^2} \cdot \frac{d\boldsymbol{r}}{dt}dt = \frac{1}{2}mv_2^2 - \frac{1}{2}mv_1^2 \tag{8.43}$$

となります．ただし，v_1, v_2 はそれぞれ $t = t_1, t_2$ のときの $|\boldsymbol{v}|$ の値です．一方，式 (8.41) の右辺は合成関数の微分法から

$$\int_{t_1}^{t_2} \boldsymbol{F} \cdot \frac{d\boldsymbol{r}}{dt}dt = \int_{\mathrm{P}_1}^{\mathrm{P}_2} \boldsymbol{F} \cdot d\boldsymbol{r} = \int_{\mathrm{P}_1}^{\mathrm{P}_2} (F_x dx + F_y dy + F_z dz) \tag{8.44}$$

となります．ただし，P_1 は $t = t_1$ の質点の位置 (x_1, y_1, z_1) であり，x に関する積分のときは x_1，y に関する積分のときは y_1，z に関する積分のときは z_1 を表します．P_2 も同様です．

一般に式 (8.44) の右辺の積分（線積分）の値は，点 P_1 と P_2 をどのような曲線上にとって積分するかによって変化します．なぜなら，力（F_x 等）は積分路（軌道）によって異なる可能性があるからです．したがって，そのような場合には積分路を指定する必要があります．

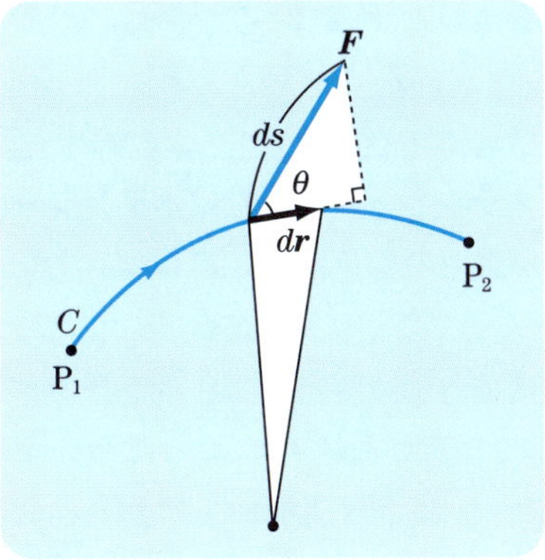

図 8.8

いま図 8.8 に示すように C に沿って積分することを考え，$d\boldsymbol{r}$ と $\boldsymbol{F}$ のなす角を θ，$d\boldsymbol{r}$ の長さ（$|d\boldsymbol{r}|$）を ds，$\boldsymbol{F}$ の大きさ（$|\boldsymbol{F}|$）を F とすれば $\boldsymbol{F}\cdot d\boldsymbol{r} = F\cos\theta ds$ となります．以上のことから

$$\frac{1}{2}mv_2^2 - \frac{1}{2}mv_1^2 = \int_{P_1}^{P_2} \boldsymbol{F}\cdot d\boldsymbol{r} = \int_{P_1}^{P_2} F\cos\theta ds \tag{8.45}$$

という関係が得られます．

式 (8.45) の右辺は曲線 C を有限個の微小線分 C_i（長さ Δs_i）に分けて近似したとき

$$\sum_i (F_i \cos\theta_i)\Delta s_i$$

と近似できます．そして，総和の各項は力の方向に移動したときの距離と力を掛けたもの，すなわち仕事を表します．したがって，式 (8.45) の右辺は曲線に沿ってなされた仕事という意味をもっています．

点 P_2 において質点が静止したとすれば，$v_2 = 0$ になるため，式 (8.45) は

$$\frac{1}{2}mv_1^2 = -\int_{P_1}^{P_2} \boldsymbol{F}\cdot d\boldsymbol{r} = -\int_{P_1}^{P_2} F\cos\theta ds$$

となります．右辺はもともと運動していた質点が静止するまでになす仕事という意味になり，したがって左辺は質点のもつ**運動エネルギー**とみなすべき量になっています．

さて，運動方程式の右辺の力 $\boldsymbol{F}$ を 2 つの部分に分けて

$$\boldsymbol{F} = -\nabla U + \boldsymbol{F}' \tag{8.46}$$

と書くことにします（$U = 0$ も含みます）．この式で右辺第 2 項が 0 になる場合，$\boldsymbol{F}$ を**保存力**，U を**ポテンシャル**（または**ポテンシャルエネルギー**）といいます．たとえば，外力が重力の場合には，$\boldsymbol{F}$ は保存力で

$$U = mgz$$

となります．ただし g は重力加速度とよばれる定数です．保存力のなす仕事を点 P_1 と P_2 の 2 点を結ぶ任意の曲線 C に沿って積分すると，

$$\begin{aligned} -\int_{\mathrm{P}_1}^{\mathrm{P}_2} \nabla U \cdot d\boldsymbol{r} &= -\int_{\mathrm{P}_1}^{\mathrm{P}_2} \left(\frac{\partial U}{\partial x} dx + \frac{\partial U}{\partial y} dy + \frac{\partial U}{\partial z} dz \right) \\ &= -\int_{\mathrm{P}_1}^{\mathrm{P}_2} dU = -\Big[U \Big]_{\mathrm{P}_1}^{\mathrm{P}_2} = U(\mathrm{P}_1) - U(\mathrm{P}_2) \end{aligned} \tag{8.47}$$

となり，その値はどのような曲線に沿うかによらず，点 P_1 と点 P_2 の座標だけで決まります．式 (8.47) を用いれば式 (8.45) は

$$\left(\frac{1}{2} m v_2^2 + U(x_2, y_2, z_2) \right) - \left(\frac{1}{2} m v_1^2 + U(x_1, y_1, z_1) \right) = \int_{\mathrm{P}_1}^{\mathrm{P}_2} \boldsymbol{F}' \cdot d\boldsymbol{r} \tag{8.48}$$

となります．

式 (8.48) において $\boldsymbol{F}$ が保存力で $\boldsymbol{F}'$ がもともと存在しないか，たとえば束縛力のように $\boldsymbol{F}'$ が存在しても運動の方向に垂直な場合（$\boldsymbol{F}' \cdot d\boldsymbol{r} = 0$）は右辺の積分は 0 になります．このとき

$$\frac{1}{2} m v_2^2 + U(x_2, y_2, z_2) = \frac{1}{2} m v_1^2 + U(x_1, y_1, z_1) \tag{8.49}$$

という関係が得られます．運動エネルギーとポテンシャルエネルギーの和を**力学的エネルギー**とよんでいますが，式 (8.49) では保存力のもと（あるいは運動と垂直に働く力のもと）では力学的エネルギーは場所によらないこと，すなわち**力学的エネルギーの保存則**を表しています．なお，外力が重力だけの場合，式 (8.49) は

$$\frac{1}{2} m v^2 + mgz = \text{一定} \tag{8.50}$$

となります．

例題 8.1 図 8.9 に示すような長さ l の振り子が，鉛直軸から θ の角度で振れているとき，最下点における速さを求めなさい．また $l = 3\,\mathrm{m}, \theta = 30^\circ$ のときの速さを計算しなさい．ただし，摩擦や空気の抵抗は無視し，重力加速度を $9.8\,\mathrm{m/s^2}$ とします．

【解】 力学的エネルギー保存法則を利用します．図より最高点は最下点より $l(1-\cos\theta)$ だけ高い位置にあります．また最高点では速さは 0 です．そこで，最下点の高さを $z = 0$ とし，そこでの速さを v とすれば，式 (8.50) より

$$\frac{1}{2}mv^2 + mg \times 0 = \frac{1}{2}m0^2 + mgl(1 - \cos\theta)$$

が成り立ちます（m は振り子につるされている重りの質量）．したがって，

$$v = \sqrt{gl(1 - \cos\theta)}$$

となります．特にこの式に与えられた数値を代入すれば

$$\begin{aligned} v &= \sqrt{9.8 \times 3 \times \left(1 - \frac{\sqrt{3}}{2}\right)} \\ &= 1.985\,\mathrm{m/s} \end{aligned}$$

となります． □

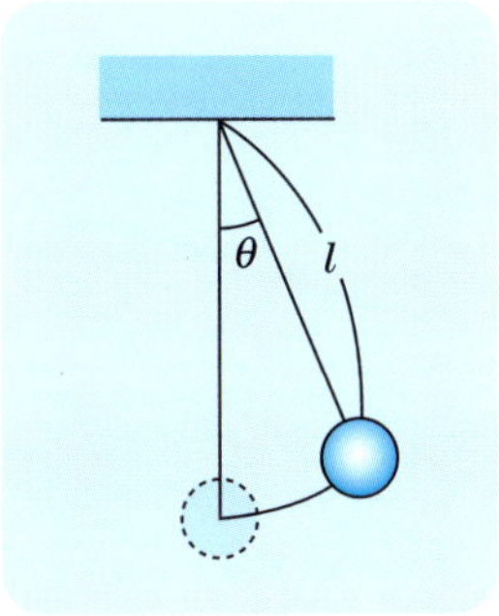

図 8.9

問 8.1 高さ h のところから石ころを落としたとき地面での速さを求めなさい．ただし，重力加速度を g とし，空気の抵抗は無視します．

第 8 章の演習問題

1　図 8.10 に示すように，鉛直面 (xy 平面とします) 内において点 $(0, h)$ から x 方向に速さ v_0 で質量 m の物体を投げたとき，地面（$y = 0$）に到達したときの距離および到達するまでに要した時間をニュートンの運動方程式

$$m\frac{d^2\boldsymbol{r}}{dt^2} = m\boldsymbol{g} \quad (\boldsymbol{r} = (x, y),\ \boldsymbol{g} = (0, -g))$$

を解くことにより求めなさい．

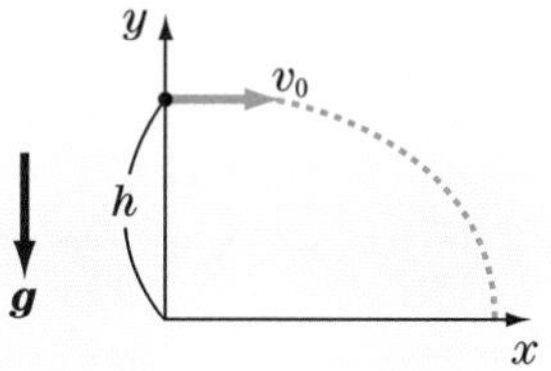

図 8.10

2　水平面と角度 β をなす斜面からある角度で物体を投げたとき，到達点を最長にするための角度と到達距離を，図 8.11 を参考にして求めなさい．

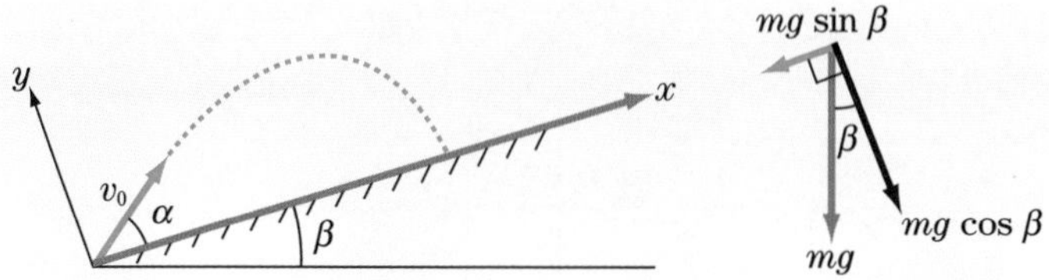

図 8.11

3　運動する点の速度を $\boldsymbol{v}$，加速度を $\boldsymbol{a}$ とした場合，曲率は

$$\kappa = \frac{|\boldsymbol{v} \times \boldsymbol{a}|}{|\boldsymbol{v}|^3}$$

となることを示しなさい．

4 静止した座標系と原点 O を共有し，角速度 $\boldsymbol{\omega}$ で回転している座標系を考え，ベクトル $\boldsymbol{A}$ が 2 つの座標系で

$$\boldsymbol{A} = A_x\boldsymbol{e}_x + A_y\boldsymbol{e}_y + A_z\boldsymbol{e}_z = A'_x\boldsymbol{e}_x{}' + A'_y\boldsymbol{e}_y{}' + A'_z\boldsymbol{e}_z{}'$$

で表されたとします．このとき

$$\frac{d\boldsymbol{A}}{dt} = \frac{d'\boldsymbol{A}}{dt} + \boldsymbol{\omega}\times\boldsymbol{A}$$
$$\left(\text{ただし}\frac{d'\boldsymbol{A}}{dt} = \frac{dA'_x}{dt}\boldsymbol{e}_x{}' + \frac{dA'_y}{dt}\boldsymbol{e}_y{}' + \frac{dA'_z}{dt}\boldsymbol{e}_z{}'\right)$$

となることを示しなさい．なお，$\boldsymbol{e}_x, \boldsymbol{e}_y, \boldsymbol{e}_z$ は回転系に固定された単位ベクトルであるので図 8.12 から

$$\frac{d\boldsymbol{e}_x{}'}{dt} = \boldsymbol{\omega}\times\boldsymbol{e}_x{}', \quad \frac{d\boldsymbol{e}_y{}'}{dt} = \boldsymbol{\omega}\times\boldsymbol{e}_y{}', \quad \frac{d\boldsymbol{e}_z{}'}{dt} = \boldsymbol{\omega}\times\boldsymbol{e}_z{}'$$

となることを用いなさい．

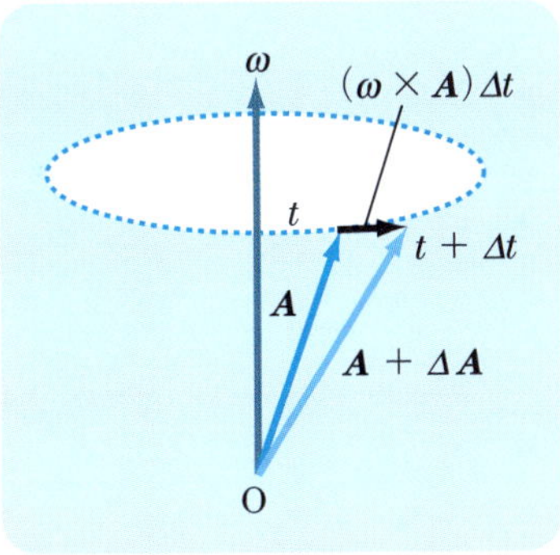

図 8.12

5 平面内を運動する質点に $\boldsymbol{f} = (ax^2, bxy)$ という力が働いているとします．このとき，x 軸上の点 P$(c, 0)$ から y 軸上の点 Q$(0, c)$ まで，半径 c の円周 C にそって動く場合と，線分 PQ に沿って動く場合の仕事を求めなさい．

第9章

ベクトルと流体力学

第８章ではベクトルの力学への応用について述べましたが，ベクトルの応用範囲は力学にとどまらず物理学の広い範囲にわたっています．その中でも気体や液体の運動を議論する流体力学は，ベクトルの応用分野というだけでなく，発散や回転，積分定理などのベクトル特有の演算の物理的意味を知る上でも重要です．

本章の内容

流体力学とベクトル
オイラー方程式
ベルヌーイの定理
流体力学と積分定理

9.1 流体力学とベクトル

気体と液体は固体のように決まった形をもたずどのような形の容器にもみたすことができます．また変形に対してほとんど抵抗を示さず，力を加えると流れるという力学的に類似した性質をもっています．そこで，力学では気体と液体を総称して**流体**とよんでいます．

流体は「流れる」という性質をもつため，流体の運動を記述するもっとも基本的な量は流速になります．それに加えて**圧力**や**密度**，温度といった（熱力学的な）量も重要です．流速は大きさと方向をもつベクトル量であり，3次元空間では3つの成分をもっています．一方，**熱力学量**は大きさだけをもつスカラー量です．熱力学の基本法則によれば，一見多くあるように見える熱力学量のなかで独立なものは2つだけであり，これら2つの量を指定すれば他の量はこの2つの量で表されます．

以上のことから，流体の運動を調べるためには1つのベクトル量と2つのスカラー量がわかればよいことになります．そしてこれらの量が満たす方程式を導くために古典物理学における3つの保存則，すなわち質量の保存法則，運動量の保存法則，エネルギーの保存法則が用いられます．このうち，質量とエネルギーはスカラー量であり，運動量はベクトル量であるため，方程式の数と未知数の数は一致します．ただし，多くの流れでは流体の運動中に密度が一定，あるいは密度が一定でなくても圧力だけの関数とみなせます．そのときには，エネルギーの保存則を考えなくても方程式の数と未知数の数は一致します．本節では，このような場合を考え，さらに議論を簡単にするために流体は粘性をもたないと仮定します（**完全流体**とよばれています）．

保存法則　**保存法則**を導くためには図 9.1 に示すように流れの中に閉曲面で囲まれた領域を考え，物理量の出入りを勘定します．いま領域内の物理量（スカラーやベクトル）を A とし，境界面を通して領域内に単位時間に流入する物理量を Q_S，領域内での単位時間あたりの生成量を Q_V と書くことにすれば，この両者の和が A の単位時間あたりの増加量 $\partial A/\partial t$[†] と等しくなります．したがっ

† 単位時間あたりの増加量であることは $\dfrac{\partial A}{\partial t} \sim \dfrac{A(t+\Delta t)-A(t)}{\Delta t}$ と書けば理解できます．

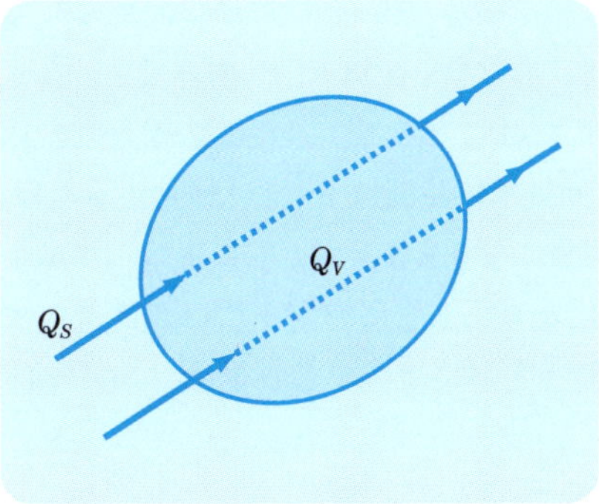

図 9.1

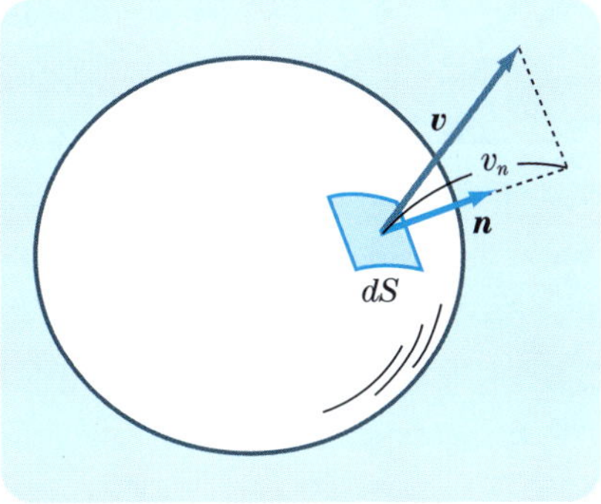

図 9.2

て，保存法則は一般に

$$\frac{\partial A}{\partial t} = Q_S + Q_V \tag{9.1}$$

という形をもっています．

A として，質量，運動量をとり，質量の保存法則と運動量の保存法則を定式化することにします．

質量の保存法則　式 (9.1) の物理量 A として質量を考えることにします．図 9.1 の領域内に，体積 dV の微小な領域をとると，この微小領域の質量は ρdV になります．したがって，領域全体では

$$A = \iiint_V \rho dV \tag{9.2}$$

となります．

領域内では質量が湧き出したり消えたりしないため式 (9.1) の Q_V は 0 になります．一方，流体が流れることによって領域内に質量が流入したり流出したりします．そこで，境界面上に図 9.2 に示すような微小な面を考えます．ただし，その面積を dS，面の外向き法線方向の単位ベクトルを $\boldsymbol{n}$，面における流速を $\boldsymbol{v}$ とします．この面を通って単位時間に外部に流出する質量を求めてみます．

流速ベクトルを面の法線方向成分 v_n と面に沿った方向成分 v_t に分解して考えると流出に関係するのは面に垂直な方向（すなわち法線方向）のみです．なぜなら，接線方向の速度は面に沿って流れるだけだからです．この法線方向の速度 v_n によって，流体は面に対して垂直方向に単位時間に v_n だけ移動するため，単位時間に流出する体積は $v_n dS = \boldsymbol{v}\cdot\boldsymbol{n}dS$ になります．ただし，$v_n = \boldsymbol{v}\cdot\boldsymbol{n}$ を用いています．符号を逆にすれば流入量になり，さらに密度を掛ければ流入する質量になります．したがって，単位時間当たりに流入する質量は $-\rho\boldsymbol{v}\cdot\boldsymbol{n}dS$ であり，面全体では

$$Q_S = -\oiint_S \rho\boldsymbol{v}\cdot\boldsymbol{n}dS \tag{9.3}$$

です．$Q_V = 0$ であるため，式 (9.1), (9.2), (9.3) より

$$\frac{\partial}{\partial t}\iiint_V \rho dV + \oiint_S \rho\boldsymbol{v}\cdot\boldsymbol{n}dS = 0 \tag{9.4}$$

となります．これが**質量保存則**を表す方程式になっています．

式 (9.4) は積分の形で表現されていますが，ガウスの定理を用いれば取り扱いやすい形に変形できます．すなわち，式 (6.24) で $\boldsymbol{A} = \rho\boldsymbol{v}$ とおいて，式 (9.4) の左辺第 2 項にガウスの定理を適用すれば

$$\frac{\partial}{\partial t}\iiint_V \rho dV + \iiint_V \nabla\cdot(\rho\boldsymbol{v})dV = \iiint_V \left(\frac{\partial\rho}{\partial t} + \nabla\cdot(\rho\boldsymbol{v})\right)dV = 0$$

となります．ただし，積分と微分の順序を交換しています．上式が任意の領域で成り立つためには被積分関数が 0 にならなければならないため，微分方程式

$$\frac{\partial\rho}{\partial t} + \nabla\cdot(\rho\boldsymbol{v}) = 0 \tag{9.5}$$

が得られます．これが，微分方程式の形で表した質量保存則であり**連続の式**とよばれています．なお，密度が一定の場合には上式は簡単に

$$\nabla\cdot\boldsymbol{v} = 0 \tag{9.6}$$

となります．

9.2 オイラー方程式

本節では完全流体の運動量の保存を表すオイラー方程式を導きます.

運動量の保存法則 式 (9.1) の A はベクトルでも成り立ちます. そこで A として運動量 $m\boldsymbol{v}$ をとり, 図 **9.1** に示す領域における**運動量保存則**を考えます. まず, この領域内に体積 dV の微小領域をとると, $m = \rho dV$ となるため, 領域全体での運動量の単位時間あたりの増加 $\partial(m\boldsymbol{v})/\partial t$ は

$$\frac{\partial}{\partial t}(m\boldsymbol{v}) = \frac{\partial}{\partial t}\iiint_V \rho\boldsymbol{v}dV = \iiint_V \frac{\partial(\rho\boldsymbol{v})}{\partial t}dV \tag{9.7}$$

となります. 流体は流れることによって質量とともに運動量も運びます. 質量に速度をかけたものが運動量であるため, この領域に表面を通して単位時間に流入する運動量は式 (9.3) を参照して,

$$\boldsymbol{Q}_{S_1} = -\oiint_S (\rho\boldsymbol{v}\cdot\boldsymbol{n})\boldsymbol{v}dS \tag{9.8}$$

となります.

運動量の流入以外に領域の運動量を変化させる原因として領域に働く力があります†.

領域に働く力には領域の表面を通して働く**面積力**（表面力）

$$\boldsymbol{F}_S = \boldsymbol{Q}_{S_2}$$

と, 体積部分に働く**体積力**

$$\boldsymbol{F}_V = \boldsymbol{Q}_V$$

があります. 単位面積当りの表面力は応力ともよばれ, 面に垂直方向に働く圧力と粘性を考慮する場合には面に沿って働く剪断（せんだん）力があります. ただし, 前述のとおり本節では粘性を無視するため圧力だけが関係します. 体積力は重力や浮力, 電磁気力のような力です.

領域の境界面の微小面素 dS に働く面積力は, 面素の外向き法線ベクトルを $\boldsymbol{n}$ とすれば, $-p\boldsymbol{n}dS$ となります. ただし, p は圧力の大きさであり, 圧力が単位面積当たりの力であることと面に垂直で面を押す方向（内側向き）に働くこ

† 厳密には**力積**ですが, 単位時間を考えているため力積は力と同じです.

とを用いています．したがって，領域全体では面積力として

$$\boldsymbol{F}_S = -\oiint_S p\boldsymbol{n}dS \ \ (= \boldsymbol{Q}_{S_2}) \tag{9.9}$$

が働きます．

次に領域内の微小要素 dV に働く体積力は，単位質量あたりの体積力を $\boldsymbol{f}_V$ とすれば，$\rho\boldsymbol{f}_V dV$ となるため，領域全体では

$$\boldsymbol{F}_V = \iiint_V \rho\boldsymbol{f}_V dV \ \ (= \boldsymbol{Q}_V) \tag{9.10}$$

になります．

式 (9.1), (9.7), (9.8), (9.9), (9.10) から運動量保存を表す式は

$$\iiint_V \frac{\partial(\rho\boldsymbol{v})}{\partial t}dV = -\oiint_S (\rho\boldsymbol{v}\cdot\boldsymbol{n})\boldsymbol{v}dS - \oiint_S p\boldsymbol{n}dS + \iiint_V \rho\boldsymbol{f}_V dV \tag{9.11}$$

となります．ただし，$\boldsymbol{Q}_S = \boldsymbol{Q}_{S_1} + \boldsymbol{Q}_{S_2}$ としています．

次に式 (9.11) を微分方程式に直してみます．式 (9.11) はベクトルの関係式であるため，x_i 方向成分（x_1, x_2, x_3 を x, y, z とします）を考えます．このとき，右辺第 1 項の i 成分はガウスの定理から

$$\oiint_S (\rho\boldsymbol{v}\cdot\boldsymbol{n})v_i dS = \oiint_S (\rho v_i\boldsymbol{v})\cdot\boldsymbol{n}dS = \iiint_V \nabla\cdot(\rho v_i\boldsymbol{v})dV$$

となります．また式 (9.11) の第 2 項は式 (6.25) を参照すれば

$$\begin{aligned}\oiint_S p\boldsymbol{n}dS &= \boldsymbol{i}\oiint_S pn_x dS + \boldsymbol{j}\oiint_S pn_y dS + \boldsymbol{k}\oiint_S pn_z dS \\ &= \boldsymbol{i}\iiint_V \frac{\partial p}{\partial x_1}dV + \boldsymbol{j}\iiint_V \frac{\partial p}{\partial x_2}dV + \boldsymbol{k}\iiint_V \frac{\partial p}{\partial x_3}dV = \iiint_V \nabla p dV\end{aligned}$$

となります．したがって x_i 軸方向成分は

$$\iiint_V (\nabla p)_i dV = \iiint_V \frac{\partial p}{\partial x_i}dV$$

です．これらの関係を用いれば，式 (9.11) の右辺を左辺に移項した式の x_i 方向成分は

$$\iiint_V \left(\frac{\partial}{\partial t}(\rho v_i) + \nabla\cdot(\rho v_i\boldsymbol{v}) + \frac{\partial p}{\partial x_i} - \rho K_i\right)dV = 0$$

となります．ただし $\boldsymbol{f}_V = \boldsymbol{K} = (K_1, K_2, K_3)$ と書いています．この式が任意

の領域で成り立つためには，被積分関数が 0，すなわち

$$\frac{\partial}{\partial t}(\rho v_i) + \nabla \cdot (\rho v_i \boldsymbol{v}) = -\frac{\partial p}{\partial x_i} + \rho K_i \tag{9.12}$$

が得られます．これが運動量保存を表す方程式（運動方程式）です．ここで，左辺は

$$\begin{aligned} &\left(\frac{\partial \rho}{\partial t} v_i + \rho \frac{\partial v_i}{\partial t}\right) + (v_i \nabla \cdot \rho \boldsymbol{v} + \nabla v_i \cdot \rho \boldsymbol{v}) \\ &= v_i \left(\frac{\partial \rho}{\partial t} + \nabla \cdot \rho \boldsymbol{v}\right) + \rho \left(\frac{\partial v_i}{\partial t} + \nabla v_i \cdot \boldsymbol{v}\right) \end{aligned} \tag{9.13}$$

と変形できます．ただし，5.5 節の公式 (7)

$$\nabla \cdot (f\boldsymbol{A}) = \nabla f \cdot \boldsymbol{A} + f \nabla \cdot \boldsymbol{A}$$

（5 章の章末問題参照）において $f = v_i$, $\boldsymbol{A} = \rho \boldsymbol{v}$ とみなした式を用いています．式 (9.13) の右辺のはじめの括弧内は式 (9.5) から 0 になります．また 2 番目の括弧内の第 2 項は

$$\begin{aligned} \nabla v_i \cdot \boldsymbol{v} &= \left(\frac{\partial v_i}{\partial x_1}\boldsymbol{i} + \frac{\partial v_i}{\partial x_2}\boldsymbol{j} + \frac{\partial v_i}{\partial x_3}\boldsymbol{k}\right) \cdot (v_1 \boldsymbol{i} + v_2 \boldsymbol{j} + v_3 \boldsymbol{k}) \\ &= v_1 \frac{\partial v_i}{\partial x_1} + v_2 \frac{\partial v_i}{\partial x_2} + v_3 \frac{\partial v_i}{\partial x_3} = (\boldsymbol{v} \cdot \nabla) v_i \end{aligned}$$

となります†．

以上のことから，式 (9.12) を ρ で割った式は

$$\frac{\partial v_i}{\partial t} + (\boldsymbol{v} \cdot \nabla) v_i = -\frac{1}{\rho} (\nabla p)_i + K_i$$

となり，さらにこの式をベクトルを使って表記すれば

$$\frac{\partial \boldsymbol{v}}{\partial t} + (\boldsymbol{v} \cdot \nabla) \boldsymbol{v} = -\frac{1}{\rho} \nabla p + \boldsymbol{K} \tag{9.14}$$

となります．式 (9.14) を**オイラー方程式**といいます．

式 (9.6) と式 (9.14) は $\boldsymbol{v}$ と p に関する方程式であり，これを連立させて解くことにより，密度が一定で，粘性をもたない流体の運動が求まります．

† $\boldsymbol{v} \cdot \nabla$ は次式で定義される演算子です．

$$\boldsymbol{v} \cdot \nabla = v_1 \frac{\partial}{\partial x_1} + v_2 \frac{\partial}{\partial x_2} + v_3 \frac{\partial v}{\partial x_3} = u \frac{\partial}{\partial x} + v \frac{\partial}{\partial y} + w \frac{\partial}{\partial z}$$

9.3 ベルヌーイの定理

オイラー方程式 (9.14) に現れた $(\boldsymbol{v}\cdot\nabla)\boldsymbol{v}$ は

$$(\boldsymbol{v}\cdot\nabla)\boldsymbol{v} = -\boldsymbol{v}\times(\nabla\times\boldsymbol{v}) + \frac{1}{2}\nabla|\boldsymbol{v}|^2 \tag{9.15}$$

というように書き換えられます（章末の演習問題 **1** 参照）[†].

さらに，外力 $\boldsymbol{K}$ が

$$\boldsymbol{K} = -\nabla U \tag{9.16}$$

というように，スカラーの関数 U の勾配の形で書けたとします．このような形になる力を保存力といいます[††].

密度が一定値 ρ_0 であるとした上で，式 (9.15), (9.16) をオイラー方程式に代入すると，

$$\frac{\partial\boldsymbol{v}}{\partial t} + (\nabla\times\boldsymbol{v})\times\boldsymbol{v} = -\nabla\left(\frac{1}{2}|\boldsymbol{v}|^2 + \frac{p}{\rho_0} + U\right) \tag{9.17}$$

となります．

流体内に**流線**[†††]を 1 本考えます（図 **9.3**）．流線の接線単位ベクトルを $\boldsymbol{e}$ として，式 (9.17) と $\boldsymbol{e}$ の内積をとると，ベクトル $\nabla\times\boldsymbol{v}$ はベクトル $\boldsymbol{v}$，したがって，ベクトル $\boldsymbol{e}$ と垂直であるため

$$\boldsymbol{e}\cdot\frac{\partial\boldsymbol{v}}{\partial t} = -\boldsymbol{e}\cdot\nabla\left(\frac{1}{2}|\boldsymbol{v}|^2 + \frac{p}{\rho_0} + U\right) = -\frac{\partial}{\partial l}\left(\frac{1}{2}|\boldsymbol{v}|^2 + \frac{p}{\rho_0} + U\right) \tag{9.18}$$

となります．ここで $\partial/\partial l$ は流線に沿った方向微分です．

時間的に変化しない流れを考えます．このような流れを定常流とよんでいますが，定常流であれば式 (9.18) の左辺は 0 です．このとき，式 (9.18) は l に沿って

[†] 外積 ∇ は 3 次元ベクトルで定義されるため，2 次元流の場合には $\boldsymbol{v} = (u, v, 0)$ と考えます．

[††] 重力は z 軸を鉛直上向きにとれば $(0, 0, -g)$ なので $U = gz$ として保存力です．

[†††] 図 **9.3** に示すように速度ベクトルを次々につなげてできる曲線．

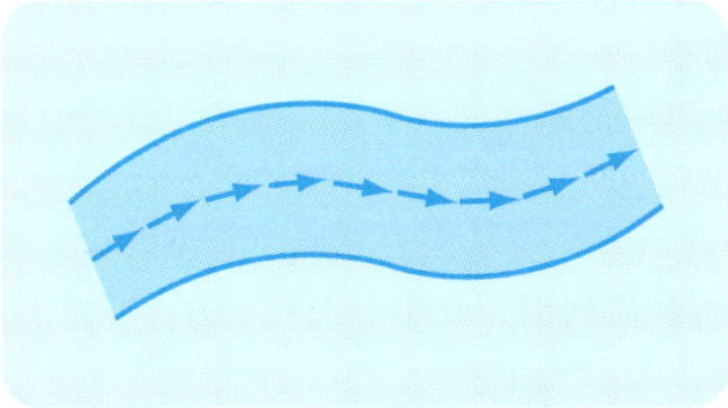

図 9.3

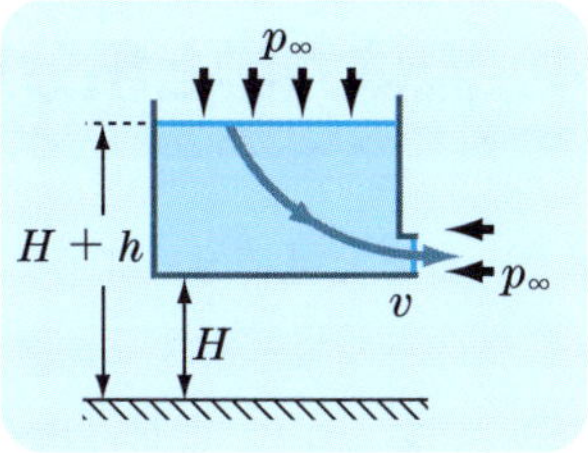

図 9.4

$$\frac{1}{2}|\boldsymbol{v}|^2 + \frac{p}{\rho_0} + U = (一定) \tag{9.19}$$

であることを意味しています．ただし，一般に一定値は流線ごとに異なっています．式 (9.19) を**ベルヌーイの定理**とよんでいます．

特に外力として重力を考えると $U = gz$ であるため，式 (9.19) はよく知られた形

$$\frac{1}{2}\rho_0 v^2 + p + \rho_0 gz = (一定) \tag{9.20}$$

になります（$|\boldsymbol{v}| = v$ とおいています）．

問9.1　渦度（うずど）ベクトル $\boldsymbol{\omega}$ を連ねた線を流線に対応して**渦線**（うずせん）といいます．渦線の上でもベルヌーイの定理 9.19 が成り立つことを示しなさい．

例題9.1　図 9.4 に示すような，水の入ったタンクに噴出口がある場合の水の噴出速度を求めなさい．

【解】　図 9.4 に示すようにタンクの噴出口をとおる 1 本の流線を考え，この流線にベルヌーイの定理 (9.20) を適用してみます．基準点から噴出口までの高さを H，噴出口から流体表面までの高さを h とします．さらにタンクは十分に大きく，液体面の下降速度は無視できるとします．また大気圧を p_∞ とします．このとき式 (9.20) は

$$p_\infty + \rho g(H+h) = \frac{1}{2}\rho v^2 + p_\infty + \rho gH$$

となるため，この式を v について解くと

$$v = \sqrt{2gh} \tag{9.21}$$

であることがわかります．これを**トリチェリの定理**とよんでいます．　□

9.4 流体力学と積分定理

本章でいままで見てきたように，流体力学の基礎方程式や基本的な定理を導くときにベクトル場に対する演算が有効に利用されました．一方，5.3節ではベクトル場の発散（div）の物理的な意味を，流体を例にとって説明しました．すなわち，発散は流体の単位時間，単位体積あたりの減少（増加）量でした．さらに5.4節ではベクトル場の回転（rot）が物体（流体も含みます）の回転に関連する量であることも示しました．本節では，第6章でとりあげたストークスの定理やガウスの定理を流体力学的に解釈してみます．

渦度と循環 流速ベクトル $\boldsymbol{v}$ の回転を渦度（うずど）（ベクトル）とよびます．すなわち渦度を $\boldsymbol{\omega}$ と記せば

$$\boldsymbol{\omega} = \mathrm{rot}\,\boldsymbol{v} \tag{9.22}$$

です．渦度は5.4節で述べたように流体の回転と関連しますが，流体の大きな部分が剛体のように一様に回転することは通常は起こり得ないことと，rotが微分演算であることから，微小部分の回転を表す量と考えます．一方，流体がある点のまわりを回転している状態のとき，日常的には渦があるといいます．また，回転の速さが速いほど渦が強いともいいます．このような日常的な意味での渦と前述の渦度は関係はありますが，同一のものではありません．実際，回転している流体で渦度が0ということもあります．たとえば，台風など空気中の大規模な渦による風速は中心からの距離に反比例します．このとき風速は，中心を原点とし，回転軸を z 軸にする円柱座標系において $v_r = 0$, $v_\theta = k/r$, $v_z = 0$ で近似できます．この速度から第7章の演習問題**1**(4)の結果を用いて渦度を計算すると0になります．

そこで，日常的な渦の強弱を定量的に評価するのにはどのようにすればよいかを考えてみます．典型的な例として流線が円の場合を考えます．渦が強いときは円周方向速度が大きいと考えられます．したがって，渦の強さは速度の円周方向成分と関係します．しかし，いくら回転が強くても非常に小さな領域でしか回転していなければ他に及ぼす効果は小さくなります．すなわち，回転半径あるいは円周の長さにも関係します．そこで，回転速度 v_θ と回転半径 r が一

定であれば，渦の強さを $2\pi r v_\theta$ とするのが妥当です．流線が円でなくても閉じている場合には，曲線の微小要素 ds を考え，その部分の流線に沿った速度を v_t としたとき，$v_t ds$ を曲線の全体にわたって積分します．すなわち，

$$\Gamma_C = \oint_C v_t ds = \oint_C \boldsymbol{v} \cdot d\boldsymbol{s} \tag{9.23}$$

という量が日常的な渦の強さを表す量になります．この量を**循環**とよんでいます．

ストークスの定理　循環と渦度の間には密接な関係があることが図 9.5 からわかります．すなわち，微小部分で定義される渦度にその微小部分の面積を掛けた量が微小部分の循環になり[†]，その循環を面全体で足し合わせたものが面に対する循環になります．この場合，内部の回転は互いに打ち消しあって境界には現われません．図 9.5 では考えている面が平面でしたが，これは図 9.6 に示すような空間内の曲面にも拡張できます．ただし，この場合には図 9.6 に示すように渦度（回転）を曲面内に限る必要があるため，渦度の曲面に垂直方向の方向微分 $\mathrm{rot}\,\boldsymbol{v}\cdot\boldsymbol{n}dS$ を足し合わせることになります．以上のことを式で表現すれば，式 (9.23) を参照して

$$\Gamma_C = \oint_C \boldsymbol{v} \cdot d\boldsymbol{s} = \iint_S (\mathrm{rot}\,\boldsymbol{v}) \cdot \boldsymbol{n} dS \tag{9.24}$$

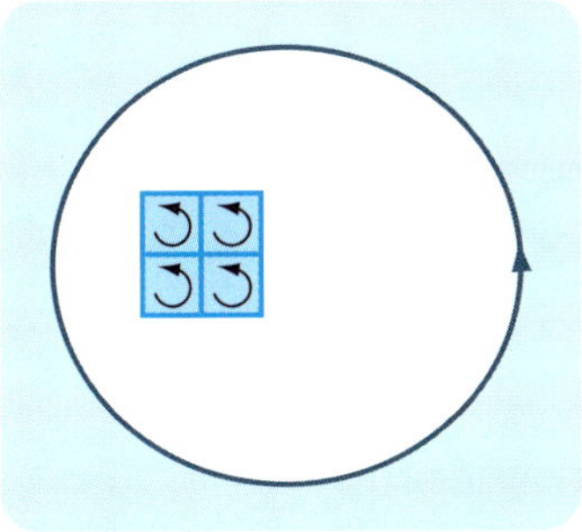

図 9.5

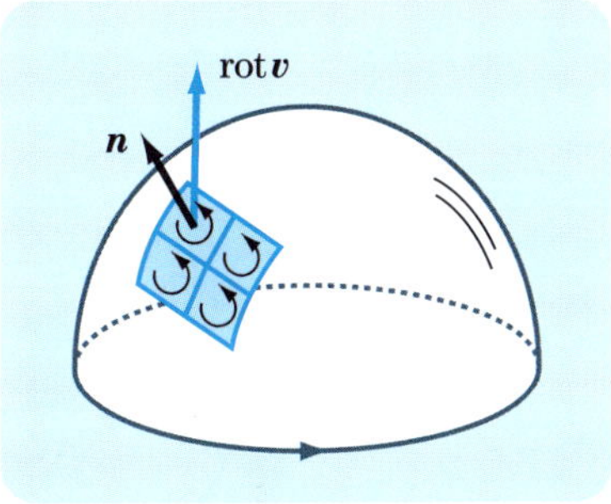

図 9.6

† たとえば xy 面の微小長方形で考えれば渦度の z 成分は

$$\frac{\partial v}{\partial x} - \frac{\partial u}{\partial y} \fallingdotseq \frac{v(x+\Delta x) - v(x)}{\Delta x} - \frac{u(y+\Delta y) - u(y)}{\Delta y}$$

で近似できます．これに微小部分の面積 $\Delta x \Delta y$ を掛ければ

$$v(x+\Delta x)\Delta y - u(y+\Delta y)\Delta x - v(x)\Delta y + u(y)\Delta x$$

となるため，微小部分の循環になります．

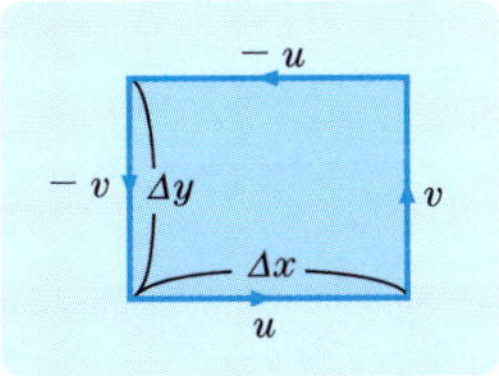

図 9.7

となります．この式は $\boldsymbol{v}$ を一般のベクトル $\boldsymbol{A}$ と考えればストークスの定理に他なりません．

ガウスの定理　ガウスの定理もベクトル $\boldsymbol{A}$ を流速ベクトル $\boldsymbol{v}$ と考えれば自然に理解できます．5.3節で述べたようにベクトル場の発散は流体の単位時間，単位体積あたりの流量の減少（増加）量でした．したがって，図9.8に示すように領域を多くの微小部分に分け，1つの微小体積 ΔV を考えれば，その部分の流量の減少量は $\mathrm{div}\,\boldsymbol{v}\Delta V$ です．したがって，領域全体ではこれらの足し合わせた量になります．一方，この流量の増減は図9.8に示す領域全体の表面 S で考えた流量の増減と等しくなるはずです．これは，表面の微小面積を単位時間に通りすぎる流量

$$v_n \Delta S = \boldsymbol{v} \cdot \boldsymbol{n} dS$$

を表面全体で足したものになります．以上のことを式で表現すれば

$$\oiint \boldsymbol{v} \cdot \boldsymbol{n} dS = \iiint_V \mathrm{div}\,\boldsymbol{v} dV \tag{9.25}$$

となりますが，これは $\boldsymbol{v}$ を $\boldsymbol{A}$ と考えればガウスの定理になっています．

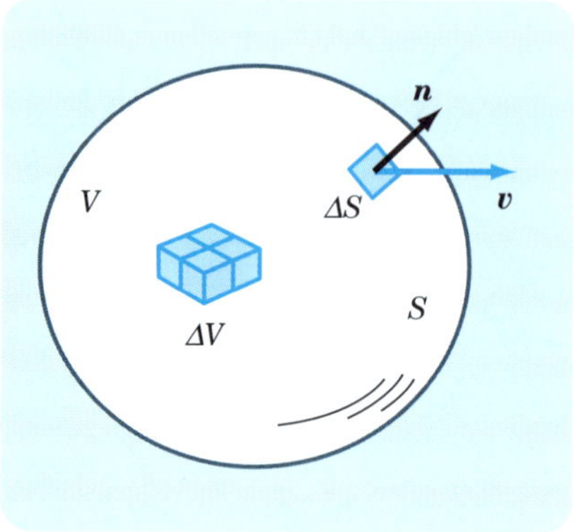

図 9.8

第 9 章の演習問題

1 式 (9.15) を証明しなさい．

2 内径が a から b に変化する円形断面の管があり，その中を一定密度 ρ の完全流体が定常的に流れているとします．図 9.9 の点 A の圧力を p_{A}, 点 B の圧力を p_{B} としたとき，点 A での流速を $\rho, p_{\mathrm{A}}, p_{\mathrm{B}}, a, b$ を用いて表しなさい．ただし，$a < b$ とします．

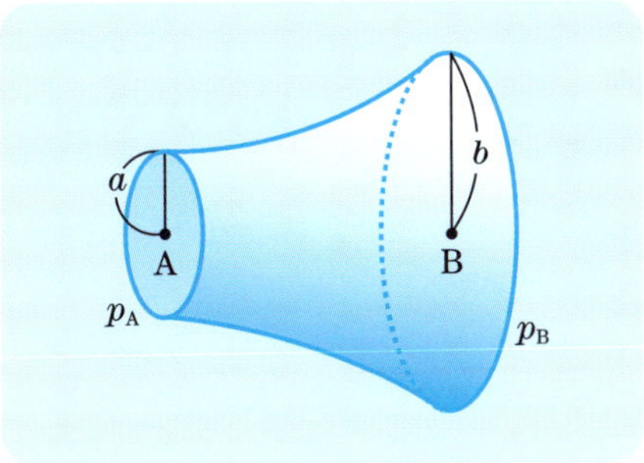

図 9.9

3 オイラー方程式の回転をとると渦度ベクトル $\boldsymbol{\omega}$ に関する

$$\frac{\partial \boldsymbol{\omega}}{\partial t} + (\boldsymbol{v} \cdot \nabla)\boldsymbol{\omega} - (\boldsymbol{\omega} \cdot \nabla)\boldsymbol{v} = 0$$

という方程式が得られることを示しなさい．ただし，連続の式 $(\nabla \cdot \boldsymbol{v} = 0)$ が成り立っているとします．

4 $\boldsymbol{v} = (A\sin z + C\cos y, B\sin x + A\cos z, C\sin y + B\cos x)$ $(A, B, C$：定数$)$ で表される時間に依存しない流れがあるとします．

(1) $\nabla \cdot \boldsymbol{v} = 0$ を示しなさい．

(2) $\nabla \times \boldsymbol{v} = \boldsymbol{v}$ を示しなさい．

(3) オイラー方程式を満たすとして，圧力を求めなさい．

第10章

ベクトルと電磁気学

古典物理学の大きな柱は力学と電磁気学ですが，電磁気学においてもベクトルはなくてはならない存在です．本章では紙面の関係では電場と電位，および電流と磁場の関係を与えるビオ・サバールの法則を例にとって，ベクトルの重要性の一端を紹介することにします．

本章の内容

10.1 クーロンの法則と電場

質量をもった 2 つの物体間に距離の 2 乗に反比例した引力が働くように，電荷（正または負の値）をもった（荷電した）2 つの物体間にも距離の 2 乗に反比例した引力または斥力が働きます．いま，点 A にある物体の電荷を q_1, 点 B にある物体の電荷を q_2, 2 点間の距離を r とすれば，それぞれの物体に働く力の大きさ F は

$$F = \frac{1}{4\pi\varepsilon_0}\frac{q_1 q_2}{r^2} \tag{10.1}$$

となります．ただし，$1/(4\pi\varepsilon_0)$ は定数であり便宜的にこのような形にしてあります．定数の具体的な値は，2 つの電荷が 1 C（クーロン）という単位の電荷をもって 1 m（メートル）離れて置かれたとき，働く力の大きさが 1 N（ニュートン）になるように決められています．この力は 2 つの物体を結ぶ直線の方向を向いており，同符号（正と正，負と負）の電荷の場合には斥力，異符号（正と負）の電荷の場合には引力になります．式 (10.1) は 18 世紀後半にクーロンによって発見されたため，**クーロンの法則**とよばれています．

力はベクトル量であるため，式 (10.1) をベクトル表示するのが便利です．図 10.1 において点 A の電荷 q_1 によって点 B の電荷 q_2 に働くクーロン力はベクトル $\overrightarrow{\mathrm{AB}}$ を $\boldsymbol{r}$ で表すと

$$\boldsymbol{F} = \frac{1}{4\pi\varepsilon_0}\frac{q_1 q_2}{r^2}\frac{\boldsymbol{r}}{r} \tag{10.2}$$

となります．なぜなら，式 (10.2) は式 (10.1) にベクトル $\boldsymbol{r}/r$ を乗じたものですが，ベクトル $\boldsymbol{r}/r$ の大きさは 1 であり，方向は $\overrightarrow{\mathrm{AB}}$ に一致するからです．

クーロンの法則は 2 つの電荷の間の相互作用を記述していますが，たとえば電荷 q_1 を基準にして，そこに電荷 q_2 をもちこんだとき式 (10.2) で表される力が働くと解釈できます．すなわち，電荷 q_1 によって空間が作用を受けて，その結果，その空間に q_2 の大きさの電荷をもちこめば，式 (10.2) の力が働くと考えます．1 C の電荷をもちこんだときの力を $\boldsymbol{E}_1$ N と書くことにすれば

$$\boldsymbol{E}_1 = \frac{1}{4\pi\varepsilon_0}\frac{q_1}{r^2}\frac{\boldsymbol{r}}{r} \tag{10.3}$$

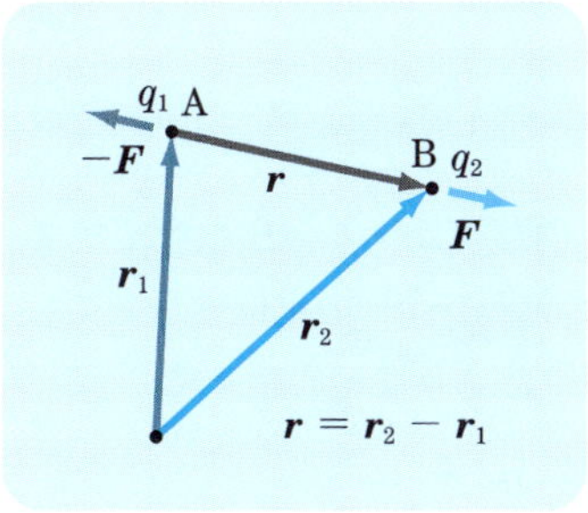

図 10.1

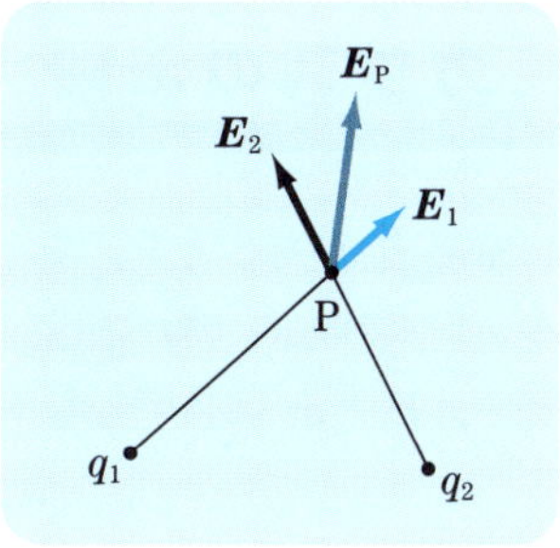

図 10.2

となるため，このように解釈すれば電荷 q_2 の物体に働く力は $\boldsymbol{F} = q_2\boldsymbol{E}_1$ となります．また，この物体を取り除いて，電荷 q_3 をもった別の物体を持ち込めば，それには $\boldsymbol{F} = q_3\boldsymbol{E}_1$ の力が働くことになります．式 (10.3) を q_1 の電荷によって作られる**電場**（**電界**）とよんでいます．同様に q_2 の電荷によって作られる電場 $\boldsymbol{E}_2$ は

$$\boldsymbol{E}_2 = \frac{1}{4\pi\varepsilon_0}\frac{q_2}{r^2}\frac{\boldsymbol{r}}{r}$$

であり，この電場によって，q_1 の電荷をもつ物体は $\boldsymbol{F} = q_1\boldsymbol{E}_2$ の力を受けます．添字を省略すれば，一般に電荷 q によって

$$\boldsymbol{E} = \frac{1}{4\pi\varepsilon_0}\frac{q}{r^2}\frac{\boldsymbol{r}}{r} \tag{10.4}$$

という電場が空間に作られることになります．ここで $\boldsymbol{r}$ は電荷 q を起点，観測している点を終点とするベクトルです．

電場は力と同様に大きさと方向をもつベクトル量であり，その演算もベクトルの規則にしたがうことが知られています．すなわち，ある点 P に電荷 q_1 による電場 $\boldsymbol{E}_1$ と電荷 q_2 による電場 $\boldsymbol{E}_2$ が同時に作用しているとき，点 P の電場は $\boldsymbol{E}_1$ と $\boldsymbol{E}_2$ をベクトル的に合成したもの（平行四辺形の法則）になります（図 10.2）．したがって，N 個の電荷 $q_1, \cdots, q_N$ が $\boldsymbol{r}_1, \cdots, \boldsymbol{r}_N$ にあるとき，位置 $\boldsymbol{r}_{\mathrm{P}}$ にある点につくられる電場 $\boldsymbol{E}_{\mathrm{P}}$ は

$$\boldsymbol{E}_{\mathrm{P}} = \frac{1}{4\pi\varepsilon_0}\sum_{n=1}^{N}\frac{q_n}{|\boldsymbol{r}_{\mathrm{P}} - \boldsymbol{r}_n|^3}(\boldsymbol{r}_{\mathrm{P}} - \boldsymbol{r}_n) \tag{10.5}$$

となります．

10.2 ガウスの法則

空間内に電界 $\boldsymbol{E}$ があるとき，微小な面積ベクトル $d\boldsymbol{S}$ を考えます．そして，この面積ベクトルの方向（面に垂直で外向き方向）の単位ベクトルを $\boldsymbol{n}$ とします．このとき，$\boldsymbol{E}$ と $\boldsymbol{n}$ は必ずしも平行ではありません．そこで

$$d\psi = \boldsymbol{E}\cdot\boldsymbol{n}dS \tag{10.6}$$

という量を考え，dS を $\boldsymbol{n}$ 方向に貫く**電気力束**（りきそく）とよんでいます†（図 10.3）．

式 (10.6) をある閉曲面 S にわたって積分した量

$$\psi = \oiint_S \boldsymbol{E}\cdot\boldsymbol{n}dS = \oiint_S \boldsymbol{E}\cdot d\boldsymbol{S} \tag{10.7}$$

を**全電気力束**といいます．

閉曲面内に 1 つの電荷 q があった場合の全電気力束を計算してみます．簡単のため，閉曲面は凹みのない凸形状であるとします．この電荷による曲面上の点 P の電場は，電荷 q の位置を原点 O にとった場合，点 P の位置ベクトルを $\boldsymbol{r}$ として

$$\boldsymbol{E} = \frac{q}{4\pi\varepsilon_0}\frac{\boldsymbol{r}}{r^3}$$

となります．一方，

$$\frac{\boldsymbol{r}}{r}\cdot\boldsymbol{n}dS = \left|\frac{\boldsymbol{r}}{r}\right||\boldsymbol{n}|\cos\theta dS = \cos\theta dS$$

です．ただし，θ は原点と点 P とを結ぶ直線 OP と面の法線のなす角です．上式の最後の項は，dS を OP に垂直な面へ正射影したときの面積であり，$(\cos\theta/r^2)dS$ は dS が原点 O に張る**立体角** $d\omega$ になります ††（図 10.4）．したがって，式 (10.7) は

$$\psi = \frac{q}{4\pi\varepsilon_0}\oiint_S \frac{\cos\theta}{r^2}dS = \frac{q}{4\pi\varepsilon_0}\oiint_S d\omega = \frac{4\pi q}{4\pi\varepsilon_0} = \frac{q}{\varepsilon_0} \tag{10.8}$$

となります．

---

† dS に垂直に通過する電気力線の数（に比例した量）になります．

†† 点 O と dS から作られる錐体と半径 1 の球面とが交わった部分の面積．

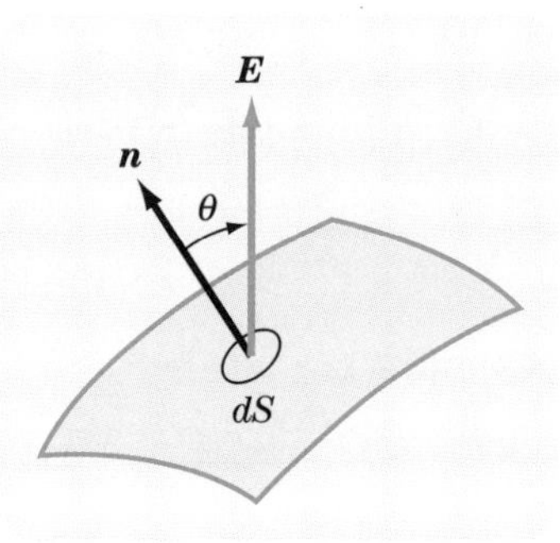

図 10.3

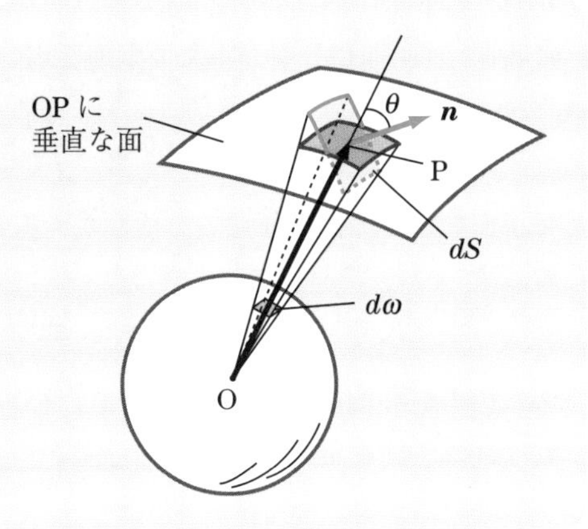

図 10.4

このことは，閉曲面が凹形状であっても成り立つことが示せます．また電荷が複数個あった場合には，閉曲面に含まれている電荷の和を式 (10.8) の右辺に使えばよいことも示せます．したがって，以下の結論が得られます．

ある領域内に N 個の電荷 $q_1, q_2, \cdots, q_N$ があり，その中で領域内の閉曲面 S の中に n 個の電荷 $q_1, q_2, \cdots, q_n$ が入っている場合，S を貫く全電気力束 ψ は

$$\psi = \oiint_S \boldsymbol{E} \cdot dS = \frac{1}{\varepsilon_0} \sum_{i=1}^{n} q_i \tag{10.9}$$

となる．

この事実を**ガウスの法則**とよんでいます．

電荷が空間内に電荷密度 ρ で分布しているときには，閉曲面内に微小な体積 dV_i を考えるとその部分の電荷は ρdV_i となります．したがって，閉曲面内全体ではそれらを足し合わせて

$$\psi = \oiint_S \boldsymbol{E} \cdot d\boldsymbol{S} = \frac{1}{\varepsilon_0} \iiint_V \rho(x, y, z) dV \tag{10.10}$$

となります．ただし，積分は閉曲面の表面および囲まれた体積全体について行

うものとします.

式 (10.10) の面積分をガウスの定理を用いて体積分に書き換えると

$$\oiint_S \boldsymbol{E} \cdot d\boldsymbol{S} = \iiint_V \mathrm{div}\, \boldsymbol{E} dV$$

となります. 領域 V は任意であるため, この式と式 (10.10) が同時に成り立つためには

$$\mathrm{div}\, \boldsymbol{E} = \frac{\rho(x, y, z)}{\varepsilon_0} \tag{10.11}$$

である必要があります. 式 (10.11) を**ガウスの法則の微分形**といいます.

ガウスの法則を用いれば, 電荷分布がつくる電界を求めることができます. ここでは例題を 1 つあげておきます.

例題 10.1　図 10.5 に示すように, 半径 a の球の表面に, 電荷 q が一様に分布しているとき, この導体球の中心 O から位置 $\boldsymbol{r}$ にある点 P における電界を求めなさい.

【解】　O を中心として半径 $|\boldsymbol{r}| = r$ の球面に対してガウスの法則を適用することによって電界を求めることができます. すなわち, 球を通過する全電気力束は, 対称性を考慮すれば球面上の電界 $\boldsymbol{E}$ の大きさ E は一定であるため

$$\psi = \int_S \boldsymbol{E} \cdot \boldsymbol{n} dS = E \int_S dS = 4\pi r^2 E$$

となります. 一方, ガウスの法則から ψ は q/ε_0 になります. そこで方向を考えれば,

$$\boldsymbol{E} = E\frac{\boldsymbol{r}}{r} = \frac{q}{4\pi\varepsilon_0 r^2}\frac{\boldsymbol{r}}{r} \tag{10.12}$$

となります. これは球の中心に電荷 q をもつ 1 つの点電荷がつくる電場に等しいことがわかります. □

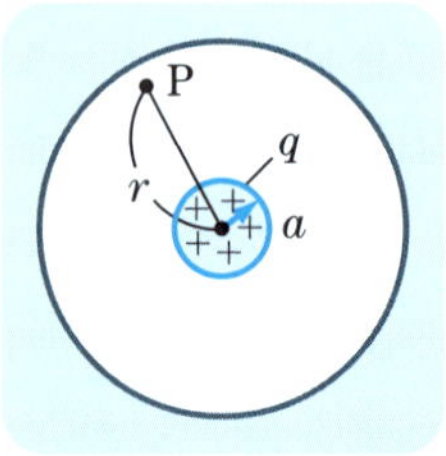

図 10.5

10.3 電　位

電荷 q により作られる電界は式 (10.4) で与えられますが,

$$V = \frac{1}{4\pi\varepsilon_0}\frac{q}{r} \tag{10.13}$$

で定義される V を用いれば

$$\boldsymbol{E} = -\nabla V \tag{10.14}$$

と書くことができます．このことは

$$\begin{aligned}\nabla\frac{1}{r} &= \frac{d}{dr}\left(\frac{1}{r}\right)\nabla r = -\frac{1}{r^2}\nabla(x^2+y^2+z^2)^{1/2} \\ &= -\frac{1}{r^2}\frac{1}{2r}(2x\boldsymbol{i}+2y\boldsymbol{j}+2z\boldsymbol{k}) = -\frac{\boldsymbol{r}}{r^3}\end{aligned}$$

となることから確かめることができます．

さて，電場の中に荷電粒子を置くと力（クーロン力）を受けるため，その荷電粒子を動かすためには仕事が必要になります．本節ではその仕事について考えます．電荷 q_0 によって電場 $\boldsymbol{E}$ がつくられているとして，その中を電荷 q を曲線 C に沿って移動させてみます．電荷 q が点 A から点 B まで移動するときになす仕事は，仕事の定義および式 (10.14) を用いれば

$$\begin{aligned}\int_C \boldsymbol{E}\cdot d\boldsymbol{r} &= -\int_C \nabla V\cdot d\boldsymbol{r} \\ &= -\int_C\left(\frac{\partial V}{\partial x}\boldsymbol{i}+\frac{\partial V}{\partial y}\boldsymbol{j}+\frac{\partial V}{\partial z}\boldsymbol{k}\right)\cdot(\boldsymbol{i}dx+\boldsymbol{j}dy+\boldsymbol{k}dz) \\ &= -\int_C\left(\frac{\partial V}{\partial x}dx+\frac{\partial V}{\partial y}dy+\frac{\partial V}{\partial z}dz\right) \\ &= -\int_C dV = \Big[-V\Big]_{\mathrm{A}}^{\mathrm{B}} = V_{\mathrm{A}}-V_{\mathrm{B}}\end{aligned} \tag{10.15}$$

となります．このように，電場内の仕事は曲線 C をどのようにとるかにかかわらず，点 A と B の位置における V の値で決まります．特に点 B として無限遠をとったとき，式 (10.13) から $V_\infty = 0$ なので，式 (10.15) は V_{A} となります．このの V_{A} を点 A の**電位**とよんでいます．

電場は重ね合わせることができるため，n 個の電荷 $q_1, q_2, \cdots, q_n$ が空間に存在するとき，点 A の電位 V_{A} は，点 A とそれぞれの電荷の間を距離を $r_1, r_2, \cdots, r_n$ とした場合，

$$V_{\mathrm{A}} = \sum_{i=1}^{n} \frac{q_i}{4\pi\varepsilon_0 r_i} = \frac{1}{4\pi\varepsilon_0} \sum_{i=1}^{n} \frac{q_i}{r_i} \tag{10.16}$$

で与えられます．次に，曲線 C 上に電荷が線密度 λ で分布している場合の点 A の電位を考えます．式 (10.16) を拡張すれば，ds を曲線の線素としたとき，その部分の電荷が $q = \lambda ds$ であるため

$$V_{\mathrm{A}} = \int_C \frac{\lambda ds}{4\pi\varepsilon_0 r} \tag{10.17}$$

となります．ただし，r は C 上の点から点 A までの距離です．

式 (10.14) をガウスの法則の微分形 (10.11) に代入すれば，

$$\Delta V = -\frac{\rho}{\varepsilon_0} \tag{10.18}$$

という式が得られます．ここで Δ はラプラシアンです．式 (10.18) は**ポアソン方程式**とよばれる重要な線形の 2 階偏微分方程式です．ある領域において電荷分布 ρ が場所の関数として与えられた場合，ポアソン方程式 (10.18) を適当な境界条件のもとで解くことにより電位 V が求まります．電位がわかれば，式 (10.14) から電場を求めることができます．

例題 10.2　半径 a の導体球の表面に電荷 q が一様に分布している場合，球の中心から $r\ (\geq a)$ における電位を求めなさい．

【解】　電場は例題 10.1 ですでに求めており，

$$\boldsymbol{E} = \frac{q}{4\pi\varepsilon_0 r^2} \frac{\boldsymbol{r}}{r}$$

です．積分路 C として球の中心をとおる直線をとれば

$$V(r) = \int_C \boldsymbol{E} \cdot d\boldsymbol{r} = \int_r^\infty E dr = \int_r^\infty \frac{q dr}{4\pi\varepsilon_0 r^2} = \frac{q}{4\pi\varepsilon_0 r}$$

となります．特に球の表面では次のようになります．

$$V(a) = \frac{q}{4\pi\varepsilon_0 a}$$

□

10.4　ビオ・サバールの法則

導線に電流が流れているときそのまわりに**磁場**（**磁界**）ができます．電流と磁場の間の関係を定量的に表したものが**ビオ・サバールの法則**です．これは以下のように表現されます（図 10.6 参照）．すなわち，微小部分を表すベクトル $\boldsymbol{ds}$ の起点を原点にしたときの点 P の位置ベクトルを $\boldsymbol{r}$ $(r = |\boldsymbol{r}|)$, θ をベクトル $\boldsymbol{r}$ とベクトル $\boldsymbol{ds}$ $(ds = |\boldsymbol{ds}|)$ のなす角としたとき，

電流 I の流れている導線の長さ ds の微小部分が，点 P につくる磁場の大きさ dH は

$$dH = \frac{I \sin\theta ds}{4\pi r^2} \tag{10.19}$$

であり，磁場の向きは導線の微小部分を表すベクトル $\boldsymbol{ds}$ と $\boldsymbol{r}$ の両方に垂直で，電流の流れる方向に右ねじをまわしたとき進む方向である．

この法則はベクトルの外積を用いて簡潔に表すことができます．すなわち，

$$d\boldsymbol{H} = \frac{1}{4\pi}\frac{I\boldsymbol{ds} \times \boldsymbol{r}}{r^3} \tag{10.20}$$

となります．導線全体によって作られる磁場を求めるためには式 (10.20) を導線全体について積分します．

ビオ・サバールの法則を直線の導線と，円形の導線を流れる電流について応用してみます．

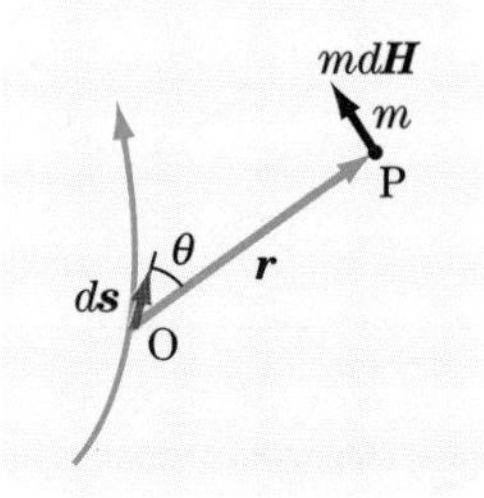

図 10.6

(1) 直線電流による磁場

図 10.7 に示すように無限に長い直線（紙面の中にあるとします）の導線に上向きに電流 I が流れている場合，導線の微小部分がつくる磁場の大きさ dH は，式 (10.19) から

$$dH = \frac{I \sin\theta ds}{4\pi r^2} = \frac{I \cos\varphi ds}{4\pi r^2}$$

となります．磁場の方向は微小部分の長さによらず，すべて紙面に垂直で，表から裏に行く方向を向いているため，それらの和も同じ向きになります．したがって，上式をそのまま直線に沿って積分すれば全体の磁場の大きさが計算できます（**直線電流による磁場**）．

l を図のように点 P から直線におろした垂線の長さとすれば，$r = l/\cos\varphi$, $\cos\varphi ds = rd\varphi$ であるため，

$$H = \int_{-\pi/2}^{\pi/2} dH = \int_{-\pi/2}^{\pi/2} \frac{Ird\varphi}{4\pi r^2} = \int_{-\pi/2}^{\pi/2} \frac{I\cos\varphi d\varphi}{4\pi l} = \frac{I}{2\pi l} \quad (10.21)$$

となります．

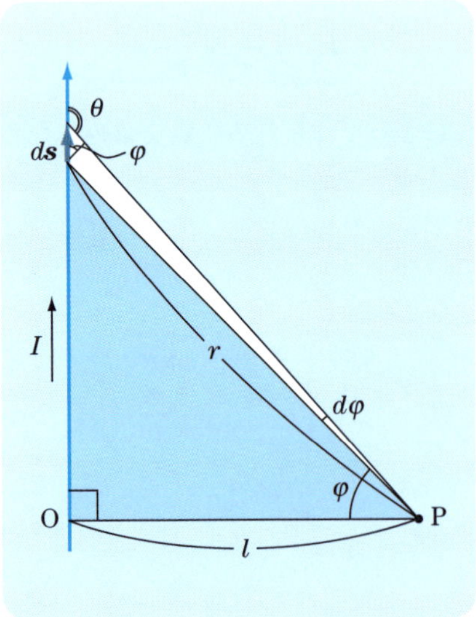

図 10.7

(2)　円形電流による磁場

図 10.8 に示すように半径 a の円状の導線に電流 I が流れているとします．このとき，円に垂直で中心 O をとおる直線上の任意の点 P における磁場を求めてみます．導線の微小部分が点 P でつくる磁場の大きさはビオ・サバールの法則および $ds = ad\psi$ を用いて

$$dH = \frac{I\sin(\pi/2)ds}{4\pi r^2} = \frac{Iad\psi}{4\pi r^2} \tag{10.22}$$

となります．一方，磁場の方向は図のようになりますが，円周にわたって積分すると OP 方向を向きます．したがって，式 (10.20) において dH の OP 方向成分だけを考えて積分します．実際に積分を計算すると

$$H = \int_0^{2\pi} \frac{Ia\cos\varphi d\psi}{4\pi r^2} = \frac{Ia\cos\varphi}{4\pi r^2}\int_0^{2\pi} d\psi = \frac{Ia\cos\varphi}{2r^2}$$

となりますが，

$$\cos\varphi = \frac{a}{r} = \frac{a}{(a^2+x^2)^{1/2}}$$

であるため，**円形電流による磁場**は，OP 方向を向き，大きさが

$$H = \frac{Ia^2}{2(a^2+x^2)^{3/2}} \tag{10.23}$$

となります．

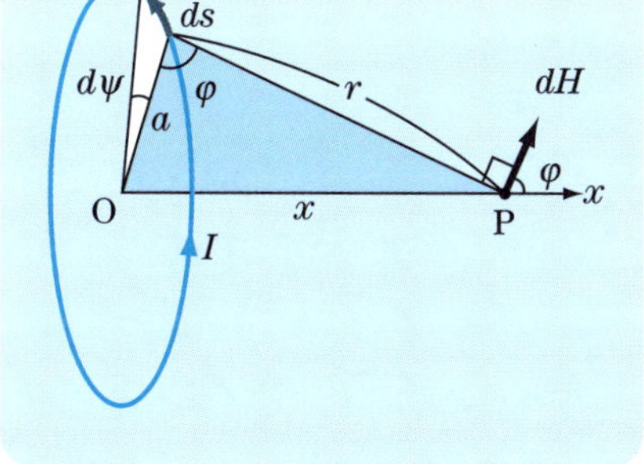

図 10.8

第 10 章の演習問題

1 2 点 A と B に大きさ $3q$ と $-q$ の点電荷があるとき，大きさ q' をもつ別の電荷をどこかの位置に置いたとします．このとき，この電荷が受ける力が 0 になる位置を求めなさい．ただし，$q, q' > 0$ とし，2 点 A, B 間の距離を d とします．

2 正負の電荷 $-q$ と q が非常に短い距離 d の間隔で存在するとき**電気双極子**といい，負電荷から正電荷に向かうベクトルを $\boldsymbol{d}$ としたとき $\boldsymbol{p} = q\boldsymbol{d}$ を**電気双極子モーメント**といいます．このとき 2 つの電荷から十分離れた点 Q における電位は $\boldsymbol{p} \cdot \boldsymbol{r}/4\pi\varepsilon_0 r^3$ で与えられることを示しなさい．また，点 Q における電場を求めなさい．ただし，2 次元平面で考えるものとします．

3 真空中の電磁場を記述する方程式は

$$\nabla \times \boldsymbol{E} = -\frac{\partial \boldsymbol{B}}{\partial t}, \quad \nabla \times \boldsymbol{B} = \varepsilon\mu\frac{\partial \boldsymbol{E}}{\partial t}$$
$$\nabla \cdot \boldsymbol{E} = 0, \qquad \nabla \cdot \boldsymbol{B} = 0$$

であることが知られています(**マクスウェルの方程式**)．ただし，$\boldsymbol{E}$: 電場，$\boldsymbol{B}$: 磁束密度であり，また ε は誘電率，μ は透磁率でそれぞれ定数です．このとき，$\boldsymbol{E}$ と $\boldsymbol{B}$ は

$$\varepsilon\mu\frac{\partial^2 \boldsymbol{E}}{\partial t^2} = \Delta\boldsymbol{E}, \quad \varepsilon\mu\frac{\partial^2 \boldsymbol{B}}{\partial t^2} = \Delta\boldsymbol{B}$$

という方程式を満たすことを示しなさい（Δ はラプラシアン）．

4 電界 $\boldsymbol{E}$ と磁束密度 $\boldsymbol{B}$ が存在する空間を速度 $\boldsymbol{v}$ で運動する荷電粒子に働く力（ローレンツ力）$\boldsymbol{F}$ は

$$\boldsymbol{F} = q\boldsymbol{E} + q(\boldsymbol{v} \times \boldsymbol{B})$$

であることが知られています．いま電場がなく，$x > 0$ において磁場が y 方向に一様（すなわち $\boldsymbol{B} = (0, b, 0)$）な領域に，$x$ 方向の負の方向から速度 a で荷電粒子が入ってきたとします．このときの荷電粒子の軌道をニュートンの運動方程式を解くことにより求めなさい．

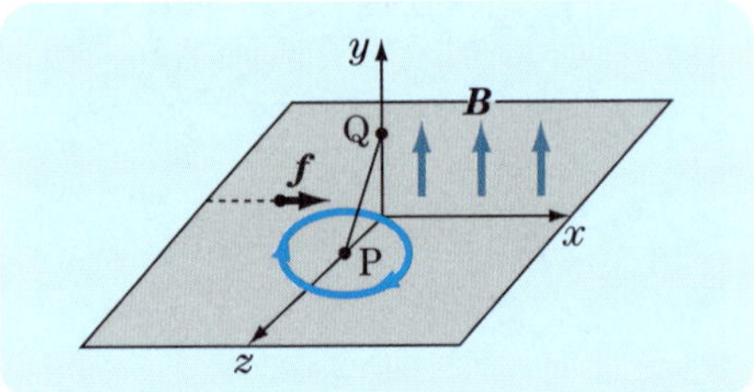

図 10.9

付録A ガウスの定理とストークスの定理の証明

本文ではガウスの定理とストークスの定理が成り立つことの直観的な説明を行いましたが，付録 A では数学的にもう少し厳密な証明を行います．これらの定理のもとになるグリーンの定理も紹介します．

(a) グリーンの定理

はじめに準備を行います．

平面内にある閉曲線（閉じた曲線）C で囲まれた領域 S およびその領域で定義された関数 $f(x, y)$ に対して，次の公式が成り立ちます．

$$\iint_S \frac{\partial f}{\partial x} dxdy = \oint_C f dy \tag{A.1}$$

$$\iint_S \frac{\partial f}{\partial y} dxdy = -\oint_C f dx \tag{A.2}$$

なお，式 (A.1) の右辺は線積分ですが，図 **A.1** を参照すれば $dy = \cos\alpha ds$ であるため，7.1 節の線積分の定義から，関数 f の線積分ではなく関数 $f\cos\alpha$ の線積分というべきものです．すなわち，曲線 C を細かく分割して各微小部分で $f\cos\alpha$ を計算して，それに微小部分の長さ Δs を掛けて足し合わせた量になっています．

証明は以下のようにします．図 **A.2** に示すように記号をつけます．ただし，曲線 C はとりあえず凸と仮定します．曲線の下半分が $y = y_1(x)$，上半分が $y = y_2(x)$ であるとすれば，式 (A.2) について

$$\iint_S \frac{\partial f}{\partial y} dxdy = \int_a^b \left(\int_{y_1(x)}^{y_2(x)} \frac{\partial f}{\partial y} dy \right) dx$$

$$= \int_a^b \Big[f(x, y) \Big]_{y_1(x)}^{y_2(x)} dx = \int_a^b f(x, y_2(x)) dx - \int_a^b f(x, y_1(x)) dx$$

となります．ここで，

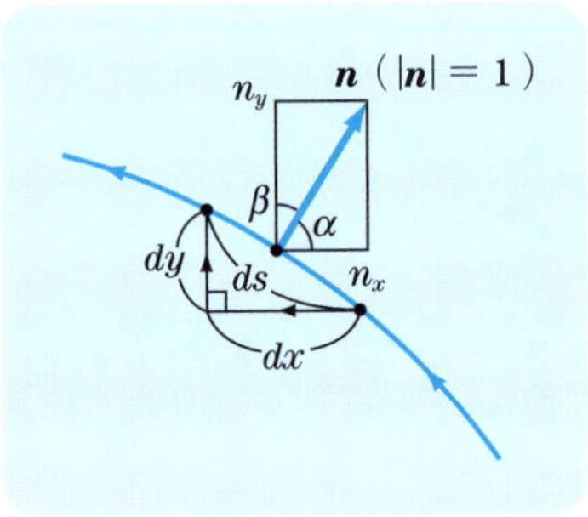

図 A.1

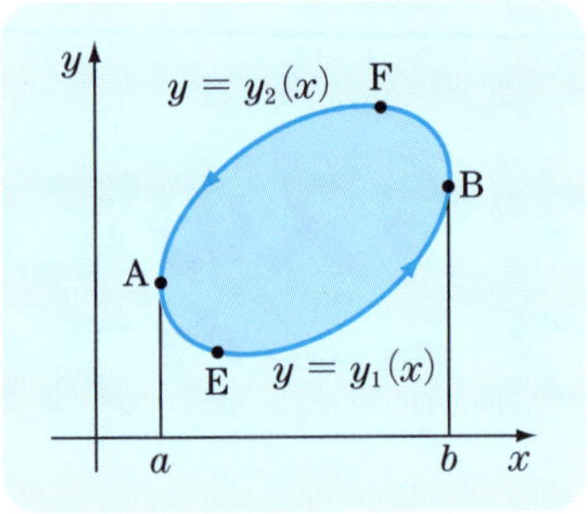

図 A.2

$$\int_a^b f(x, y_2(x))dx = \int_{\mathrm{AFB}} f dx = -\int_{\mathrm{BFA}} f dx$$

$$\int_a^b f(x, y_1(x))dx = \int_{\mathrm{AEB}} f dx$$

であるため，

$$\iint_S \frac{\partial f}{\partial y} dxdy = -\int_{\mathrm{BFA}} f dx - \int_{\mathrm{AEB}} f dx = -\oint_C f dx$$

となり，式 (A.2) が得られます．

なお領域が凹である場合には領域をいくつかの凸の部分に分けることができます．そこで，たとえば図 A.3 において

$$\iint_S f dxdy = \iint_{S_1} f dxdy + \iint_{S_2} f dxdy = -\oint_{C_1} f dx - \oint_{C_2} f dx$$
$$= -\int_{\mathrm{AEB}} f dx - \int_{\mathrm{BA}} f dx - \int_{\mathrm{AB}} f dx - \int_{\mathrm{BFA}} f dx$$

となります．一方，

$$-\int_{\mathrm{BA}} f dx - \int_{\mathrm{AB}} f dx = 0$$

$$-\int_{\mathrm{AEB}} f dx - \int_{\mathrm{BFA}} f dx = -\oint_C f dx$$

であるので，この場合も式 (A.2) が成り立ちます．

式 (A.2) において $f = -g$ とおいたと式 (A.1) を加えれば

$$\oint_C (gdx + fdy) = \iint_S \left(\frac{\partial f}{\partial x} - \frac{\partial g}{\partial y} \right) dxdy \tag{A.3}$$

となります．この公式を**グリーンの定理**とよんでいます．

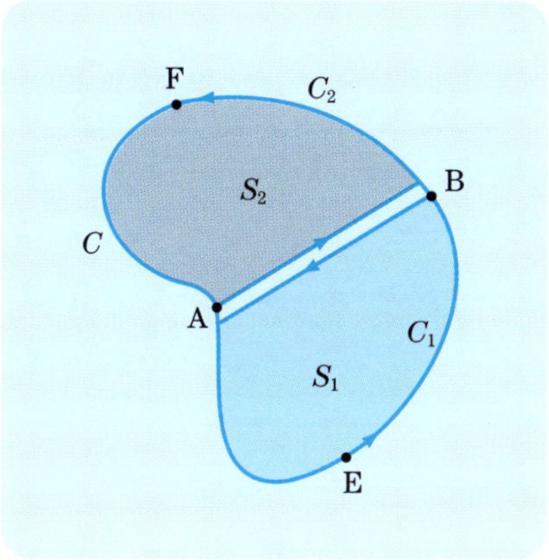

図 **A.3**

式 (A.1), (A.2) は次のようにも書き換えられます．

$$\iint_S \frac{\partial f}{\partial x} dxdy = \oint_C f n_x ds$$
$$\iint_S \frac{\partial f}{\partial y} dxdy = \oint_C f n_y ds \tag{A.4}$$

ここで，n_x, n_y はそれぞれ曲線 C の外向き単位法線ベクトル $\boldsymbol{n}$ の x, y 成分です．このことは，図 **A.1** において $n_x = \cos\alpha$, $n_y = \cos\beta$ より

$$dy = n_x ds, \quad dx = -n_y ds$$

が成り立つことからわかります．これらの式は 3 次元に拡張できて

$$\iiint_V \frac{\partial f}{\partial x} dxdydz = \oiint_S f n_x dS$$
$$\iiint_V \frac{\partial f}{\partial y} dxdydz = \oiint_S f n_y dS \tag{A.5}$$
$$\iiint_V \frac{\partial f}{\partial z} dxdydz = \oiint_S f n_z dS$$

となります．ただし，S は領域 V を取り囲む閉曲面，n_x, n_y, n_z は S の外向き法線ベクトル $\boldsymbol{n}$ の x, y, z 成分です．

(b) ガウスの定理

以下の定理はガウスの定理または発散定理とよばれる応用上重要な定理です.

ベクトル場 $\boldsymbol{A}$ 内において，ある有界な領域 V をとったとき，V の境界面を S とし，S の外向き単位法線ベクトルを $\boldsymbol{n}$ とすれば

$$\iiint_V \nabla \cdot \boldsymbol{A} dV = \oiint_S \boldsymbol{A} \cdot \boldsymbol{n} dS \tag{A.6}$$

が成り立つ.

なぜなら

$$\boldsymbol{A} = A_1(x, y, z)\boldsymbol{i} + A_2(x, y, z)\boldsymbol{j} + A_3(x, y, z)\boldsymbol{k}$$

であるので，式 (A.5) の f に上から順に $f = A_1$, $f = A_2$, $f = A_3$ を代入して加え合わせれば

$$\begin{aligned}\iiint_V \left(\frac{\partial A_1}{\partial x} + \frac{\partial A_2}{\partial y} + \frac{\partial A_3}{\partial z}\right) dV &= \oiint_S (A_1 n_x + A_2 n_y + A_3 n_z) dS \\ &= \oiint_S \boldsymbol{A} \cdot \boldsymbol{n} dS\end{aligned}$$

となるからです.

(c) ストークスの定理

はじめに次の定理が成り立つことを示します.

$$\iint_S \left(\frac{\partial f}{\partial z} n_y - \frac{\partial f}{\partial y} n_z\right) dS = \oint_C f dx \tag{A.7}$$

ここで，S は閉曲線 C を境界にもつ空間内の曲面で，その曲面の単位法線ベクトルを今までと同様に

$$\boldsymbol{n} = n_x \boldsymbol{i} + n_y \boldsymbol{j} + n_z \boldsymbol{k} \tag{A.8}$$

とします．ただし曲線 C と法線の向きは図 **A.4** に示すようにとります.

証明は以下のようにします．曲面 S の方程式を

$$z = g(x, y) \quad \text{または} \quad \varphi(x, y, z) = z - g(x, y) = 0$$

とし，S を xy 平面への正射影した領域を D とします．このとき，曲面 S の各点において，ベクトル

$$\nabla \varphi = -g_x \boldsymbol{i} - g_y \boldsymbol{j} + \boldsymbol{k}$$

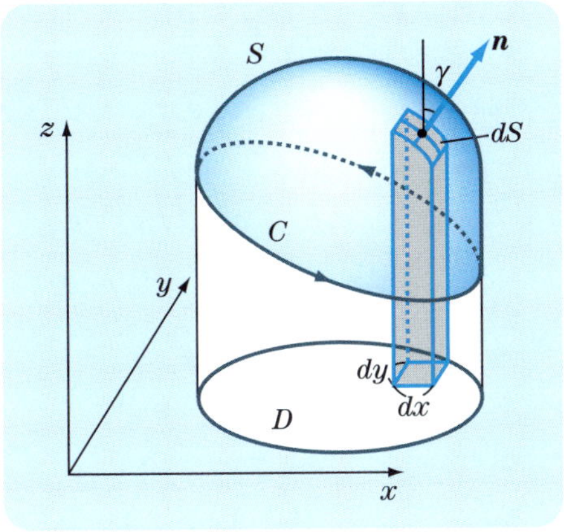

図 A.4

は 5.2 節で述べたように，曲面 S に垂直になります†．したがって，単位法線ベクトルは

$$\boldsymbol{n} = -\frac{g_x}{\sqrt{g_x^2+g_y^2+1}}\boldsymbol{i} - \frac{g_y}{\sqrt{g_x^2+g_y^2+1}}\boldsymbol{j} + \frac{1}{\sqrt{g_x^2+g_y^2+1}}\boldsymbol{k} \qquad \text{(A.9)}$$

となります．一方，x 軸と y 軸に平行な辺をもつ微小面積 dS の正射影が $dxdy$ であり，dS の法線ベクトルが $\boldsymbol{n} = (n_x, n_y, n_z)$ であることから

$$dxdy = n_z dS = \boldsymbol{n}\cdot\boldsymbol{k}dS = \frac{1}{\sqrt{g_x^2+g_y^2+1}}dS$$

となります．さらに式 (A.9) および上式から

$$n_y dS = \boldsymbol{n}\cdot\boldsymbol{j}dS = -\frac{g_y}{\sqrt{g_x^2+g_y^2+1}}dS = -g_y dxdy$$

が成り立ちます．これらの 2 式を用いれば

$$\iint_S \left(\frac{\partial f}{\partial z}n_y - \frac{\partial f}{\partial y}n_z\right)dS = -\iint_D \left(\frac{\partial f}{\partial z}\frac{\partial g}{\partial y} + \frac{\partial f}{\partial y}\right)dxdy \qquad \text{(A.10)}$$

が得られます．ここで，曲面 S 上での f を F と書くことにすれば，

$$f = f(x,y,z) = f(x,y,g(x,y)) = F(x,y)$$

となり，この式から

† 紙面の節約のためこの証明において g_x, g_y は g の x, y に関する偏微分を表します．

$$\frac{\partial F}{\partial y} = \frac{\partial f}{\partial z}\frac{\partial g}{\partial y} + \frac{\partial f}{\partial y}$$

が得られます．上式を式 (A.10) に代入すれば，グリーンの定理から

$$\iint_S \left(\frac{\partial f}{\partial z}n_y - \frac{\partial f}{\partial y}n_z\right) dS = -\iint_D \left(\frac{\partial F}{\partial y}\right) dxdy$$
$$= \oint_C Fdx = \oint_C fdx$$

となります．ただし，曲線 C 上で $f = F$ を用いました．　　　(証明終)

同様にすれば式 (A.7) と同じ仮定のもとで以下の式が成り立つことを示すことができます．

$$\iint_S \left(\frac{\partial f}{\partial x}n_z - \frac{\partial f}{\partial z}n_x\right) dS = \oint_C fdy \tag{A.11}$$

$$\iint_S \left(\frac{\partial f}{\partial y}n_x - \frac{\partial f}{\partial x}n_y\right) dS = \oint_C fdz \tag{A.12}$$

ベクトル場 $\boldsymbol{A} = A_1\boldsymbol{i} + A_2\boldsymbol{j} + A_3\boldsymbol{k}$ の x 成分に対して式 (A.7)，y 成分に対して式 (A.11)，z 成分に対して式 (A.12) を適用して 3 式を加えれば，

$$\iint_S \left\{\left(\frac{\partial A_3}{\partial y} - \frac{\partial A_2}{\partial z}\right)n_x - \left(\frac{\partial A_3}{\partial x} - \frac{\partial A_1}{\partial z}\right)n_y + \left(\frac{\partial A_2}{\partial x} - \frac{\partial A_1}{\partial y}\right)n_z\right\} dS$$
$$= \oint_C (A_1dx + A_2dy + A_3dz)ds$$

となります．ここで左辺の被積分関数は

$$(\nabla \times \boldsymbol{A}) \cdot \boldsymbol{n}$$

と書くことができ，また右辺は

$$\oint_C \boldsymbol{A} \cdot d\boldsymbol{r}$$

であることに注意すれば，次のストークスの定理が得られたことになります．

> ベクトル場 $\boldsymbol{A}$ 内で，閉曲線 C に囲まれた領域 S において，次式が成り立つ．
>
> $$\oint_C \boldsymbol{A} \cdot d\boldsymbol{r} = \iint_S (\nabla \times \boldsymbol{A}) \cdot \boldsymbol{n}ds \tag{A.13}$$
>
> ただし，$\boldsymbol{n}$ は曲面 S の単位法線ベクトルであり，その向きおよび曲線 C の向きは図 A.4 に示したようにとるものとする．

付録B 応力とテンソル

有限の大きさの物体を押したり，引っ張ったりすると物体の内部にも力が働きます．どのような力が内部に働いているのかは，物体内に 1 つの面を考えて，その面に働く単位面積あたりの力を調べます．このような力を応力とよんでいます．応力は力なので，ベクトル量（**応力ベクトル**）ですが，面を変えれば応力も変わってしまいます．すなわち，応力を指定するためには作用点のみならず，面も指定する必要があります．一方，面はそれに垂直な方向を指定すれば一意に決まります．したがって，応力を表すには，力を指定するための方向と大きさだけでなく，面を決めるための方向も必要になるため，2 つの方向と 1 つの大きさが必要です．このように，2 つの方向と 1 つの大きさを指定してはじめて決まる量を **2 階テンソル**とよんでいます．特に応力を表す 2 階テンソルを**応力テンソル**とよんでいます．

以下に，応力テンソルの表現法を調べてみます．はじめに図 B.1 に示すように，静止物体内に，応力を考える面をその単位法線ベクトル $\boldsymbol{n}$ で指定します．したがって，

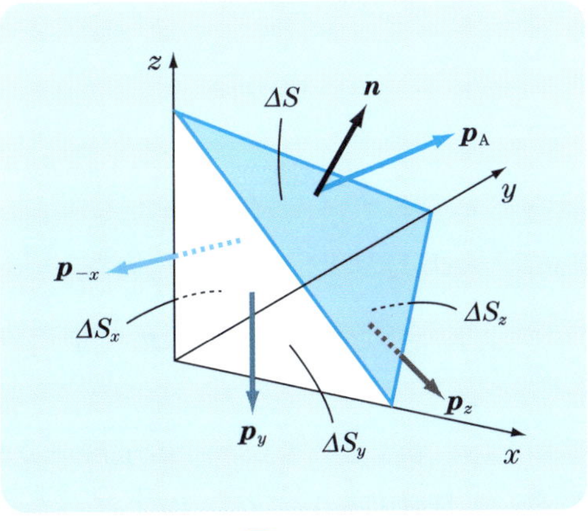

図 B.1

この $\boldsymbol{n}$ に対して応力ベクトルが決まることになります．いま，図 B.1 に示すようにこの面を斜面とするような微小四面体を考えます．ただし，四面体の各辺は直角座標の軸に平行な辺をもつようにします．そしてこの四面体に対して力の釣り合いの式を立てます．四面体には各面に働く応力の他に重力など体積に比例する力（**体積力**）も働きますが，微小部分については，応力が辺の長さの 2 乗に比例するのに対して，体積力は辺の 3 乗に比例し高次の微小量になるため，微小部分の釣り合いを考えるときは無視できます．応力は単位面積あたりの力なので釣り合いの式は

$$\boldsymbol{p}_n \varDelta S + \boldsymbol{p}_{-x} \varDelta S_x + \boldsymbol{p}_{-y} \varDelta S_y + \boldsymbol{p}_{-z} \varDelta S_z = 0 \tag{B.1}$$

となります．ただし，$\varDelta S$ は斜面の面積，$\varDelta S_x, \varDelta S_y, \varDelta S_z$ は x, y, z 軸に垂直な面の面積，$\boldsymbol{p}_n, \boldsymbol{p}_{-x}, \boldsymbol{p}_{-y}, \boldsymbol{p}_{-z}$ はそれぞれに働く応力です．なお，$\boldsymbol{p}_{-x}$ において x に負の符号がつけてあるのは外向きの法線が x 軸の負の方向を向いているからであり，$\boldsymbol{p}_{-y}, \boldsymbol{p}_{-z}$ も同様です．

単位法線ベクトル $\boldsymbol{n}$ を

$$\boldsymbol{n} = (n_x, n_y, n_z) \tag{B.2}$$

と記せば，第 2 章の章末問題 **5** に示したように

$$\begin{aligned} \varDelta S_x &= n_x \varDelta S \\ \varDelta S_y &= n_y \varDelta S \\ \varDelta S_z &= n_z \varDelta S \end{aligned} \tag{B.3}$$

が成り立ちます．さらに，作用反作用の法則から

$$\begin{aligned} \boldsymbol{p}_{-x} &= -\boldsymbol{p}_x \\ \boldsymbol{p}_{-y} &= -\boldsymbol{p}_y \\ \boldsymbol{p}_{-z} &= -\boldsymbol{p}_z \end{aligned} \tag{B.4}$$

となります．したがって，式 (B.1) は

$$\boldsymbol{p}_n = n_x \boldsymbol{p}_x + n_y \boldsymbol{p}_y + n_z \boldsymbol{p}_z \tag{B.5}$$

と書けます．

いま，$\boldsymbol{p}_n$ の成分表示を (p_{nx}, p_{ny}, p_{nz}) とし，さらに $\boldsymbol{p}_x$ の成分表示に対しては $\boldsymbol{p}_n$ の表示の n を x とみなして，(p_{xx}, p_{xy}, p_{xz}) とし，$\boldsymbol{p}_y, \boldsymbol{p}_z$ の成分表示も同様にみなすことにすれば，式 (B.5) は行列

$$P = \begin{bmatrix} p_{xx} & p_{yx} & p_{zx} \\ p_{xy} & p_{yy} & p_{zy} \\ p_{xz} & p_{yz} & p_{zz} \end{bmatrix} \tag{B.6}$$

を用いて

$$\boldsymbol{p}_n = P\boldsymbol{n}$$

と書けることがわかります．式 (B.6) から 3 つの特殊な面（この場合は座標軸に垂直な面）に対して応力ベクトルがわかれば行列 P をつくることができ，任意の面に関する応力が（その面の方向 $\boldsymbol{n}$ を指定して）行列 P とベクトル $\boldsymbol{n}$ の積によって計算できることを示しています．このことは行列 P が応力を表す実体であることを意味しています．すなわち，応力テンソルは 3 行 3 列の行列で表現できます．

上述のように 2 階テンソルは行列を用いて表せますが，より高階のテンソルは行列の表記はできません．そこで，式 (B.6) を高階テンソルへの拡張ができるように

$$\begin{aligned} P &= p_{11}\boldsymbol{e}_1\boldsymbol{e}_1 + p_{12}\boldsymbol{e}_1\boldsymbol{e}_2 + p_{13}\boldsymbol{e}_1\boldsymbol{e}_3 + \cdots + p_{33}\boldsymbol{e}_3\boldsymbol{e}_3 \\ &= p_{ij}\boldsymbol{e}_i\boldsymbol{e}_j \end{aligned} \tag{B.7}$$

と記すことがあります[†]．ここで，単位ベクトルを 2 つ並べた $\boldsymbol{e}_i\boldsymbol{e}_j$ はベクトル間のなんらかの演算を表すわけではなく，新たな成分を表すだけのものです．したがって，このように記せば 9 つの成分が指定できるため，行列を表していると解釈できます．すなわち，j 行 i 列（ただし，$1, 2, 3$ が x, y, z に対応）の位置を表す記号が $\boldsymbol{e}_i\boldsymbol{e}_j$ であると考えます．

なお式 (B.7) の最後の式は**アインシュタインの規約**を用いた表記（同じ添え字が現れた場合，その添え字の可能な値について和をとる）になっています．

---

† 本書では 3 階以上のテンソルは述べませんがこの記法を用いれば **3 階テンソル**は

$$P = p_{ijk}\boldsymbol{e}_i\boldsymbol{e}_j\boldsymbol{e}_k \tag{B.8}$$

と表せます．

略　　解

第1章

問 **1.1**

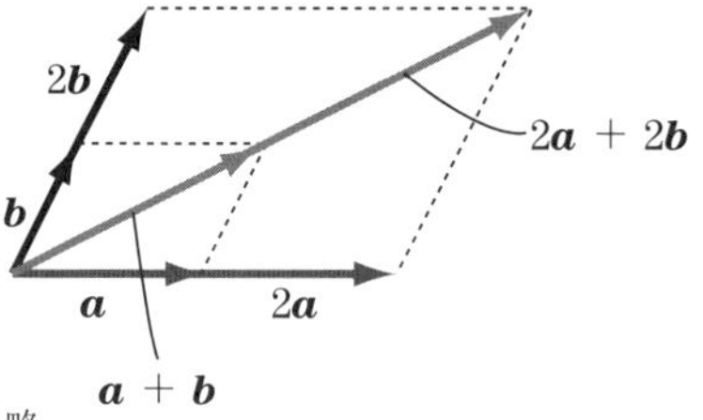

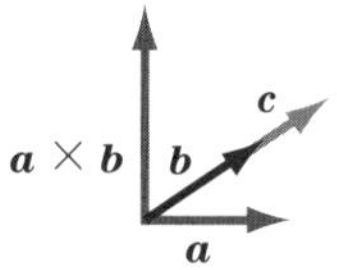

問 **1.2**　略

問 **1.3**　$(\boldsymbol{a}\times\boldsymbol{b})\times\boldsymbol{c}\neq\boldsymbol{0},\ \boldsymbol{a}\times(\boldsymbol{b}\times\boldsymbol{c})=\boldsymbol{0}$

問 **1.4**　右図のように，AB を結び点 B の外側に AC : BC = 2 : 1 となる点

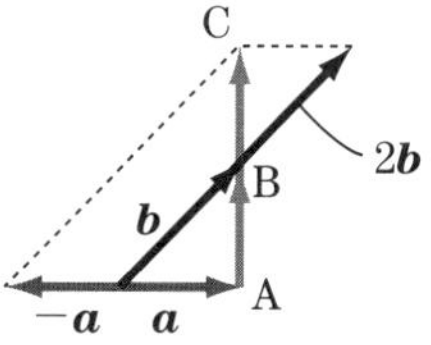

問 **1.5**　$\boldsymbol{a}\times\boldsymbol{b}=\boldsymbol{0}$ より $\boldsymbol{a}$ と $\boldsymbol{b}$ は平行で $\boldsymbol{a}=k\boldsymbol{b}$ と書けるため．$\boldsymbol{a}\cdot(\boldsymbol{b}\times\boldsymbol{c})=0$ ならば平行六面体の体積が 0 なので $\boldsymbol{a}, \boldsymbol{b}, \boldsymbol{c}$ は 1 つの平面内にあり，$\boldsymbol{a}=p\boldsymbol{b}+q\boldsymbol{c}$ と書けるため．

問 **1.6**　ひし形のとなりあった 2 辺を $\boldsymbol{a}$ と $\boldsymbol{b}$ とすれば

$$(\boldsymbol{a}+\boldsymbol{b})\cdot(\boldsymbol{a}-\boldsymbol{b})=|\boldsymbol{a}|^2-|\boldsymbol{b}|^2=0\quad(\because\quad|\boldsymbol{a}|=|\boldsymbol{b}|)$$

問 **1.7**　$\cos\theta=1/\sqrt{3}$

演習問題

1　(1)　$(\boldsymbol{a}-\boldsymbol{b})\cdot(\boldsymbol{a}+\boldsymbol{b})=\boldsymbol{a}\cdot\boldsymbol{a}-\boldsymbol{b}\cdot\boldsymbol{a}+\boldsymbol{a}\cdot\boldsymbol{b}-\boldsymbol{b}\cdot\boldsymbol{b}=|\boldsymbol{a}|^2-|\boldsymbol{b}|^2$

(2)　$(\boldsymbol{a}+\boldsymbol{b})\times(\boldsymbol{a}-\boldsymbol{b})=\boldsymbol{a}\times\boldsymbol{a}+\boldsymbol{b}\times\boldsymbol{a}-\boldsymbol{a}\times\boldsymbol{b}-\boldsymbol{b}\times\boldsymbol{b}=\boldsymbol{b}\times\boldsymbol{a}+\boldsymbol{b}\times\boldsymbol{a}=2\boldsymbol{b}\times\boldsymbol{a}$

2　$\boldsymbol{a}\cdot\boldsymbol{b}=|\boldsymbol{a}||\boldsymbol{b}|\cos\theta$ より

$$\sqrt{|\boldsymbol{a}|^2|\boldsymbol{b}|^2-(\boldsymbol{a}\cdot\boldsymbol{b})^2}=\sqrt{|\boldsymbol{a}|^2|\boldsymbol{b}|^2(1-\cos^2\theta)}=|\boldsymbol{a}||\boldsymbol{b}||\sin\theta|$$
$$=|\boldsymbol{a}\times\boldsymbol{b}|$$

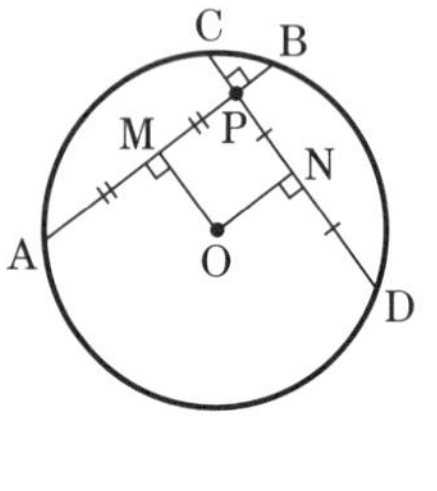

3　図において弦 AB と CD の中点をそれぞれ M, N とすると $\overrightarrow{\mathrm{OM}}$ と $\overrightarrow{\mathrm{AB}}$ は垂直で，$\overrightarrow{\mathrm{ON}}$ と $\overrightarrow{\mathrm{CD}}$ は垂直です．したがって

$$2\overrightarrow{\mathrm{PO}}=2(\overrightarrow{\mathrm{PM}}+\overrightarrow{\mathrm{PN}})=(\overrightarrow{\mathrm{PA}}+\overrightarrow{\mathrm{PB}})+(\overrightarrow{\mathrm{PC}}+\overrightarrow{\mathrm{PD}})$$

$(2\overrightarrow{\mathrm{PM}}=\overrightarrow{\mathrm{PM}}+\overrightarrow{\mathrm{PB}}+\overrightarrow{\mathrm{BM}}=\overrightarrow{\mathrm{PM}}+\overrightarrow{\mathrm{MA}}+\overrightarrow{\mathrm{PB}}=\overrightarrow{\mathrm{PA}}+\overrightarrow{\mathrm{PB}}$,
$\because\quad\overrightarrow{\mathrm{BM}}=\overrightarrow{\mathrm{MA}}$ などを用います)

4　$\overrightarrow{\mathrm{AB}}=\boldsymbol{b},\ \overrightarrow{\mathrm{AD}}=\boldsymbol{d},\ \overrightarrow{\mathrm{AF}}=k\overrightarrow{\mathrm{AE}}$,　DF : FC $=p:1-p$ とおきます．このとき

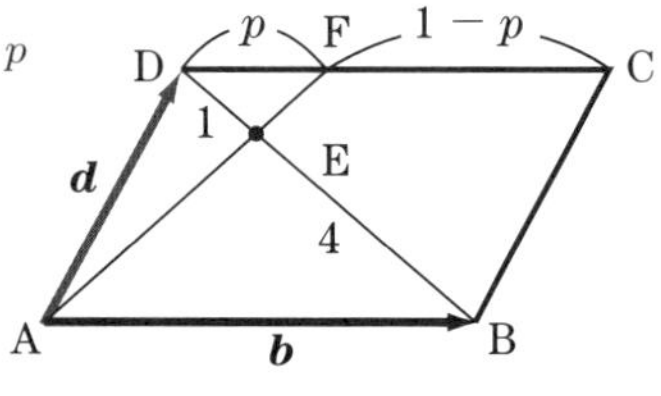

$$\overrightarrow{\mathrm{BE}}=\frac{4}{5}\overrightarrow{\mathrm{BD}}=\frac{4}{5}(\boldsymbol{d}-\boldsymbol{b}),\quad\overrightarrow{\mathrm{DF}}=p\overrightarrow{\mathrm{DC}}=p\boldsymbol{b}$$

$$\therefore\quad\overrightarrow{\mathrm{AF}}=\overrightarrow{\mathrm{AD}}+\overrightarrow{\mathrm{DF}}=\boldsymbol{d}+p\boldsymbol{b},$$

$$\overrightarrow{\mathrm{AF}} = k\overrightarrow{\mathrm{AE}} = k(\overrightarrow{\mathrm{AB}} + \overrightarrow{\mathrm{BE}}) = k\left(\boldsymbol{b} + \frac{4}{5}(\boldsymbol{d} - \boldsymbol{b})\right)$$

を等しくおいて $\boldsymbol{d} + p\boldsymbol{b} = k\left(\frac{1}{5}\boldsymbol{b} + \frac{4}{5}\boldsymbol{d}\right)$ より

$\left(p - \frac{1}{5}k\right)\boldsymbol{b} + \left(1 - \frac{4}{5}k\right)\boldsymbol{d} = \boldsymbol{0}$ すなわち $p - \frac{1}{5}k = 0,\ 1 - \frac{4}{5}k = 0$ より $k = \frac{5}{4},\ p = \frac{1}{4}$

$$\therefore\quad p : 1 - p = 1 : 3$$

5　l 上のベクトルを $\boldsymbol{b}$，ベクトル $\overrightarrow{\mathrm{OP}}$ を $\boldsymbol{a}$ とします．仮定から $\boldsymbol{a}\cdot\boldsymbol{b} = 0$，また $\overrightarrow{\mathrm{PS}}$ は $\boldsymbol{a}$ と $\boldsymbol{b}$ に垂直なので $\overrightarrow{\mathrm{PS}} = k(\boldsymbol{a}\times\boldsymbol{b})$ (k：定数) と書けます．したがって

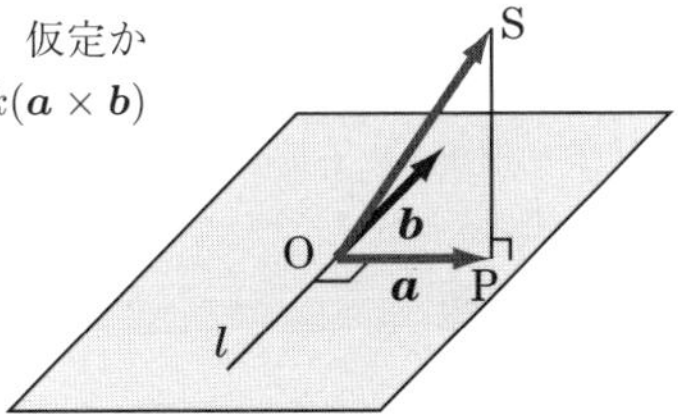

$$\begin{aligned}\boldsymbol{b}\cdot\overrightarrow{\mathrm{OS}} &= \boldsymbol{b}\cdot(\overrightarrow{\mathrm{OP}} + \overrightarrow{\mathrm{PS}}) = \boldsymbol{b}\cdot(\boldsymbol{a} + k(\boldsymbol{a}\times\boldsymbol{b})) \\ &= 0 + k\boldsymbol{b}\cdot(\boldsymbol{a}\times\boldsymbol{b}) = k\boldsymbol{a}\cdot(\boldsymbol{b}\times\boldsymbol{b}) = 0\end{aligned}$$

となり OS と直交します．

6　図のようにベクトル $\boldsymbol{a}, \boldsymbol{b}$ や p, q, x, y, z などを定義します．このとき

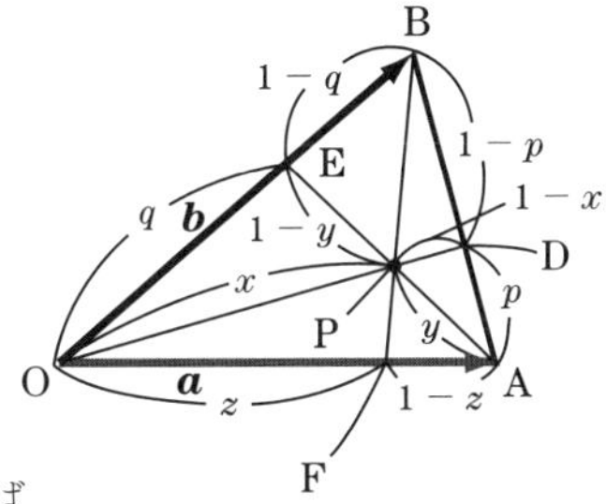

$$\begin{aligned}\overrightarrow{\mathrm{AP}} &= y\overrightarrow{\mathrm{AE}} = y\{(1-q)\overrightarrow{\mathrm{AO}} + q\overrightarrow{\mathrm{AB}}\} \\ &= y\{-(1-q)\boldsymbol{a} + q(\boldsymbol{b} - \boldsymbol{a})\} \\ \overrightarrow{\mathrm{OP}} &= x\overrightarrow{\mathrm{OD}} = x\{(1-p)\overrightarrow{\mathrm{OA}} + p\overrightarrow{\mathrm{OB}}\} \\ &= x\{(1-p)\boldsymbol{a} + p\boldsymbol{b}\}\end{aligned}$$

$\boldsymbol{a} = \overrightarrow{\mathrm{OA}} = \overrightarrow{\mathrm{OP}} - \overrightarrow{\mathrm{AP}}$ にこれらの式を代入して整理すれば

$$\Big\{x(1-p) - 1 + (1-q)y + qy\Big\}\boldsymbol{a} + (xp - yq)\boldsymbol{b} = \boldsymbol{0}$$

$\boldsymbol{a}$ と $\boldsymbol{b}$ の係数が 0 なので $x(1-p) + y = 1,\ xp = qy$ これを解いて

$$x = \frac{q}{p + q - pq},\quad y = \frac{p}{p + q - pq}$$

$$z\overrightarrow{\mathrm{OA}} + \overrightarrow{\mathrm{BO}} = \overrightarrow{\mathrm{OF}} - \overrightarrow{\mathrm{OB}} = \overrightarrow{\mathrm{BF}} = k\overrightarrow{\mathrm{BP}} = k(\overrightarrow{\mathrm{AP}} - \overrightarrow{\mathrm{AB}})\quad (k\text{：定数})$$

したがって

$$z\boldsymbol{a} - \boldsymbol{b} = k\Big\{y\{-(1-q)\boldsymbol{a} + q(\boldsymbol{b} - \boldsymbol{a})\} - (\boldsymbol{b} - \boldsymbol{a})\Big\}$$

整理して $\{k(1-y) - z\}\boldsymbol{a} + \{k(qy-1) + 1\}\boldsymbol{b} = \boldsymbol{0}$ より

$$k = \frac{1}{1 - qy},\quad z = k(1-y) = \frac{1-y}{1-qy} = \frac{q(1-p)}{p + q - 2pq}$$

$\therefore$　$\mathrm{OF} : \mathrm{FA} = z : 1 - z = q(1-p) : p(1-q)$ 題意から $p = m/(m+n),\ q = s/(r+s)$ なので

$$\mathrm{OF} : \mathrm{FA} = ns : mr$$

第2章

問 **2.1** (1) $-7\boldsymbol{i}-2\boldsymbol{j}-16\boldsymbol{k}$ (2) $-13\boldsymbol{i}+12\boldsymbol{j}-14\boldsymbol{k}$

問 **2.2** (1) $|\boldsymbol{a}|=|\boldsymbol{b}|=\sqrt{3}$ (2) $\cos\theta=-\dfrac{1}{3}$ (3) $\pm\dfrac{1}{\sqrt{2}}(\boldsymbol{i}+\boldsymbol{j})$

問 **2.3** 5

問 **2.4** $12\boldsymbol{i}+4\boldsymbol{j}-8\boldsymbol{k}$

問 **2.5** 略

問 **2.6** $\boldsymbol{A}\cdot\boldsymbol{e}_r$, $\boldsymbol{A}\cdot\boldsymbol{e}_\theta$, $\boldsymbol{A}\cdot\boldsymbol{e}_\varphi$ を計算すれば，

$$A_r=A_x\sin\theta\cos\varphi+A_y\sin\theta\sin\varphi+A_z\cos\theta$$
$$A_\theta=A_x\cos\theta\cos\varphi+A_y\cos\theta\cos\varphi-A_z\sin\theta$$
$$A_\varphi=-A_x\sin\varphi+A_y\cos\varphi$$

演習問題

1 $S=\dfrac{1}{2}\left|\overrightarrow{\mathrm{OA}}\times\overrightarrow{\mathrm{OB}}\right|,\quad \overrightarrow{\mathrm{OA}}\times\overrightarrow{\mathrm{OB}}=\begin{vmatrix}\boldsymbol{i}&\boldsymbol{j}&\boldsymbol{k}\\a_x&a_y&a_z\\b_x&b_y&b_z\end{vmatrix}$

$$S=\frac{1}{2}\left|(a_yb_z-a_zb_y)\boldsymbol{i}+(a_zb_x-a_xb_z)\boldsymbol{j}+(a_xb_y-a_yb_x)\boldsymbol{k}\right|$$

$$\therefore\quad S=\frac{1}{2}\sqrt{(a_yb_z-a_zb_y)^2+(a_zb_x-a_xb_z)^2+(a_xb_y-a_yb_x)^2}$$

三角形 ABC の面積は $\overrightarrow{\mathrm{OA}}$ のかわりに $\overrightarrow{\mathrm{CA}}=\overrightarrow{\mathrm{OA}}-\overrightarrow{\mathrm{OC}}$，$\overrightarrow{\mathrm{OB}}$ のかわりに $\overrightarrow{\mathrm{CB}}=\overrightarrow{\mathrm{OB}}-\overrightarrow{\mathrm{OC}}$ としたものなので

$$\begin{aligned}S=\frac{1}{2}\Big[&\{(a_y-c_y)(b_z-c_z)-(a_z-c_z)(b_y-c_y)\}^2\\&+\{(a_z-c_z)(b_x-c_x)-(a_x-c_x)(b_z-c_z)\}^2\\&+\{(a_x-c_x)(b_y-c_y)-(a_y-c_y)(b_x-c_x)\}^2\Big]^{1/2}\end{aligned}$$

2 $\boldsymbol{A}\cdot\boldsymbol{B}=\boldsymbol{B}\cdot\boldsymbol{C}=\boldsymbol{C}\cdot\boldsymbol{A}=0$ となればよいので連立 3 元 1 次方程式

$$-2a-2b+3=0,\quad -2+2b-c=0,\quad a-4-3c=0$$

を解いて $a=1$, $b=1/2$, $c=-1$.

3 求めるベクトルは $\pm\boldsymbol{A}\times\boldsymbol{B}/|\boldsymbol{A}\times\boldsymbol{B}|$

$$\boldsymbol{A}\times\boldsymbol{B}=\begin{vmatrix}\boldsymbol{i}&\boldsymbol{j}&\boldsymbol{k}\\2&1&-3\\1&-2&1\end{vmatrix}=-5\boldsymbol{i}-5\boldsymbol{j}-5\boldsymbol{k},\quad |\boldsymbol{A}\times\boldsymbol{B}|=\sqrt{75}=5\sqrt{3}$$

$$\therefore\quad \frac{\boldsymbol{A}\times\boldsymbol{B}}{|\boldsymbol{A}\times\boldsymbol{B}|}=\pm\frac{1}{\sqrt{3}}(\boldsymbol{i}+\boldsymbol{j}+\boldsymbol{k})$$

4 平行六面体の体積が 1 なので

$$1=\begin{vmatrix}-2&-3&4\\a&2&-1\\3&a&2\end{vmatrix}=-8+9+4a^2-24+6a-2a$$

したがって $a^2+a-6=0$ より $a=-3$ または 2.

5　$\boldsymbol{n}=(n_x,n_y,n_z)$ を三角形 ABC に垂直な単位ベクトルとすれば

$$(\Delta S)\boldsymbol{n}=\frac{1}{2}(\overrightarrow{\mathrm{AB}}\times\overrightarrow{\mathrm{AC}})=\frac{1}{2}(\overrightarrow{\mathrm{OB}}-\overrightarrow{\mathrm{OA}})\times(\overrightarrow{\mathrm{OC}}-\overrightarrow{\mathrm{OA}})$$

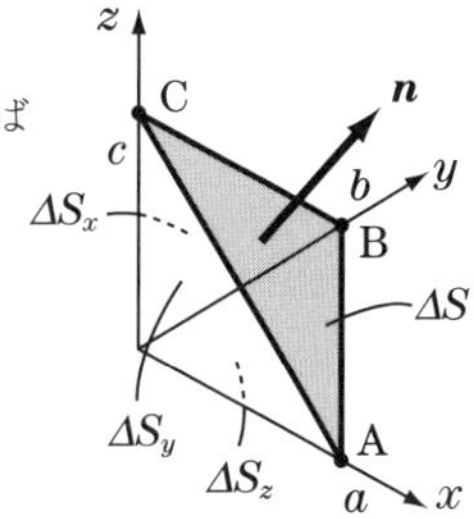

ここで $\overrightarrow{\mathrm{OA}}=(a,0,0)$, $\overrightarrow{\mathrm{OB}}=(0,b,0)$, $\overrightarrow{\mathrm{OC}}=(0,0,c)$ を代入すれば

$$\begin{aligned}(\Delta S)n_x\boldsymbol{i}+(\Delta S)n_y\boldsymbol{j}+(\Delta S)n_z\boldsymbol{k}&=\frac{1}{2}\begin{vmatrix}\boldsymbol{i}&\boldsymbol{j}&\boldsymbol{k}\\-a&b&0\\-a&0&c\end{vmatrix}\\&=\frac{bc}{2}\boldsymbol{i}+\frac{ac}{2}\boldsymbol{j}+\frac{ab}{2}\boldsymbol{k}\\&=\Delta S_x\boldsymbol{i}+\Delta S_y\boldsymbol{j}+\Delta S_z\boldsymbol{k}\end{aligned}$$

となります．そこで成分を比較します．

6　(1)　ベクトル 3 重積を利用します．

$$\begin{aligned}&\boldsymbol{a}\times(\boldsymbol{b}\times\boldsymbol{c})+\boldsymbol{b}\times(\boldsymbol{c}\times\boldsymbol{a})+\boldsymbol{c}\times(\boldsymbol{a}\times\boldsymbol{b})\\&=(\boldsymbol{a}\cdot\boldsymbol{c})\boldsymbol{b}-(\boldsymbol{a}\cdot\boldsymbol{b})\boldsymbol{c}+(\boldsymbol{b}\cdot\boldsymbol{a})\boldsymbol{c}-(\boldsymbol{b}\cdot\boldsymbol{c})\boldsymbol{a}+(\boldsymbol{c}\cdot\boldsymbol{b})\boldsymbol{a}-(\boldsymbol{c}\cdot\boldsymbol{a})\boldsymbol{b}\\&=\{(\boldsymbol{a}\cdot\boldsymbol{c})-(\boldsymbol{c}\cdot\boldsymbol{a})\}\boldsymbol{b}+\{-(\boldsymbol{a}\cdot\boldsymbol{b})+(\boldsymbol{b}\cdot\boldsymbol{a})\}\boldsymbol{c}+\{-(\boldsymbol{b}\cdot\boldsymbol{c})+(\boldsymbol{c}\cdot\boldsymbol{b})\}\boldsymbol{a}\\&=\boldsymbol{0}\end{aligned}$$

(2)　$\boldsymbol{a}\times\boldsymbol{b}=\boldsymbol{f}$ とおきスカラー 3 重積の性質を利用します．

$$\begin{aligned}(\boldsymbol{a}\times\boldsymbol{b})\cdot(\boldsymbol{c}\times\boldsymbol{d})&=\boldsymbol{f}\cdot(\boldsymbol{c}\times\boldsymbol{d})=\boldsymbol{d}\cdot(\boldsymbol{f}\times\boldsymbol{c})=-\boldsymbol{d}\cdot(\boldsymbol{c}\times\boldsymbol{f})\\&=-\boldsymbol{d}\cdot\{\boldsymbol{c}\times(\boldsymbol{a}\times\boldsymbol{b})\}=-\boldsymbol{d}\cdot\{(\boldsymbol{c}\cdot\boldsymbol{b})\boldsymbol{a}-(\boldsymbol{c}\cdot\boldsymbol{a})\boldsymbol{b}\}\\&=-(\boldsymbol{c}\cdot\boldsymbol{b})(\boldsymbol{d}\cdot\boldsymbol{a})+(\boldsymbol{c}\cdot\boldsymbol{a})(\boldsymbol{d}\cdot\boldsymbol{b})=(\boldsymbol{a}\cdot\boldsymbol{c})(\boldsymbol{b}\cdot\boldsymbol{d})-(\boldsymbol{a}\cdot\boldsymbol{d})(\boldsymbol{b}\cdot\boldsymbol{c})\end{aligned}$$

第 3 章

問 3.1　(1)　$-\cos t+2t\sin t-2t$

(2)　$(4t-\cos t+t\sin t)\boldsymbol{i}-(\sin t+t\cos t+1)\boldsymbol{j}-(2t\cos t+\sin t)\boldsymbol{k}$

(3)　$2t$

問 3.2　(1)　$-\cos t\boldsymbol{i}-\sin t\boldsymbol{j}+\dfrac{t^2}{2}\boldsymbol{k}+\boldsymbol{c}$　($\boldsymbol{c}$：定数ベクトル)　　(2)　$\boldsymbol{i}+3\boldsymbol{j}-\dfrac{3}{2}\boldsymbol{k}$

問 3.3　$\boldsymbol{r}=\boldsymbol{a}e^{-t}+(t-1)\boldsymbol{j}$　($\boldsymbol{a}$：定数ベクトル)

問 3.4　$\boldsymbol{r}=\boldsymbol{a}e^{t}+\boldsymbol{b}e^{2t}$　　(2)　$\boldsymbol{r}=(\boldsymbol{a}+\boldsymbol{b}t)e^{t/3}$　($\boldsymbol{a}$, $\boldsymbol{b}$：定数ベクトル)

演習問題

1　2 次元ベクトルで示しますが 3 次元でも同じです．$\boldsymbol{A}=A_x\boldsymbol{i}+A_y\boldsymbol{j}$ とおいて部分積分の公式を用いると

$$\begin{aligned}(\text{左辺})&=\boldsymbol{i}\int m\frac{dA_x}{dt}dt+\boldsymbol{j}\int m\frac{dA_y}{dt}dt\\&=\boldsymbol{i}\left(mA_x-\int\frac{dm}{dt}A_x dt\right)+\boldsymbol{j}\left(mA_y-\int\frac{dm}{dt}A_y dt\right)\\&=m(A_x\boldsymbol{i}+A_y\boldsymbol{j})-\int\frac{dm}{dt}(A_x\boldsymbol{i}+A_y\boldsymbol{j})dt=(\text{右辺})\end{aligned}$$

第 2 式は第 1 式の左辺を右辺に，右辺の第 2 項を左辺に移項すれば得られます．

2 (1) $\boldsymbol{A}\cdot\boldsymbol{B}=t\sin t-2t^2\cos t-3t^4$ より $(\boldsymbol{A}\cdot\boldsymbol{B})'=\sin t-3t\cos t+2t^2\sin t-12t^3$

(2) $\boldsymbol{A}\times\boldsymbol{B}=\begin{vmatrix}\boldsymbol{i} & \boldsymbol{j} & \boldsymbol{k}\\ t & 2t^2 & -3t^3\\ \sin t & -\cos t & t\end{vmatrix}$

$$=(2t^3-3t^3\cos t)\boldsymbol{i}+(-3t^3\sin t-t^2)\boldsymbol{j}+(-t\cos t-2t^2\sin t)\boldsymbol{k}$$

$$(\boldsymbol{A}\times\boldsymbol{B})'=3t^2(2-3\cos t+t\sin t)\boldsymbol{i}-t(9t\sin t+3t^2\cos t+2)\boldsymbol{j}-(\cos t+3t\sin t+2t^2\cos t)\boldsymbol{k}$$

(3) $|\boldsymbol{B}|^2=\sin^2 t+\cos^2 t+t^2=1+t^2$ より $(|\boldsymbol{B}|^2)'=2t$

(4) $\displaystyle\int\boldsymbol{B}dt=\int(\sin t\boldsymbol{i}-\cos t\boldsymbol{j}+t\boldsymbol{k})dt=-\cos t\boldsymbol{i}-\sin t\boldsymbol{j}+\frac{t^2}{2}\boldsymbol{k}+\boldsymbol{K}$ ($\boldsymbol{K}$：定数ベクトル)

(5) $\displaystyle\int_1^2\boldsymbol{A}dt=\int_1^2(t\boldsymbol{i}+2t^2\boldsymbol{j}-3t^3\boldsymbol{k})dt=\left[\frac{t^2}{2}\right]_1^2\boldsymbol{i}+\left[\frac{2}{3}t^3\right]_1^2\boldsymbol{j}-\left[\frac{3}{4}t^4\right]_1^2\boldsymbol{k}$

$$=\frac{3}{2}\boldsymbol{i}+\frac{14}{3}\boldsymbol{j}-\frac{45}{4}\boldsymbol{k}$$

3 (1) 2次元ベクトルで示しますが3次元でも同じです．$\boldsymbol{A}=A_x\boldsymbol{i}+A_y\boldsymbol{j}$, $\boldsymbol{B}=B_x\boldsymbol{i}+B_y\boldsymbol{j}$ とおきます．

$$(\boldsymbol{A}\cdot\boldsymbol{B})'=(A_xB_x+A_yB_y)'=A_x'B_x+A_xB_x'+A_y'B_y+A_yB_y'$$
$$=A_x'B_x+A_y'B_y+A_xB_x'+A_yB_y'=\boldsymbol{A}\cdot\boldsymbol{B}+\boldsymbol{A}\cdot\boldsymbol{B}'$$

(2) x 成分だけ示しますが y, z 成分も同じです．

$\boldsymbol{A}=A_x\boldsymbol{i}+A_y\boldsymbol{j}+A_z\boldsymbol{k}$, $\boldsymbol{B}=B_x\boldsymbol{i}+B_y\boldsymbol{j}+B_z\boldsymbol{k}$ とおきます．

$$\boldsymbol{A}\times\boldsymbol{B}=\begin{vmatrix}\boldsymbol{i} & \boldsymbol{j} & \boldsymbol{k}\\ A_x & A_y & A_z\\ B_x & B_y & B_z\end{vmatrix},\ \boldsymbol{A}'\times\boldsymbol{B}=\begin{vmatrix}\boldsymbol{i} & \boldsymbol{j} & \boldsymbol{k}\\ A_x' & A_y' & A_z'\\ B_x & B_y & B_z\end{vmatrix},\ \boldsymbol{A}\times\boldsymbol{B}'=\begin{vmatrix}\boldsymbol{i} & \boldsymbol{j} & \boldsymbol{k}\\ A_x & A_y & A_z\\ B_x' & B_y' & B_z'\end{vmatrix}$$

$$(\boldsymbol{A}\times\boldsymbol{B})_x'=(A_yB_z-A_zB_y)'=A_y'B_z+A_yB_z'-A_z'B_y-A_zB_y'$$
$$=A_y'B_z-A_z'B_y+A_yB_z'-A_zB_y'=(\boldsymbol{A}'\times\boldsymbol{B})_x+(\boldsymbol{A}\times\boldsymbol{B}')_x$$

(3) (1) より $\boldsymbol{A}\cdot\boldsymbol{B}'=(\boldsymbol{A}\cdot\boldsymbol{B})'-\boldsymbol{A}'\cdot\boldsymbol{B}$．これを t で積分します．

(4) (2) より $\boldsymbol{A}\times\boldsymbol{B}'=(\boldsymbol{A}\times\boldsymbol{B})'-\boldsymbol{A}'\times\boldsymbol{B}$．これを t で積分します．

4 **3** の (1), (2) を利用します．

(1) $(\boldsymbol{a}\cdot(\boldsymbol{b}\times\boldsymbol{c}))'=\boldsymbol{a}'\cdot(\boldsymbol{b}\times\boldsymbol{c})+\boldsymbol{a}\cdot(\boldsymbol{b}\times\boldsymbol{c})'=\boldsymbol{a}'\cdot(\boldsymbol{b}\times\boldsymbol{c})+\boldsymbol{a}\cdot(\boldsymbol{b}'\times\boldsymbol{c})+\boldsymbol{a}\cdot(\boldsymbol{b}\times\boldsymbol{c}')$

(2) $(\boldsymbol{a}\times(\boldsymbol{b}\times\boldsymbol{c}))'=\boldsymbol{a}'\times(\boldsymbol{b}\times\boldsymbol{c})+\boldsymbol{a}\times(\boldsymbol{b}\times\boldsymbol{c})'=\boldsymbol{a}'\times(\boldsymbol{b}\times\boldsymbol{c})+\boldsymbol{a}\times(\boldsymbol{b}'\times\boldsymbol{c})+\boldsymbol{a}\times(\boldsymbol{b}\times\boldsymbol{c}')$

5 (1) 両辺を t で割って $\dfrac{d\boldsymbol{r}}{dt}-\dfrac{1}{t}\boldsymbol{r}=\boldsymbol{a}(1+t^2)$．式 (3.19) において $\boldsymbol{p}=-\dfrac{1}{t}$, $\boldsymbol{q}=\boldsymbol{a}(1+t^2)$

$$\boldsymbol{r}=e^{\int(1/t)dt}\left[\int\boldsymbol{a}(1+t^2)e^{-\int(1/t)dt}dt+\boldsymbol{C}\right]=t\left[\boldsymbol{a}\int\left(\frac{1}{t}+t\right)dt+\boldsymbol{C}\right]$$
$$=t\left[\boldsymbol{a}\left(\log|t|+\frac{t^2}{2}\right)+\boldsymbol{C}\right]\quad(\boldsymbol{C}\text{: 定数ベクトル})$$

(2) 式 (3.19) において $\boldsymbol{p}=2\tan t$, $\boldsymbol{q}=\boldsymbol{i}\sin t$.

また $\displaystyle\int 2\tan t dt=-2\int\frac{d(\cos t)}{\cos t}=-2\log(\cos t)$，したがって

$$\boldsymbol{r}=e^{2\log(\cos t)}\left[\int\boldsymbol{i}\sin te^{-2\log\cos t}dt+\boldsymbol{C}\right]=\cos^2 t\left[-\boldsymbol{i}\int\frac{1}{\cos^2 t}d(\cos t)+\boldsymbol{C}\right]$$
$$=\cos^2 t\left[\boldsymbol{i}\frac{1}{\cos t}+\boldsymbol{C}\right]=\boldsymbol{i}\cos t+\boldsymbol{C}\cos^2 t\quad(\boldsymbol{C}\text{: 定数ベクトル})$$

6 (1)　特性方程式 $2\lambda^2 - 3\lambda + 1 = (2\lambda - 1)(\lambda - 1) = 0$

$$\boldsymbol{r} = \boldsymbol{a}e^{t/2} + \boldsymbol{b}e^t$$

(2)　特性方程式 $4\lambda^2 + 4\lambda + 1 = (2\lambda + 1)^2 = 0$

$$\boldsymbol{r} = (\boldsymbol{a} + \boldsymbol{b}t)e^{-t/2}$$

(3)　特性方程式 $\lambda^2 + \lambda + 1 = 0$, $\lambda = \dfrac{-1 \pm \sqrt{3}\,i}{2}$

$$\boldsymbol{r} = \left(\boldsymbol{a}\sin\frac{\sqrt{3}}{2}t + \boldsymbol{b}\cos\frac{\sqrt{3}}{2}t\right)e^{-t/2}$$

第4章

問 4.1　$\displaystyle\int_0^1 \sqrt{(2+3t^2)^2}\,dt = 3$

問 4.2　公式 (4.9) を用います．$\kappa = \sqrt{\dfrac{1+4t^2+t^4}{(1+t^2+t^4)^3}}$

問 4.3　公式 (4.12) を用います．$\tau = 2/(1+4t^2+t^4)$

演習問題

1

$$\begin{aligned} s &= \int_0^1 \sqrt{(\dot{x})^2 + (\dot{y})^2 + (\dot{z})^2}\,dt \\ &= \int_0^1 \left\{2^2 + \left(\frac{1}{\sqrt{1-t^2}} + \sqrt{1-t^2} - \frac{t^2}{\sqrt{1-t^2}}\right)^2 + (2t)^2\right\}^{1/2} dt \\ &= 2\sqrt{2}\int_0^1 dt = 2\sqrt{2} \end{aligned}$$

2　$\dfrac{x^2}{a^2} + \dfrac{y^2}{b^2} = 1$ 上の点は $x = a\cos t$, $y = b\sin t$ $(0 \leq t < 2\pi)$ で表せます．対称性から第 1 象限の部分を 4 倍します．

$$\begin{aligned} \frac{s}{4} &= \int_0^{\pi/2} \sqrt{\left(\frac{dx}{dt}\right)^2 + \left(\frac{dy}{dt}\right)^2}\,dt = \int_0^{\pi/2} \sqrt{a^2\sin^2 t + b^2\cos^2 t}\,dt \\ &= \int_0^{\pi/2} \sqrt{a^2 - (a^2-b^2)\cos^2 t}\,dt = a\int_0^{\pi/2} \sqrt{1 - K^2\cos^2 t}\,dt \qquad \left(K = \frac{a^2-b^2}{a^2}\right) \end{aligned}$$

ここで $\cos t = u$ とおけば $\dfrac{du}{dt} = -\sin t = -\sqrt{1-u^2}$ であるので

$$S = -4a\int_1^0 \frac{\sqrt{1-K^2u^2}}{\sqrt{1-u^2}}du = 4a\int_0^1 \sqrt{\frac{1-K^2u^2}{1-u^2}}\,du$$

となります．なお $\displaystyle\int_0^{\xi} \sqrt{\frac{1-K^2u^2}{1-u^2}}\,du$ を第 2 種楕円積分といいます．

3 (1) $\dfrac{ds}{dt} = \sqrt{(\dot{x})^2 + (\dot{y})^2 + (\dot{z})^2} = \sqrt{(-2\sin t)^2 + (2\cos t)^2 + 1^2} = \sqrt{5}$

$$\boldsymbol{t} = \frac{d\boldsymbol{r}}{dt}\bigg/\frac{ds}{dt} = \frac{1}{\sqrt{5}}(-2\sin t\boldsymbol{i} + 2\cos t\boldsymbol{j} + \boldsymbol{k})$$

(2) $\kappa\boldsymbol{n} = \dfrac{d\boldsymbol{t}}{dt}\bigg/\dfrac{ds}{dt} = \left(-\dfrac{2}{\sqrt{5}}\cos t\boldsymbol{i} - \dfrac{2}{\sqrt{5}}\sin t\boldsymbol{j}\right)\bigg/\sqrt{5} = -\dfrac{2}{5}(\cos t\boldsymbol{i} + \sin t\boldsymbol{j})$

$\kappa = |\kappa\boldsymbol{n}| = \dfrac{2}{5}$ したがって $\boldsymbol{n} = -\cos t\boldsymbol{i} - \sin t\boldsymbol{j}$

(3) $\boldsymbol{b} = \boldsymbol{t} \times \boldsymbol{n} = \dfrac{1}{\sqrt{5}}(-2\sin t\boldsymbol{i} + 2\cos t\boldsymbol{j} + \boldsymbol{k}) \times (-\cos t\boldsymbol{i} - \sin t\boldsymbol{j})$

$= \dfrac{1}{\sqrt{5}}(\sin t\boldsymbol{i} - \cos t\boldsymbol{j} + 2\boldsymbol{k})$

(4) $\dfrac{d\boldsymbol{b}}{ds} = \dfrac{d\boldsymbol{b}}{dt}\bigg/\dfrac{ds}{dt} = \dfrac{1}{5}(\cos t\boldsymbol{i} + \sin t\boldsymbol{j}) = -\tau\boldsymbol{n} = \tau(\cos t\boldsymbol{i} + \sin t\boldsymbol{j})$
（フルネ・セレの公式と (2) を用いました.）したがって $\tau = 1/5$.

4 $\boldsymbol{v} = \dfrac{d\boldsymbol{r}}{dt} = -\dot{f}\sin f\boldsymbol{i} + \dot{f}\cos f\boldsymbol{j}$, $|\boldsymbol{v}| = \dot{f}$

$\boldsymbol{a} = \dfrac{d^2\boldsymbol{r}}{dt^2} = (-\ddot{f}\sin f - (\dot{f})^2\cos f)\boldsymbol{i} + (\ddot{f}\cos f - (\dot{f})^2\sin f)\boldsymbol{j}$

$\boldsymbol{t} = \dfrac{\boldsymbol{v}}{|\boldsymbol{v}|} = -\sin f\boldsymbol{i} + \cos f\boldsymbol{j}$

$a_t = \boldsymbol{a}\cdot\boldsymbol{t} = \ddot{f}\sin^2 f + (\dot{f})^2\cos f\sin f + \ddot{f}\cos^2 f - (\dot{f})^2\sin f\cos f = \ddot{f}$

$a_n = |\boldsymbol{a} - a_t\boldsymbol{t}| = |-(\dot{f})^2\cos f\boldsymbol{i} - (\dot{f})^2\sin f\boldsymbol{j}| = (\dot{f})^2$

5 接線の傾きを θ とおくと $dy/dx = \tan\theta$ より $\theta = \tan^{-1}(dy/dx)$

$$\kappa = \pm\frac{d\theta}{ds} = \pm\frac{d\theta}{dx}\frac{dx}{ds} = \pm\frac{\frac{d}{dx}(dy/dx)}{1 + (dy/dx)^2}\frac{1}{ds/dx}$$

一方 $ds = \sqrt{(dx)^2 + (dy)^2}$ より $ds/dx = \sqrt{1 + (dy/dx)^2}$ したがって

$$\kappa = \pm\frac{d\theta}{ds} = \pm\frac{d^2y/dx^2}{(1 + (dy/dx)^2)^{3/2}}$$

6 右図より $\boldsymbol{b} \times \boldsymbol{t} = \boldsymbol{n}$, $\boldsymbol{t} \times \boldsymbol{n} = \boldsymbol{b}$, $\boldsymbol{n} \times \boldsymbol{b} = \boldsymbol{t}$

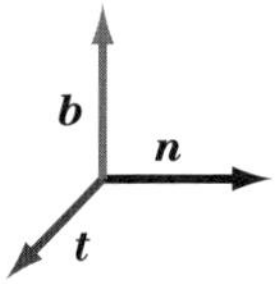

$\boldsymbol{f} \times \boldsymbol{t} = (\tau\boldsymbol{t} + \kappa\boldsymbol{b}) \times \boldsymbol{t} = \tau\boldsymbol{t} \times \boldsymbol{t} + \kappa\boldsymbol{b} \times \boldsymbol{t} = \kappa\boldsymbol{n} \quad (\because \quad \boldsymbol{t} \times \boldsymbol{t} = \boldsymbol{0})$

$\boldsymbol{f} \times \boldsymbol{n} = (\tau\boldsymbol{t} + \kappa\boldsymbol{b}) \times \boldsymbol{n} = \tau\boldsymbol{t} \times \boldsymbol{n} + \kappa\boldsymbol{b} \times \boldsymbol{n} = \tau\boldsymbol{b} - \kappa\boldsymbol{t}$

$\boldsymbol{f} \times \boldsymbol{b} = (\tau\boldsymbol{t} + \kappa\boldsymbol{b}) \times \boldsymbol{b} = \tau\boldsymbol{t} \times \boldsymbol{b} + \kappa\boldsymbol{b} \times \boldsymbol{b} = -\tau\boldsymbol{n} \quad (\because \quad \boldsymbol{b} \times \boldsymbol{b} = \boldsymbol{0})$

7 $\boldsymbol{r} = x\boldsymbol{i} + y\boldsymbol{j} + z\boldsymbol{k}$ とおきます．u が一定であれば，ベクトルの終点は $z = \cos u$ という面内（したがって，$-1 \leq z \leq 1$）にあり，その面内において

$$x^2 + y^2 = \sin^2 u(\cos^2 v + \sin^2 v) = \sin^2 u$$

であるので，半径 $|\sin u|$ の円を描きます．円の半径が z 方向にどのように変化するかを調べるため，特に $v = 0$ とおけば，$x = \cos u, y = 0, z = \sin u$ であるため，xz 平面内で，

$$x^2 + z^2 = \cos^2 u + \sin^2 u = 1$$

となります．このことから $\boldsymbol{r}$ の終点は原点中心の半径 1 の球面上にあることがわかります．

8 曲面上の位置ベクトルは $\boldsymbol{r} = x\boldsymbol{i} + y\boldsymbol{j} + f(x,y)\boldsymbol{k}$ となります．したがって

$$\frac{\partial \boldsymbol{r}}{\partial x} \times \frac{\partial \boldsymbol{r}}{\partial y} = \left(\boldsymbol{i} + \frac{\partial f}{\partial x}\boldsymbol{k}\right) \times \left(\boldsymbol{j} + \frac{\partial f}{\partial y}\boldsymbol{k}\right) = -\frac{\partial f}{\partial x}\boldsymbol{i} - \frac{\partial f}{\partial y}\boldsymbol{j} + \boldsymbol{k}$$

$$\boldsymbol{n} = \frac{\frac{\partial \boldsymbol{r}}{\partial x} \times \frac{\partial \boldsymbol{r}}{\partial y}}{\left|\frac{\partial \boldsymbol{r}}{\partial x} \times \frac{\partial \boldsymbol{r}}{\partial y}\right|} = \frac{-\frac{\partial f}{\partial x}\boldsymbol{i} - \frac{\partial f}{\partial y}\boldsymbol{i} + \boldsymbol{k}}{\sqrt{1 + \left(\frac{\partial f}{\partial x}\right)^2 + \left(\frac{\partial f}{\partial y}\right)^2}}$$

また $\left|\dfrac{\partial \boldsymbol{r}}{\partial x} \times \dfrac{\partial \boldsymbol{r}}{\partial y}\right| = \sqrt{1 + \left(\dfrac{\partial f}{\partial x}\right)^2 + \left(\dfrac{\partial f}{\partial y}\right)^2}$ より $S = \displaystyle\iint_S \sqrt{1 + \left(\frac{\partial f}{\partial x}\right)^2 + \left(\frac{\partial f}{\partial y}\right)^2}\, dxdy$

第5章

問 5.1 (1) $3\sqrt{x^2+y^2+z^2}(x\boldsymbol{i} + y\boldsymbol{j} + z\boldsymbol{k})$

(2) $(4z^3 - 2y^2z)\boldsymbol{i} - 4xyz\boldsymbol{j} + (12xz^2 - 2xy^2)\boldsymbol{k}$

問 5.2 (1) $2x + 2y + 2z$ (2) $2xz + xz - 6yz$

問 5.3 (1) $-y\boldsymbol{i} - z\boldsymbol{j} - x\boldsymbol{k}$ (2) $-(2x+z)\boldsymbol{i} + (2z - x^2)\boldsymbol{k}$

演習問題

1 $\nabla f = (yz + 4xy)\boldsymbol{i} + (xz + 2x^2)\boldsymbol{j} + xy\boldsymbol{k}$ は点 P$(1,-2,1)$ で $\nabla f_{\mathrm{P}} = -10\boldsymbol{i} + 3\boldsymbol{j} - 2\boldsymbol{k}$

$$\left.\frac{df}{ds}\right|_{\mathrm{P}} = \boldsymbol{e} \cdot \nabla f_{\mathrm{P}} = \left(-\frac{2}{3}\boldsymbol{i} - \frac{1}{3}\boldsymbol{j} + \frac{2}{3}\boldsymbol{k}\right) \cdot (-10\boldsymbol{i} + 3\boldsymbol{j} - 2\boldsymbol{k}) = \frac{20}{3} - 1 - \frac{4}{3} = \frac{13}{3}$$

2 (1) $\nabla \cdot \boldsymbol{A} = 2y^3 + 3x^2z - 2xyz$ (2) $\nabla f = 2x\boldsymbol{i} - 3z\boldsymbol{j} - 3y\boldsymbol{k}$

(3)
$$\begin{aligned}\nabla \cdot (f\boldsymbol{A}) &= \frac{\partial}{\partial x}(2x^3y^3 - 6xy^4z) + \frac{\partial}{\partial y}(3x^4yz - 9x^2y^2z^2) + \frac{\partial}{\partial z}(3xy^2z^3 - x^3yz^2)\\ &= 6x^2y^3 - 6y^4z + 3x^4z - 18x^2yz^2 + 9xy^2z^2 - 2x^3yz\end{aligned}$$

(4)
$$\nabla \times \boldsymbol{A} = \begin{vmatrix} \boldsymbol{i} & \boldsymbol{j} & \boldsymbol{k} \\ \partial/\partial x & \partial/\partial y & \partial/\partial z \\ 2xy^3 & 3x^2yz & -xyz^2 \end{vmatrix} = (-xz^2 - 3x^2y)\boldsymbol{i} + yz^2\boldsymbol{j} + (6xyz - 6xy^2)\boldsymbol{k}$$

$$\begin{aligned}\nabla \times (\nabla \times \boldsymbol{A}) &= \begin{vmatrix} \boldsymbol{i} & \boldsymbol{j} & \boldsymbol{k} \\ \partial/\partial x & \partial/\partial y & \partial/\partial z \\ -xz^2 - 3x^2y & yz^2 & 6xyz - 6xy^2 \end{vmatrix}\\ &= (6xz - 12xy - 2yz)\boldsymbol{i} + (-2xz - 6yz + 6y^2)\boldsymbol{j} + 3x^2\boldsymbol{k}\end{aligned}$$

(5) $\nabla(\nabla \cdot \boldsymbol{A}) = (6xz - 2yz)\boldsymbol{i} + (6y^2 - 2xz)\boldsymbol{j} + (3x^2 - 2xy)\boldsymbol{k}$

(6)
$$\begin{aligned}\nabla \times (f\boldsymbol{A}) &= \begin{vmatrix} \boldsymbol{i} & \boldsymbol{j} & \boldsymbol{k} \\ \partial/\partial x & \partial/\partial y & \partial/\partial z \\ 2x^3y^3 - 6xy^4z & 3x^4yz - 9x^2y^2z^2 & 3xy^2z^3 - x^3yz^2 \end{vmatrix}\\ &= (6xyz^3 - x^3z^2 - 3x^4y + 18x^2y^2z)\boldsymbol{i} + (-6xy^4 - 3y^2z^3 + 3x^2yz^2)\boldsymbol{j}\\ &\quad + (12x^3yz - 18xy^2z^2 - 6x^3y^2 + 24xy^3z)\boldsymbol{k}\end{aligned}$$

3 (1)
$$\begin{aligned}\nabla(fg) &= \boldsymbol{i}\frac{\partial}{\partial x}(fg) + \boldsymbol{j}\frac{\partial}{\partial y}(fg) + \boldsymbol{k}\frac{\partial}{\partial z}(fg)\\ &= \left(\boldsymbol{i}\frac{\partial f}{\partial x} + \boldsymbol{j}\frac{\partial f}{\partial y} + \boldsymbol{k}\frac{\partial f}{\partial z}\right)g + f\left(\boldsymbol{i}\frac{\partial g}{\partial x} + \boldsymbol{j}\frac{\partial g}{\partial y} + \boldsymbol{k}\frac{\partial g}{\partial z}\right) = (\nabla f)g + f\nabla g\end{aligned}$$

(2) $\nabla\left(\dfrac{f}{g}\right)=\boldsymbol{i}\dfrac{\partial}{\partial x}\left(\dfrac{f}{g}\right)+\boldsymbol{j}\dfrac{\partial}{\partial y}\left(\dfrac{f}{g}\right)+\boldsymbol{k}\dfrac{\partial}{\partial z}\left(\dfrac{f}{g}\right)$

$$=\boldsymbol{i}\frac{\frac{\partial f}{\partial x}g-f\frac{\partial g}{\partial x}}{g^2}+\boldsymbol{j}\frac{\frac{\partial f}{\partial y}g-f\frac{\partial g}{\partial y}}{g^2}+\boldsymbol{k}\frac{\frac{\partial f}{\partial z}g-f\frac{\partial g}{\partial z}}{g^2}$$

$$=\frac{1}{g^2}\left\{\left(\boldsymbol{i}\frac{\partial f}{\partial x}+\boldsymbol{j}\frac{\partial f}{\partial y}+\boldsymbol{k}\frac{\partial f}{\partial z}\right)g-f\left(\boldsymbol{i}\frac{\partial g}{\partial x}+\boldsymbol{j}\frac{\partial g}{\partial y}+\boldsymbol{k}\frac{\partial g}{\partial z}\right)\right\}=\frac{(\nabla f)g-f\nabla g}{g^2}$$

4 (1) $\nabla\cdot\boldsymbol{r}=\nabla\cdot(x\boldsymbol{i}+y\boldsymbol{j}+z\boldsymbol{k})=3$

(2) $\nabla\cdot\dfrac{\boldsymbol{r}}{r}=\nabla\left(\dfrac{1}{r}\right)\cdot\boldsymbol{r}+\dfrac{1}{r}\nabla\cdot\boldsymbol{r}=-\dfrac{1}{r^2}\nabla r\cdot\boldsymbol{r}+\dfrac{3}{r}=-\dfrac{1}{r^2}\dfrac{1}{r}\boldsymbol{r}\cdot\boldsymbol{r}+\dfrac{3}{r}=\dfrac{2}{r}$

(3) $\nabla\left(\dfrac{1}{r^2}\right)=\dfrac{d}{dr}\left(\dfrac{1}{r^2}\right)\nabla r=-\dfrac{2}{r^3}\dfrac{\boldsymbol{r}}{r}=-\dfrac{2\boldsymbol{r}}{r^4}$

(4) $\nabla\times\boldsymbol{r}=\begin{vmatrix}\boldsymbol{i} & \boldsymbol{j} & \boldsymbol{k}\\ \partial/\partial x & \partial/\partial y & \partial/\partial z\\ x & y & z\end{vmatrix}=\boldsymbol{0}$

(5) $\nabla\times(r^2\boldsymbol{r})=(\nabla r^2)\times\boldsymbol{r}+r^2\nabla\times\boldsymbol{r}=2r\nabla r\times\boldsymbol{r}+\boldsymbol{0}=2\boldsymbol{r}\times\boldsymbol{r}=\boldsymbol{0}$

5 (1) $\nabla\cdot(\nabla f)=\nabla\cdot\left(\dfrac{\partial f}{\partial x}\boldsymbol{i}+\dfrac{\partial f}{\partial y}\boldsymbol{j}+\dfrac{\partial f}{\partial z}\boldsymbol{k}\right)=\dfrac{\partial^2 f}{\partial x^2}+\dfrac{\partial^2 f}{\partial y^2}+\dfrac{\partial^2 f}{\partial z^2}=\nabla^2 f$

(2) $\nabla\times(\nabla f)=\begin{vmatrix}\boldsymbol{i} & \boldsymbol{j} & \boldsymbol{k}\\ \partial/\partial x & \partial/\partial y & \partial/\partial z\\ \partial f/\partial x & \partial f/\partial y & \partial f/\partial z\end{vmatrix}$

$$=\left(\frac{\partial^2 f}{\partial y\partial z}-\frac{\partial^2 f}{\partial z\partial y}\right)\boldsymbol{i}+\left(\frac{\partial^2 f}{\partial z\partial x}-\frac{\partial^2 f}{\partial x\partial z}\right)\boldsymbol{j}+\left(\frac{\partial^2 f}{\partial x\partial y}-\frac{\partial^2 f}{\partial y\partial x}\right)\boldsymbol{k}=\boldsymbol{0}$$

(3) $\nabla\cdot(\nabla\times\boldsymbol{A})=\dfrac{\partial}{\partial x}\left(\dfrac{\partial A_z}{\partial y}-\dfrac{\partial A_y}{\partial z}\right)+\dfrac{\partial}{\partial y}\left(\dfrac{\partial A_x}{\partial z}-\dfrac{\partial A_z}{\partial x}\right)+\dfrac{\partial}{\partial z}\left(\dfrac{\partial A_y}{\partial x}-\dfrac{\partial A_x}{\partial y}\right)$

$=0$

6 (1) x 成分だけを示しますが他の成分も同様です.

$$\nabla\times(\nabla\times\boldsymbol{A})=\begin{vmatrix}\boldsymbol{i} & \boldsymbol{j} & \boldsymbol{k}\\ \partial/\partial x & \partial/\partial y & \partial/\partial z\\ \dfrac{\partial A_z}{\partial y}-\dfrac{\partial A_y}{\partial z} & \dfrac{\partial A_x}{\partial z}-\dfrac{\partial A_z}{\partial x} & \dfrac{\partial A_y}{\partial x}-\dfrac{\partial A_x}{\partial y}\end{vmatrix}$$

(x 成分) $=\dfrac{\partial^2 A_y}{\partial x\partial y}-\dfrac{\partial^2 A_x}{\partial y^2}-\dfrac{\partial^2 A_x}{\partial z^2}+\dfrac{\partial^2 A_z}{\partial x\partial z}+\left(\dfrac{\partial^2 A_x}{\partial x^2}-\dfrac{\partial^2 A_x}{\partial x^2}\right)$

$$=\frac{\partial}{\partial x}\left(\frac{\partial A_x}{\partial x}+\frac{\partial A_y}{\partial y}+\frac{\partial A_z}{\partial z}\right)-\left(\frac{\partial^2 A_x}{\partial x^2}+\frac{\partial^2 A_x}{\partial y^2}+\frac{\partial^2 A_x}{\partial z^2}\right)=\Big(\nabla(\nabla\cdot\boldsymbol{A})\Big)_x-(\nabla^2\boldsymbol{A})_x$$

(2) $\nabla\cdot(\boldsymbol{A}\times\boldsymbol{B})=\dfrac{\partial}{\partial x}(A_yB_z-A_zB_y)+\dfrac{\partial}{\partial y}(A_zB_x-A_xB_z)+\dfrac{\partial}{\partial z}(A_xB_y-A_yB_x)$

$$=B_x\left(\frac{\partial A_z}{\partial y}-\frac{\partial A_y}{\partial z}\right)+B_y\left(\frac{\partial A_x}{\partial z}-\frac{\partial A_z}{\partial x}\right)+B_z\left(\frac{\partial A_y}{\partial x}-\frac{\partial A_x}{\partial y}\right)$$

$$-\left\{A_x\left(\frac{\partial B_z}{\partial y}-\frac{\partial B_y}{\partial z}\right)+A_y\left(\frac{\partial B_x}{\partial z}-\frac{\partial B_z}{\partial x}\right)+A_z\left(\frac{\partial B_y}{\partial x}-\frac{\partial B_x}{\partial y}\right)\right\}$$

$=\boldsymbol{B}\cdot(\nabla\times\boldsymbol{A})-\boldsymbol{A}\cdot(\nabla\times\boldsymbol{B})$

(3)　x 成分だけ示しますが，他も同様です．

$$
\begin{aligned}
&(\boldsymbol{B}\cdot\nabla)\boldsymbol{A}-(\boldsymbol{A}\cdot\nabla)\boldsymbol{B}+(\nabla\cdot\boldsymbol{B})\boldsymbol{A}-(\nabla\cdot\boldsymbol{A})\boldsymbol{B}\\
&=(\boldsymbol{B}\cdot\nabla)(A_x\boldsymbol{i}+A_y\boldsymbol{j}+A_z\boldsymbol{k})-(\boldsymbol{A}\cdot\nabla)(B_x\boldsymbol{i}+B_y\boldsymbol{j}+B_z\boldsymbol{k})\\
&\quad+(\nabla\cdot\boldsymbol{B})(A_x\boldsymbol{i}+A_y\boldsymbol{j}+A_z\boldsymbol{k})-(\nabla\cdot\boldsymbol{A})(B_x\boldsymbol{i}+B_y\boldsymbol{j}+B_z\boldsymbol{k})
\end{aligned}
$$

であるのでその x 成分は

$$
\begin{aligned}
&(\boldsymbol{B}\cdot\nabla)A_x-(\boldsymbol{A}\cdot\nabla)B_x+(\nabla\cdot\boldsymbol{B})A_x-(\nabla\cdot\boldsymbol{A})B_x\\
&=\left(B_x\frac{\partial A_x}{\partial x}+B_y\frac{\partial A_x}{\partial y}+B_z\frac{\partial A_x}{\partial z}\right)-\left(A_x\frac{\partial B_x}{\partial x}+A_y\frac{\partial B_x}{\partial y}+A_z\frac{\partial B_x}{\partial z}\right)\\
&\quad+\left(\frac{\partial B_x}{\partial x}+\frac{\partial B_y}{\partial y}+\frac{\partial B_z}{\partial z}\right)A_x-\left(\frac{\partial A_x}{\partial x}+\frac{\partial A_y}{\partial y}+\frac{\partial A_z}{\partial z}\right)B_x\\
&=\left(B_y\frac{\partial A_x}{\partial y}+B_z\frac{\partial A_x}{\partial z}\right)-\left(A_y\frac{\partial B_x}{\partial y}+A_z\frac{\partial B_x}{\partial z}\right)\\
&\quad+A_x\left(\frac{\partial B_y}{\partial y}+\frac{\partial B_z}{\partial z}\right)-B_x\left(\frac{\partial A_y}{\partial y}+\frac{\partial A_z}{\partial z}\right)
\end{aligned}
$$

一方

$$
\begin{aligned}
\Big(\nabla\times(\boldsymbol{A}\times\boldsymbol{B})\Big)_x&=\frac{\partial}{\partial y}(A_xB_y-A_yB_x)-\frac{\partial}{\partial z}(A_zB_x-A_xB_z)\\
&=B_y\frac{\partial A_x}{\partial y}+A_x\frac{\partial B_y}{\partial y}-B_x\frac{\partial A_y}{\partial y}-A_y\frac{\partial B_x}{\partial y}-B_x\frac{\partial A_z}{\partial z}\\
&\quad-A_z\frac{\partial B_x}{\partial z}+B_z\frac{\partial A_x}{\partial z}+A_x\frac{\partial B_z}{\partial z}
\end{aligned}
$$

で両者は等しくなります．

7　$\nabla f(r)=\dfrac{df}{dr}\nabla r=\dfrac{f'}{r}\boldsymbol{r}$

$$
\begin{aligned}
\nabla^2 f(r)&=\nabla\cdot(\nabla f(r))=\nabla\left(\frac{f'(r)}{r}\right)\cdot\boldsymbol{r}+\frac{f'(r)}{r}\nabla\cdot\boldsymbol{r}\\
&=\left(\frac{f''(r)}{r}-\frac{f'(r)}{r^2}\right)\nabla r\cdot\boldsymbol{r}+\frac{3f'(r)}{r}=\left(\frac{f''(r)}{r}-\frac{f'(r)}{r^2}\right)\frac{\boldsymbol{r}\cdot\boldsymbol{r}}{r}+\frac{3f'(r)}{r}\\
&=f''(r)+\frac{2f'(r)}{r}
\end{aligned}
$$

第6章

問 6.1　7/3

問 6.2　$2\sqrt{14}$

演習問題

1　$x=t,\ y=t^2,\ z=t^3$ であるので $d\boldsymbol{r}=\{\boldsymbol{i}+2t\boldsymbol{j}+3t^2\boldsymbol{k}\}dt$ より

$$
\begin{aligned}
\int_C\boldsymbol{A}\cdot d\boldsymbol{r}&=\int_0^1\Big\{(3t+6t^2)\boldsymbol{i}-12t^5\boldsymbol{j}+8t^4\boldsymbol{k}\Big\}\cdot(\boldsymbol{i}+2t\boldsymbol{j}+3t^2\boldsymbol{k})dt\\
&=\int_0^1(3t+6t^2-24t^6+24t^6)dt=\left[\frac{3}{2}t^2+2t^3\right]_0^1=\frac{7}{2}
\end{aligned}
$$

2 $\displaystyle\oint_C \boldsymbol{r}\cdot d\boldsymbol{r} = \oint_C (x\boldsymbol{i}+y\boldsymbol{j}+z\boldsymbol{k})\cdot(\boldsymbol{i}dx+\boldsymbol{j}dy+\boldsymbol{k}dz) = \oint_C (xdx+ydy+zdz)$

$$= \frac{1}{2}\oint_C d(x^2+y^2+z^2) = \frac{1}{2}\Big[x^2+y^2+z^2\Big]_C = 0$$

3 $\displaystyle\oiint_S \frac{\boldsymbol{r}}{r}\cdot d\boldsymbol{S} = \oiint_S \frac{\boldsymbol{r}}{r^2}\cdot r\boldsymbol{n}dS = \oiint_S \frac{\boldsymbol{r}\cdot\boldsymbol{r}}{r^2}dS = \oiint_S dS = 4\pi a^2$

ただし球面上で $\boldsymbol{r} = r\boldsymbol{n}$ を用いました．

4 $\displaystyle V = \frac{1}{3}\oiint_S \boldsymbol{r}\cdot d\boldsymbol{S} = \frac{1}{3}\iiint_V \nabla\cdot\boldsymbol{r}dV = \frac{3}{3}\iiint_V dV = V$．ただし，ガウスの定理を用いました．

5 $\displaystyle\nabla\cdot\left(\frac{\boldsymbol{r}}{r^2}\right) = \left(\nabla\frac{1}{r^2}\right)\cdot\boldsymbol{r} + \frac{1}{r^2}\nabla\cdot\boldsymbol{r} = -\frac{2}{r^3}\frac{\boldsymbol{r}}{r}\cdot\boldsymbol{r} + \frac{3}{r^2} = \frac{1}{r^2}$

ガウスの定理から

$$\iiint_V \frac{1}{r^2}dV = \iiint_V \nabla\cdot\frac{\boldsymbol{r}}{r^2}dV = \oiint_S \frac{\boldsymbol{r}\cdot\boldsymbol{n}}{r^2}dS$$

6 ストークスの定理から

$$\oiint_S (\nabla\times\boldsymbol{A})\cdot dS = \int_C \boldsymbol{A}\cdot d\boldsymbol{r}$$

となります．ただし C は $x^2+y^2=1$ を時計まわりにまわる積分路です．

回転放物面

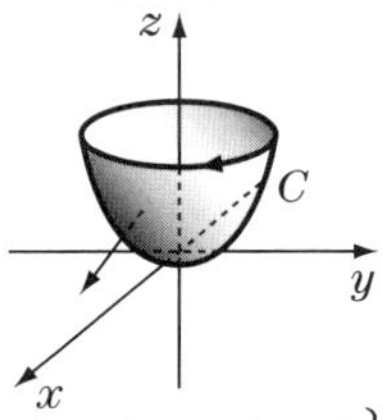

C 上では $x=\cos\theta$, $y=\sin\theta$, $z=1$ $(0\le\theta<2\pi)$ なので

$$\int_C \boldsymbol{A}\cdot d\boldsymbol{r} = \int_{2\pi}^{0}\Big\{(\sin\theta-1)\boldsymbol{i}+(1-\cos\theta)\boldsymbol{j}+(\cos\theta-\sin\theta)\boldsymbol{k}\Big\}\cdot\Big\{\boldsymbol{i}d(\cos\theta)+\boldsymbol{j}d(\sin\theta)\Big\}$$

$$= \int_{2\pi}^{0}\Big\{\sin\theta-1)d(\cos\theta)+(1-\cos\theta)d(\sin\theta)\Big\}$$

$$= \int_{2\pi}^{0}\Big\{(1-\sin\theta)\sin\theta+(1-\cos\theta)\cos\theta\Big\}d\theta$$

$$= \int_{2\pi}^{0}(\sin\theta+\cos\theta-1)d\theta = \Big[-\cos\theta+\sin\theta-\theta\Big]_{2\pi}^{0} = 2\pi$$

第7章

問 7.1 $\displaystyle\frac{\partial}{\partial u_1}(\boldsymbol{e}_2\times\boldsymbol{e}_3) = \frac{\partial\boldsymbol{e}_2}{\partial u_1}\times\boldsymbol{e}_3 + \boldsymbol{e}_2\times\frac{\partial\boldsymbol{e}_3}{\partial u_1} = \frac{1}{h_2}\frac{\partial h_1}{\partial u_2}\boldsymbol{e}_1\times\boldsymbol{e}_3 + \boldsymbol{e}_2\times\frac{1}{h_3}\frac{\partial h_1}{\partial u_3}\boldsymbol{e}_1$ に $\boldsymbol{e}_1\times\boldsymbol{e}_3 = -\boldsymbol{e}_2$, $\boldsymbol{e}_2\times\boldsymbol{e}_1 = -\boldsymbol{e}_3$ を代入します．

演習問題

1 円柱座標と直角座標とは

$$x = r\cos\theta,\quad y = r\sin\theta,\quad z = z$$

の関係があります．そこで

$$(x,y,z) = (x_1,x_2,x_3)$$

$$u_r = u_1 = r,\quad u_\theta = u_2 = \theta,\quad u_z = u_3 = z$$

ととれば

$$\frac{\partial x_1}{\partial u_1}=\cos\theta,\quad \frac{\partial x_2}{\partial u_1}=\sin\theta,\quad \frac{\partial x_3}{\partial u_1}=0$$
$$\frac{\partial x_1}{\partial u_2}=-r\sin\theta,\quad \frac{\partial x_2}{\partial u_2}=r\cos\theta,\quad \frac{\partial x_3}{\partial u_2}=0$$
$$\frac{\partial x_1}{\partial u_3}=0,\quad \frac{\partial x_2}{\partial u_3}=0,\quad \frac{\partial x_3}{\partial u_3}=1$$

となり

$$\frac{1}{h_1}\left(=\frac{1}{h_r}\right)=\sqrt{(\cos\theta)^2+(\sin\theta)^2}=1$$

となり．同様に，

$$\frac{1}{h_2}\left(=\frac{1}{h_\theta}\right)=r,\quad \frac{1}{h_3}\left(=\frac{1}{h_z}\right)=1$$

が得られます．

したがって，

$$\nabla f=\boldsymbol{e}_r\frac{\partial f}{\partial r}+\frac{\boldsymbol{e}_\theta}{r}\frac{\partial f}{\partial \theta}+\boldsymbol{e}_z\frac{\partial f}{\partial z}$$
$$\nabla\cdot\boldsymbol{A}=\frac{1}{r}\frac{\partial(rA_r)}{\partial r}+\frac{1}{r}\frac{\partial A_\theta}{\partial\theta}+\frac{\partial A_z}{\partial z}$$
$$\nabla^2 f=\frac{1}{r}\frac{\partial}{\partial r}\left(r\frac{\partial f}{\partial r}\right)+\frac{1}{r^2}\frac{\partial^2 f}{\partial\theta^2}+\frac{\partial^2 f}{\partial z^2}$$
$$\nabla\times\boldsymbol{A}=\boldsymbol{e}_r\left(\frac{1}{r}\frac{\partial A_z}{\partial\theta}-\frac{\partial A_\theta}{\partial z}\right)+\boldsymbol{e}_\theta\left(\frac{\partial A_r}{\partial z}-\frac{\partial A_z}{\partial r}\right)+\boldsymbol{e}_z\left(\frac{1}{r}\frac{\partial(rA_\theta)}{\partial r}-\frac{1}{r}\frac{\partial A_r}{\partial\theta}\right)$$

となります．

2　$u_1=\xi$, $u_2=\eta$, $u_3=\zeta$ とおきます．

$$\frac{\partial x}{\partial\xi}=c\sinh\xi\cos\eta,\quad \frac{\partial y}{\partial\xi}=c\cosh\xi\sin\eta,$$
$$\frac{\partial x}{\partial\eta}=-c\cosh\xi\sin\eta,\quad \frac{\partial y}{\partial\eta}=c\sinh\xi\cos\eta,\quad \frac{\partial z}{\partial\zeta}=1$$

その他は 0

$$\boldsymbol{r}_\xi=c\sinh\xi\cos\eta\boldsymbol{i}+c\cosh\xi\sin\eta\boldsymbol{j}$$
$$\boldsymbol{r}_\eta=-c\cosh\xi\sin\eta\boldsymbol{i}+c\sinh\xi\cos\eta\boldsymbol{j}$$
$$\boldsymbol{r}_\zeta=\boldsymbol{k}$$
$$\boldsymbol{r}_\xi\cdot\boldsymbol{r}_\eta=-c^2\sinh\xi\cosh\xi\sin\eta\cos\eta+c^2\sinh\xi\cosh\xi\sin\eta\cos\eta=0$$
$$\boldsymbol{r}_\zeta\cdot\boldsymbol{r}_\eta=0,\quad \boldsymbol{r}_\eta\cdot\boldsymbol{r}_\zeta=0$$

より直交座標

3　$h_1=h_2(=h_\xi=h_\eta)=1/c\sqrt{\sinh^2\xi+\sin^2\eta}$, $h_3(=h_\zeta)=1$ より，
$g=c\sqrt{\sinh^2\xi+\sin^2\eta}$ とおけば

$$\nabla f=\frac{\boldsymbol{e}_\xi}{g}\frac{\partial f}{\partial\xi}+\frac{\boldsymbol{e}_\eta}{g}\frac{\partial f}{\partial\eta}+\boldsymbol{e}_\zeta\frac{\partial f}{\partial\zeta}$$
$$\nabla\cdot\boldsymbol{A}=\frac{1}{g^2}\left\{\frac{\partial}{\partial\xi}(gA_\xi)+\frac{\partial}{\partial\eta}(gA_\eta)+g^2\frac{\partial A_\eta}{\partial\zeta}\right\}$$

$$\nabla^2 f = \frac{1}{g^2}\left(\frac{\partial^2 f}{\partial \xi^2} + \frac{\partial^2 f}{\partial \eta^2} + g^2 \frac{\partial^2 f}{\partial \zeta^2}\right)$$

$$\nabla \times A = \frac{1}{g^2}\begin{vmatrix} g\boldsymbol{e}_\xi & g\boldsymbol{e}_\eta & \boldsymbol{e}_\zeta \\ \partial/\partial\xi & \partial/\partial\eta & \partial/\partial\zeta \\ gA_\xi & gA_\eta & A_\zeta \end{vmatrix}$$

$$= \frac{\boldsymbol{e}_\xi}{g}\left(\frac{\partial A_\zeta}{\partial \eta} - \frac{\partial (gA_\eta)}{\partial \zeta}\right) + \frac{\boldsymbol{e}_\eta}{g}\left(\frac{\partial (gA_\xi)}{\partial \zeta} - \frac{\partial A_\zeta}{\partial \xi}\right) + \frac{\boldsymbol{e}_\zeta}{g^2}\left(\frac{\partial (gA_\eta)}{\partial \xi} - \frac{\partial (gA_\xi)}{\partial \eta}\right)$$

第 8 章

1　成分ごとに運動方程式を表すと $\dfrac{d^2x}{dt^2} = 0$, $\dfrac{d^2y}{dt^2} = -g$. これらを積分すると

$$x = At + B, y = -\frac{1}{2}gt^2 + Ct + D.$$

$$t = 0 \text{ のとき } x = 0,\ \frac{dx}{dt} = v_0,\ y = h,\ \frac{dy}{dt} = 0$$

から任意定数を決めると $x = v_0 t$, $y = -\dfrac{1}{2}gt^2 + h$. $y = 0$ のとき $t = \sqrt{\dfrac{2h}{g}}$ (時間).

したがって $x = \sqrt{\dfrac{2h}{g}}v_0$ (距離).

2　図 **8.11** を参考にして運動方程式を成分で記すと

$$m\frac{d^2x}{dt^2} = -mg\sin\beta, \quad m\frac{d^2y}{dt^2} = -mg\cos\beta$$

$t = 0$ のとき $x = 0$, $\dfrac{dx}{dt} = v_0\cos\alpha$, $y = 0$, $\dfrac{dy}{dt} = v_0\sin\alpha$ (ただし α は投げ上げ角) であることを考慮して積分すれば

$$x = -\frac{1}{2}gt^2\sin\beta + v_0 t\cos\alpha, \quad y = -\frac{1}{2}gt^2\cos\beta + v_0 t\sin\alpha$$

到達点では $y = 0$ なので到達時刻は $t = 2v_0\sin\alpha/(g\cos\beta)$. このときの x を x_L と記せば

$$x_L = \frac{2v_0^2}{g\cos^2\beta}\sin\alpha(\cos\alpha\cos\beta - \sin\alpha\sin\beta)$$

$$= \frac{2v_0^2}{g\cos^2\beta}\sin\alpha\cos(\alpha+\beta) = \frac{v_0^2}{g\cos^2\beta}(\sin(2\alpha+\beta) - \sin\beta)$$

したがって $2\alpha + \beta = \dfrac{\pi}{2}$ すなわち $\alpha = \dfrac{\pi}{4} - \dfrac{\beta}{2}$ のとき x_L は最大.

3

$$\boldsymbol{a} = \frac{dv}{dt}\boldsymbol{t} + \frac{v^2}{\rho}\boldsymbol{n}$$

$$\boldsymbol{v} \times \boldsymbol{a} = v\boldsymbol{t} \times \boldsymbol{a} = v\frac{dv}{dt}\boldsymbol{t} \times \boldsymbol{t} + \frac{v^3}{\rho}\boldsymbol{t} \times \boldsymbol{n} = \frac{v^3}{\rho}\boldsymbol{b}$$

したがって　$|\boldsymbol{v} \times \boldsymbol{a}| = \dfrac{v^3}{\rho}|b| = \dfrac{v^3}{\rho}$ より $\rho = \dfrac{v^3}{|\boldsymbol{v} \times \boldsymbol{a}|}$

4　$\boldsymbol{A} = A'_x \boldsymbol{e}'_x + A'_y \boldsymbol{e}'_y + A'_z \boldsymbol{e}'_z$ を t で微分すると

$$\begin{aligned}\frac{d\boldsymbol{A}}{dt} &= \frac{dA'_x}{dt}\boldsymbol{e}'_x + \frac{dA'_y}{dt}\boldsymbol{e}'_y + \frac{dA'_z}{dt}\boldsymbol{e}'_z + A'_x\frac{d\boldsymbol{e}'_x}{dt} + A'_y\frac{d\boldsymbol{e}'_y}{dt} + A'_z\frac{d\boldsymbol{e}'_z}{dt} \\ &= \frac{d'\boldsymbol{A}}{dt} + A'_x\boldsymbol{\omega}\times\boldsymbol{e}'_x + A'_y\boldsymbol{\omega}\times\boldsymbol{e}'_y + A'_z\boldsymbol{\omega}\times\boldsymbol{e}'_z \\ &= \frac{d'\boldsymbol{A}}{dt} + \boldsymbol{\omega}\times\left(A'_x\boldsymbol{e}'_x + A'_y\boldsymbol{e}'_y + A'_z\boldsymbol{e}'_z\right) = \frac{d'\boldsymbol{A}}{dt} + \boldsymbol{\omega}\times\boldsymbol{A}\end{aligned}$$

5　仕事は $\displaystyle\int_C \boldsymbol{f}\cdot d\boldsymbol{r} = \int_C (f_x dx + f_y dy)$ となります.

• 円周 $x = c\cos\theta,\ y = c\sin\theta\ \left(0 \le \theta \le \dfrac{\pi}{2}\right)$ に沿う場合 $dx = -c\sin\theta d\theta,\ dy = c\cos\theta d\theta$ なので

$$\begin{aligned}\int_C \boldsymbol{f}\cdot d\boldsymbol{r} &= \int_0^{\pi/2}\left\{ac^2\cos^2\theta(-c\sin\theta) + bc^2\sin\theta\cos\theta(c\cos\theta)\right\}d\theta \\ &= c^3(b-a)\int_0^{\pi/2}\cos^2\theta\sin\theta d\theta = c^3(b-a)\left[-\frac{\cos^3\theta}{3}\right]_0^{\pi/2} = \frac{1}{3}(b-a)c^3\end{aligned}$$

• 線分 $y = c - x\ (0 \le x \le c)$ に沿う場合

$$\begin{aligned}\int_C \boldsymbol{f}\cdot d\boldsymbol{r} &= \int_c^0 \left\{ax^2dx + bx(c-x)(-dx)\right\} = \int_c^0 \left\{ax^2 + bx(x-c)\right\}dx \\ &= \left[\frac{a+b}{3}x^3 - \frac{bc}{2}x^2\right]_c^0 = \left(-\frac{a+b}{3} + \frac{b}{2}\right)c^3 = \left(\frac{b-2a}{6}\right)c^3\end{aligned}$$

第9章

問 9.1　式 (9.17) の左辺第 2 項は $\boldsymbol{\omega}\times\boldsymbol{v}$ であるので $\boldsymbol{\omega}$ とのベクトル積は $\boldsymbol{0}$. したがって $\boldsymbol{\omega}$ 方向の方向微分も 0 になります.

演習問題

1　x 成分だけ示しますが他の成分も同様です.

$$\begin{aligned}(\text{右辺}) &= -v\left(\frac{\partial v}{\partial x} - \frac{\partial u}{\partial y}\right) + w\left(\frac{\partial u}{\partial z} - \frac{\partial w}{\partial x}\right) + \frac{1}{2}\frac{\partial}{\partial x}(u^2 + v^2 + w^2) \\ &= -v\frac{\partial v}{\partial x} + v\frac{\partial u}{\partial y} + w\frac{\partial u}{\partial z} - w\frac{\partial w}{\partial x} + u\frac{\partial u}{\partial x} + v\frac{\partial v}{\partial x} + w\frac{\partial w}{\partial x} \\ &= u\frac{\partial u}{\partial x} + v\frac{\partial u}{\partial y} + w\frac{\partial u}{\partial z} = (\text{左辺})\end{aligned}$$

2　点 A, B の流速を $v_{\mathrm{A}}, v_{\mathrm{B}}$ とすれば質量の保存から $\pi a^2 v_{\mathrm{A}} = \pi b^2 v_{\mathrm{B}}$ となり $v_{\mathrm{B}} = (a^2/b^2)v_{\mathrm{A}}$ ベルヌーイの定理から $\rho v_{\mathrm{A}}^2/2 + p_{\mathrm{A}} = \rho(a^2/b^2)^2 v_{\mathrm{A}}^2/2 + p_{\mathrm{B}}$. したがって

$$v_{\mathrm{A}} = \sqrt{\frac{2(p_{\mathrm{B}} - p_{\mathrm{A}})b^4}{\rho(b^4 - a^4)}}$$

3 上の **1** と第 5 章 **7** (3), **6** (2), (3) を利用します.

$$\begin{aligned}\nabla\times((\boldsymbol{v}\cdot\nabla)\boldsymbol{v}) &= \nabla\times\left(-\boldsymbol{v}\times(\nabla\times\boldsymbol{v})+\frac{1}{2}\nabla|\boldsymbol{v}|^2\right)\\ &= -\nabla\times(\boldsymbol{v}\times\boldsymbol{\omega}) \quad (\because \quad \boldsymbol{\omega}=\nabla\times\boldsymbol{v},\ \nabla\times(\nabla f)=\boldsymbol{0})\\ &= -\Big[(\boldsymbol{\omega}\cdot\nabla)\boldsymbol{v}-(\boldsymbol{v}\cdot\nabla)\boldsymbol{\omega}+\boldsymbol{v}(\nabla\cdot\boldsymbol{\omega})-\boldsymbol{\omega}(\nabla\cdot\boldsymbol{v})\Big]\\ &= (\boldsymbol{v}\cdot\nabla)\boldsymbol{\omega}-(\boldsymbol{\omega}\cdot\nabla)\boldsymbol{v} \quad (\because \quad \text{連続の式より } \nabla\cdot\boldsymbol{v}=0,\ \nabla\cdot(\nabla\times\boldsymbol{v})=\nabla\cdot\boldsymbol{\omega}=0)\end{aligned}$$

したがって $\nabla\times\left(\dfrac{\partial\boldsymbol{v}}{\partial t}+(\boldsymbol{v}\cdot\nabla)\boldsymbol{v}\right)=\dfrac{\partial\boldsymbol{\omega}}{\partial t}+(\boldsymbol{v}\cdot\nabla)\boldsymbol{\omega}-(\boldsymbol{\omega}\cdot\nabla)\boldsymbol{v}$

4 (1) $\partial u/\partial x=\partial v/\partial y=\partial w/\partial z=0$ より $\nabla\cdot\boldsymbol{v}=0$

(2)
$$\begin{aligned}\nabla\times\boldsymbol{v} &= \begin{vmatrix}\boldsymbol{i} & \boldsymbol{j} & \boldsymbol{k}\\ \partial/\partial x & \partial/\partial y & \partial/\partial z\\ A\sin z+C\cos y & B\sin x+A\cos z & C\sin y+B\cos x\end{vmatrix}\\ &= (A\sin z+C\cos y)\boldsymbol{i}+(B\sin x+A\cos z)\boldsymbol{j}+(C\sin y+B\cos x)\boldsymbol{k}\\ &= \boldsymbol{v}\end{aligned}$$

(3) オイラー方程式において外力がない場合，式 (9.17) で $U=0$ にした式になります.

この式に $\dfrac{\partial\boldsymbol{v}}{\partial t}=0,\ (\nabla\times\boldsymbol{v})\times\boldsymbol{v}=\boldsymbol{v}\times\boldsymbol{v}=\boldsymbol{0}$ を代入すると

$$\nabla\left(\frac{1}{2}|\boldsymbol{v}|^2+\frac{p}{\rho_0}\right)=0 \quad \text{より} \quad \frac{1}{2}|\boldsymbol{v}|^2+\frac{p}{\rho_0}=(\text{一定})$$

したがって $p=-\rho_0(AC\sin z\cos y+AB\sin x\cos z+BC\sin y\cos x)+D$ (D：定数)

第10章

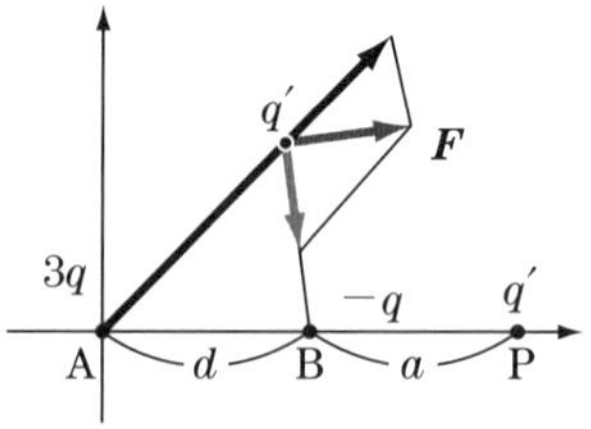

1 図に示すように，もし電荷 q' が直線 AB 上になければ電荷 $3q$ と $-q$ からの力は方向が異なるため打ち消しあうことはできません．したがってそのような点は直線 AB 上にあることがわかります．さらに同符号の電荷には斥力，異符号の電荷からは引力を受け，力の大きさは距離の 2 乗に反比例することを考えれば，条件をみたす点は図の点 B より右側 (したがって $a>0$) であることもわかります．

そこで

$$\frac{3qq'}{4\pi\varepsilon_0(d+a)^2}-\frac{qq'}{4\pi\varepsilon_0 a^2}=0$$

を解いて $a>0$ の解を求めると $a=\dfrac{\sqrt{3}+1}{2}d$ になります.

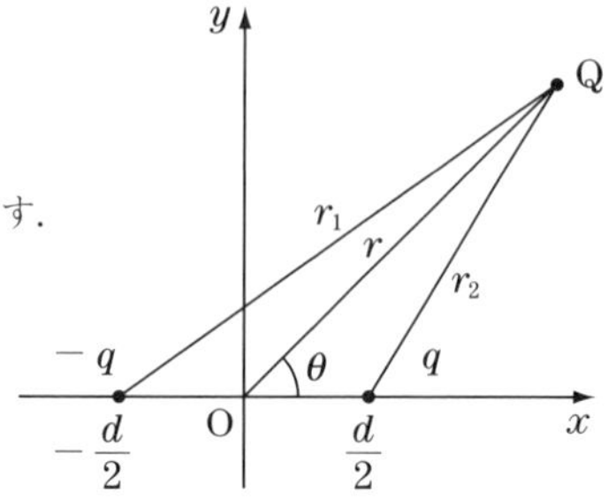

2 式 (10.12) より点 Q の電位 V は

$$V=\frac{q}{4\pi\varepsilon_0 r_2}-\frac{q}{4\pi\varepsilon_0 r_1}$$

となりますが，$\overrightarrow{\mathrm{OQ}}=r\gg d$ のとき

$$r_2 \fallingdotseq r - \frac{d}{2}\cos\theta, \quad r_1 \fallingdotseq r + \frac{d}{2}\cos\theta$$

とみなせるため，これを V の式に代入すれば

$$V = \frac{qd\cos\theta}{4\pi\varepsilon_0(r^2 - d^2\cos^2\theta/4)} \fallingdotseq \frac{qd\cos\theta}{4\pi\varepsilon_0 r^2} = \frac{\boldsymbol{p}\cdot\boldsymbol{r}}{4\pi\varepsilon_0 r^3}$$

になります．

電場は $\boldsymbol{E} = -\mathrm{grad}\, V = -\dfrac{\partial V}{\partial x}\boldsymbol{i} - \dfrac{\partial V}{\partial y}\boldsymbol{j}$ に $V = \dfrac{p}{4\pi\varepsilon_0}\dfrac{r\cos\theta}{r^3} = \dfrac{1}{4\pi\varepsilon_0}\dfrac{x}{(\sqrt{x^2+y^2})^3}$（ただし $p = |\boldsymbol{p}| = qd$）を代入して

$$E_x = \frac{p}{4\pi\varepsilon_0 r^5}(2x^2 - y^2), \quad E_y = \frac{3pxy}{4\pi\varepsilon_0 r^5}$$

になります．

3　$\nabla\times\boldsymbol{B} = \varepsilon\mu\,\partial\boldsymbol{E}/\partial t$ を t で偏微分して $\nabla\times\boldsymbol{E} = -\partial\boldsymbol{B}/\partial t$ を用いて $\boldsymbol{B}$ を消去すれば

$$\varepsilon\mu\frac{\partial^2\boldsymbol{E}}{\partial t^2} = \frac{\partial}{\partial t}(\nabla\times\boldsymbol{B}) = \nabla\times\left(\frac{\partial\boldsymbol{B}}{\partial t}\right) = -\nabla\times(\nabla\times\boldsymbol{E})$$

となりますが，恒等式 $\Delta\boldsymbol{A} = \nabla(\nabla\cdot\boldsymbol{A}) - \nabla\times(\nabla\times\boldsymbol{A})$ において $\boldsymbol{A} = \boldsymbol{E}$ とし $\nabla\cdot\boldsymbol{E} = 0$ を用いれば

$$\varepsilon\mu\frac{\partial^2\boldsymbol{E}}{\partial t^2} = \Delta\boldsymbol{E}$$

となります．$\boldsymbol{B}$ についても同様です．

4　$\boldsymbol{V} = (u, v, w)$ とすれば運動方程式 $md\boldsymbol{V}/dt = \boldsymbol{F} = q\boldsymbol{V}\times\boldsymbol{B}$ となり成分で表すと

$$① \quad m\frac{du}{dt} = -qbw, \quad ② \quad m\frac{dv}{dt} = 0, \quad ③ \quad m\frac{dw}{dt} = qbu$$

となります．また $t = 0$ で電荷が x 軸に沿って磁場に入ったとすれば初期条件は $t = 0$ で $u = a,\ v = w = 0$.

②より $v = 0$ なので粒子は xz 平面にあります．①と③から $\dfrac{d^2u}{dt^2} = -\left(\dfrac{qb}{m}\right)^2 u$ となり初期条件を考慮して $u = a\cos\left(\dfrac{qb}{m}t\right)$．①に代入して $w = a\sin\left(\dfrac{qb}{m}t\right)$．$u$ と w を t で積分し，$t = 0$ で $x = z = 0$ という条件を考慮すれば

$$x = \frac{am}{qb}\sin\left(\frac{qb}{m}t\right), \quad z = \frac{am}{qb}\left(1 - \cos\left(\frac{qb}{m}t\right)\right)$$

したがって

$$x^2 + \left(z - \frac{am}{qb}\right)^2 = \left(\frac{am}{qb}\right)^2$$

という円軌道になります．

索　引

た　行

な　行

は　行

ま　行

ら　行

わ　行

著者略歴

河村哲也（かわむら てつや）

1980年　東京大学大学院工学系研究科修士課程修了
　　　　東京大学助手，鳥取大学助教授，千葉大学助教授・
　　　　教授を経て，
1996年　お茶の水女子大学理学部情報科学科教授
現　在　お茶の水女子大学大学院
　　　　人間文化創成科学研究科教授
　　　　工学博士
専門：数値流体力学，数値シミュレーション，応用数学

主要著書

流体解析 I（朝倉書店，1996）
キーポイント偏微分方程式（岩波書店，1997）
応用偏微分方程式（共立出版，1998）
理工系の数学教室 1〜5（朝倉書店，2003, 2004, 2005）
数値計算入門（サイエンス社，2006）
数値シミュレーション入門（サイエンス社，2006）
ナビゲーション微分積分（サイエンス社，2007）
ナビゲーション微分方程式（サイエンス社，2007）
非圧縮性流体解析（東京大学出版会，共著，1995）
環境流体シミュレーション（朝倉書店，共著，2001）

ライブラリ数学ナビゲーション–5

ナビゲーション ベクトル解析

2008年 4月10日 ©　　初版発行
2018年 9月25日　　初版第3刷発行

著　者　河村哲也　　発行者　森平敏孝
　　　　　　　　　　印刷者　山岡景仁
　　　　　　　　　　製本者　米良孝司

発行所　**株式会社　サイエンス社**

〒151–0051　東京都渋谷区千駄ヶ谷1丁目3番25号
営業 ☎ (03)5474–8500(代)　FAX ☎ (03)5474–8900
編集 ☎ (03)5474–8600(代)　振替 00170–7–2387

印刷　三美印刷　　製本　ブックアート

ISBN978-4-7819-1192-2

PRINTED IN JAPAN